养殖高手谈经验丛书

养鹅高手谈经验

肖冠华 编著

YANGE GAOSHOU TANJINGYAN

化学工业出版社
·北京·

图书在版编目（CIP）数据

养鹅高手谈经验/肖冠华编著. —北京：化学工业出版社，2015.6（2023.3 重印）
（养殖高手谈经验丛书）
ISBN 978-7-122-23875-7

Ⅰ.①养…　Ⅱ.①肖…　Ⅲ.①鹅-饲养管理
Ⅳ.①S835.4

中国版本图书馆 CIP 数据核字（2015）第 093800 号

责任编辑：邵桂林　　文字编辑：周　倜
责任校对：王素芹　　装帧设计：孙远博

出版发行：化学工业出版社
（北京市东城区青年湖南街 13 号　邮政编码 100011）
印　　装：北京盛通数码印刷有限公司
850mm×1168mm　1/32　印张 8　字数 231 千字
2023 年 3 月北京第 1 版第 8 次印刷

购书咨询：010-64518888　　售后服务：010-64518899
网　　址：http://www.cip.com.cn
凡购买本书，如有缺损质量问题，本社销售中心负责调换。

定　　价：29.00 元

FOREWORD 前言

鹅是草食性水禽，养鹅是以草换肉。由于鹅的饲料来源广、价格便宜，养鹅能利用大量青绿饲料和一些粗饲料，饲养成本低，是节粮型的家禽养殖业。同时，鹅的适应性好、抗病力强，对舍环境条件要求不高，除雏鹅舍外，其他不需要太好的房舍，既可水养、放养，又可旱养、圈养、网上平养等。

近年来，随着市场上羽绒需求量的迅速增长，肥肝生产的兴起，以及鹅产品加工业的快速发展，使得养鹅业的发展呈现可喜的势头。我国养鹅规模日益扩大，出现了许多养鹅专业大户，采取舍饲与放牧、种草养鹅与天然草场利用、配合饲料与牧草相结合的规模养鹅模式，已取得一定成效。许多地方的实践证明，养鹅是农民群众因地制宜开发副业经济的亮点，是农村发展畜牧业的优选项目，是农业调整产业结构的朝阳产业。

但是，我们也应该清醒地看到，由于长期以来，我国的养鹅生产主要以农户散养为主，规模生产的比例小，且鹅品种选育工作落后，良种繁育体系不完善，缺乏营养需要标准，饲料安全存在隐患，饲养管理方式落后，防疫体系不规范，加之鹅的生产性能低，产蛋数量少，受季节影响显著等问题，制约着规模化养鹅业的发展。

《全国畜牧业发展第十二个五年规划（2011—2015）》提出的我国畜牧业发展原则中有这样两点。一是要求坚持发展标准化规模养殖。转变养殖观念，调整养殖模式，在因地制宜发展适度规模养殖的基础上，加快改善设施设备保障条件，大幅度提高标准化养殖技术水平，积极推行健康养殖方式，促进畜牧业可持续发展。二是坚持科技兴牧。依靠科技创新和技术进步，突破制约畜牧业发展的技术瓶颈，不断提高良种化水平、饲料资源利用水平、生产管理技术水平和疫病防控水平，加快畜牧业发展方式转变，推动畜牧业又好又快发展。

从我国政府的发展规划和目前的养鹅生产现状看，首要的问题是要加强鹅养殖人员养殖关键技术的培训与指导。因为科学技术是第一生产力，要用科学的养鹅知识武装广大养鹅人的头脑，才能提升鹅养殖的整体水平。

笔者经常深入养殖一线，了解养鹅人的需求。他们问到的最多问题是怎么做最合理，有没有什么更好的办法，有没有什么绝招、有没有什么窍门、同样的难题养殖搞得好的人是怎么做的，等等。他们不需要太多的大道理，需要的是怎么做，所以养殖实践经验对他们来说最有用、最实惠。

我们从以往的新闻报道中以及我们身边看到的养鹅的成功人士，他们通常被称为养殖高手和养殖能人，在养鹅上取得了令人羡慕的成就。俗话说：成功自有非凡处。这些在养殖业上的成功者，在通往成功的道路上，并非一帆风顺，其中有成功的喜悦，也有惨痛的教训，尤其是经历过很多的挫折和失败，但是他们在面对失败的时候没有选择退却，而是认真总结经验和教训，最后凭着这些宝贵经验，走向了成功的彼岸。这些经验对其他的养鹅人同样有非常好的借鉴和指导作用。

本人根据多年的养殖实践，同时吸收和借鉴同行业的成果经验，将这些经过实践检验过的、确实可靠、切实可行的好经验、好做法总结出来，编写了此书，分享给有志成为养鹅高手的读者。

全书包括养鹅场规划与建设，品种确定与挑选，饲料与饲喂，饲养与管理，防病与治病，人员与物资管理，经营与销售7章。每章介绍养鹅生产技术的一个方面，全书涵盖养鹅生产经营的各个环节，其中每篇文章介绍一个养殖实用知识，每篇经验文章力求做到短小简练，主题鲜明，做到既符合生产实际，又符合养殖科学的要求。这些知识涵盖了鹅养殖的各个方面，突出实用性和可操作性，使读者一看就懂、一学就会、一用就灵，使他们少走弯路，真正解决饲养管理者生产实践中遇到的各种难题。养殖者如果掌握了这些绝招、妙招，无疑找到了通往养殖成功之门的金钥匙。

在本书编写过程中，参考借鉴了国内外一些养殖专家和养殖实践者实用的观点和做法，在此对他们表示诚挚的感谢！

由于作者水平有限，书中不妥之处，敬请批评指正。

编者

2015年3月

CONTENTS 目录

第四章　饲养与管理

第五章　防病与治病

第七章　经营与销售

参考文献

第一章　养鹅场规划与建设

经验之一：养鹅场选址应该考虑的问题

养鹅场场址（舍）的选择应根据养鹅场性质、规模、自然条件和社会条件等因素进行综合评定后再决定。选择场地时，应对地势、地形、土质、水源、供电等条件进行全面考虑。良好的环境条件是：保证养鹅场周围具有较好的小气候条件，有利于养鹅场内空气环境控制；便于实施卫生防疫措施；便于合理组织生产和提高劳动效率，同时要考虑继续发展的需要。

一个合理的养鹅场址应该满足地势高燥平坦、向阳避风、排水良好、隔离条件好、远离污染、交通便利、水电充足可靠等条件（图1-1、图1-2）。要根据养殖的性质、自然条件和社会条件等因素进行综合衡量而决定选址。具体应该考虑以下几个方面。

图 1-1　规模化养鹅场（一）

图 1-2　规模化养鹅场（二）

（1）养鹅场场址应选择地势高燥、采光充足、远离沼泽洼地，避开山坳谷底及山谷洼地等易受洪涝威胁地段。地下水位在 2 米以下、地势在历史洪水线以上、背风向阳的地方，能避开西北方向的风口地段。场区空气流通，无涡流现象。南向或南偏东向，夏天利于通风，冬天利于保温。应避开断层、滑坡、塌陷和地下泥沼地段。要求土质透气透水性强、毛细管作用弱、吸湿性和导热性小、质地均匀、抗压性强，以沙壤土类最为理想。地形开阔整齐，利于建筑物布局和建立防护设施。场地附近最好有可供放牧的草地。

（2）符合卫生防疫要求，隔离条件好。场址选在远离村庄及人口稠密区，其距离视养鹅场规模、粪污处理方式和能力、居民区密度、常年主风向等因素而决定，以最大限度地减少干扰和降低污染危害为最终目的，能远离的尽量远离。附近无大型化工厂、矿厂、禽场与其他畜牧场。

（3）水源充足可靠。水源包括地面水、地下水和降水等。资源量和供水能力应能满足养鹅场的人员生活用水、鹅饮用和饲养管理用水以及消防和灌溉需要，并考虑到防火和未来发展的需要，且取用方便、省力，处理简便，水质良好。要求水质水源周围的环境卫生条件应较好，以保证水源水质经常处于良好状态。以地面水作水源时，取水点应设在工矿企业和城镇的上游。鹅饮用和饲料调制水要符合畜禽无公害食品饮用水质的要求。若水源的水质不经处理就能符合饮用水标准最为理想。

鹅养殖过程中需要大量水，除了鹅饮水、棚舍和用具的清洗及消毒等用水以外，鹅的放牧、洗浴和交配也都离不开水，所以养鹅场应建在有稳定、可靠水源的地方，一般的养鹅场应尽量利用天然水域，水源充足是首要条件，即使是干旱的季节，也不能断水（图 1-1）。工作人员生活用水可按每人每天 24～40 升计算，成年鹅的用水量为每只每天 1.25 升（包括饮水、冲洗、调制饲料等用水），雏、幼鹅的用水量可按成年鹅的 50%计算。消防用水按我国防火规范规定，场区设地下式消火栓，每处保护半径不大于 50 米，消防水量按每秒 10 升计算，消防延迟时间按 2 小时考虑。灌溉用水则应根据场区绿化、饲料种植情况而定。

在条件许可的情况下，应尽量选择水量大、流动的地面水作为水源。宜选在河流、沟渠、水塘和湖泊边缘。水面尽量宽阔，水活浪小，水深为 1～2 米。如果是河流交通要道，不应选主航道，以免骚扰过多，引起鹅群应激。

大中型养鹅场如果利用天然水域进行放牧可能对水域造成污染，

可修建人工放牧水池。无天然水域可以利用的实行旱养的养殖场（户）应考虑在所建养鹅场附近打井，修建水塔。使用自来水或地下水。

（4）供电稳定，不仅要保证满足最大电力需要量，还要求常年正常供电，接用方便、经济。最好是有双路供电条件或自备发电机，以及送配电装置。

（5）地形要开阔，地面要平坦或有1%～3%的坡度，便于排放污水、雨水等。保证场区内不积水，不能建在低洼地。地形应适合建造东西延长、坐北朝南的棚舍，或者适合朝东南或朝东方向建棚。不要过于狭长和边角过多，否则不利于养殖场及其他建筑物的布局和棚舍、运动场的消毒。

（6）远离噪声源和污然严重的水渠及河边。家禽场周围3公里内无大型化工厂、农药厂、化肥厂、矿厂，距离其他畜牧场应至少1公里以外，以避免声光应激，防止疫病传播。严禁在饮用水源、食品厂上游、水保护区、旅游区、自然保护区、其他畜禽场、屠宰厂、候鸟迁徙途径地和栖息地、环境污染严重以及畜禽疫病常发区建场。

（7）交通便利。据公路干线及其他养殖场较远，至少在距离1000米以上，能保证货物的正常送料和销售运输即可。

（8）面积适宜。养鹅场包括种鹅舍、育肥舍、育雏室、孵化室、生活住房、饲料库等房舍，建筑用地面积大小应当满足养殖需要，最好还要为以后发展留出空间。养鹅场的建筑系数为20%～35%（建筑系数指建筑面积占养鹅场场地总面积的百分数），若本场在饲养商品肉鹅或蛋鹅的同时，还饲养种鹅及孵化，且栽种牧草作为饲料，其占用的场地另行计算。如建造一个5000只肉鹅场，占地面积一般为2000米^{2}左右，若考虑以后发展，面积还要增加。

（9）放牧类鹅场应包括水围、陆围和棚子三部分。水围由水面和给料场两部分组成，主要供鹅白天休息、避暑、给饲。紧接水围设稍有倾斜的陆地给饲场，地上放置食槽、水槽。水围之上搭棚遮阳和避雨。陆围可用竹编的方眼围篱或者彩条布围栏，供鹅过夜用，选择在地势较高而平坦的地方设立，距水围愈近愈好。陆围高50厘米，面积视禽群大小决定。棚口面对陆围，以便在晚间照看。

（10）符合国家畜牧行政主管部门关于家禽企业建设的有关规定。

禁止在生活饮用水水源保护区、风景名胜区、自然保护区的核心区及缓冲区、城市和城镇居民区、文教科研区、医疗区等人口集中地区，以及国家或地方法律、法规规定需特殊保护的其他区域内修建禽舍。

经验之二：建设哪种类型的鹅舍最实用

鹅舍的建筑因鹅群的用途不同可以分为育雏舍、育肥舍、种鹅舍及孵化室等几种。鹅舍的建筑设计总的要求是：冬暖夏凉，阳光充足，空气流通，干燥防潮，经济耐用。且设在靠近水源、地势较高而又有一定坡度的地方。鹅舍朝向为坐北朝南适当偏东。鹅舍能有效防暑降温和防寒保暖，有利于清洗消毒。鹅舍还要有一定的空余可供周转和控制。水源与鹅舍之间应设有运动场，最好为水泥地面，这样便于冲洗和消毒，水面与运动场的连接处不能太陡，坡度不应超过40°。鹅虽是水禽，但鹅舍内最忌潮湿，特别是雏鹅舍更应有一定高度，排水良好，通风良好。

为降低养鹅成本，鹅舍的建筑材料应就地取材，既可以建设竹木结构或泥木结构的简易鹅舍，也可以建设砖瓦结构的鹅舍。北方养鹅和育雏舍宜采用砖瓦结构的封闭式鹅舍，南方可根据养殖场自身经济实力建设，可繁可简，只要满足鹅生长和生产需要即可。养鹅也可利用空闲的旧房舍，或在墙院内利用墙边围栏搭棚，供鹅栖息。

一、固定式鹅舍

固定式鹅舍有全封闭和半封闭两种，全封闭是四面全部砌实墙设置窗户（图 1-3），而半封闭通常是朝向阳面的一面没有砌墙或者只砌一部分墙，其余三面砌实墙并设置窗户（图 1-4）。以砖瓦结构的全封闭式为最佳，墙体要厚实，三七墙或者二四墙外加保温层，屋顶要加保温隔热层，如果用来育雏，鹅舍内还应安装供温设备或设置地火龙等来增加舍内温度。舍的长度以饲养规模决定，通常将一栋舍分成若干个单独的小单间，也可用活动隔离栏栅分隔成若干单间，每小间的面积为 25～30 米^2，可容纳 30 日龄以下的雏鹅 100 只左右。鹅舍地面用水泥地面、红砖或者由石灰、黏土和细砂所组成的三合土铺平夯实，舍内地面应比舍外地面高 20～30 厘米，以保持舍内干燥。

窗户面积与舍内面积之比为 1∶(10～15)，窗户下檐与地面的距离为 1～1.2 米，鹅舍檐高 1.8～2 米。

图 1-3　全封闭式鹅舍

图 1-4　半封闭式鹅舍

固定式鹅舍可采用网床饲养，网床可用塑料网、竹片或木条铺设，离地 70 厘米，网底竹片或木条之间有 3 厘米宽的孔隙，便于漏粪。鹅群也可直接养在地面上，但需每天打扫，常更换垫草，并保持舍内干燥。如果用于饲养种鹅还要在鹅舍的一角设产蛋间，地面最好铺木板，防凉，上面铺稻草，鹅作窝产蛋。

舍前是鹅的运动场，亦是晴天无风时的喂料场，场地应平坦且向外倾斜。运动场面积为舍内面积的 1.5～2 倍。周围要建围栏或围墙，一般高度在 1～1.3 米即可，搭设遮阳棚或栽种高大树木遮阳。总的原则是场地必须平整，略有坡度，一有坑洼，即应填平，夯实，雨过即干。否则雨天积水，鹅群践踏后泥泞不堪，易引起鹅的跌伤、踩伤。运动场宽度为 3.5～6 米，长度与鹅舍长度等齐。运动场外紧接水浴池，便于鹅群浴水。池底不宜太深，且应有一定的坡度，便于鹅浴水后站立休息。

可用于育雏鹅，也可用于种鹅饲养，特别适合北方冬季使用。

二、简易式鹅舍

简易式鹅舍的建设比较容易，以棚式为主，可繁可简，可利用普通旧房舍或用竹木搭成能遮风雨即可。也有用活动板房作育肥鹅舍的。鹅舍地面也应干燥、平整，便于打扫，通常用红砖铺设。面积以每平方米饲养 7～8 只 70 日龄的中鹅进行计算。

比较典型的是单坡式鹅舍，前高后低，前檐高 1.8 米，后檐约

0.5米。为保证牢固度，鹅舍的跨度不宜太大，以4～5米为宜，长度根据所养鹅群大小而定（图1-5）。用毛竹或木杆做立柱和横梁，上盖石棉瓦或水泥瓦。后檐砌砖或打泥墙，墙与后檐齐，以避北风。舍的前面应有0.5～0.6米高的砖墙，4～5米留一个宽为1.2米的缺口，便于鹅群进出。鹅舍两侧可砌死，也可仅砌与前檐一样高的砖墙。夏季阳光充足时可用遮阳网在南面的上半段适当遮挡，使舍内光线保持暗淡；雨天可用塑料布遮挡，防止雨水进入；冬季或天气寒冷时可用彩条布、棉帘遮挡，防止冷风吹入。

还有棚式鹅舍，这类鹅舍在围墙上比较灵活，舍四面可全部砌1米左右的砖墙或者前面不砌墙，其他三面砌一定高度的墙并留有窗户，也可不砌墙用全敞开式。围墙没有砌墙的上半部分根据天气用遮阳网、塑料布、彩条布、棉帘等遮挡（图1-6）。高度以人在其间便于管理及打扫为宜。要注意此类型鹅舍房顶的隔热问题，保温隔热不好的顶棚，夏季阳光照射以后舍内温度比舍外温度高很多，十分不利于鹅的生长。

图1-5 单坡式鹅舍

图1-6 棚式鹅舍

这种简易鹅舍也应有舍外场地，且与水面相连，便于鹅群入舍休息前的活动及嬉水。为了安全，鹅舍周围可以架设旧渔网。渔网不应有较大的漏洞，网眼以鹅头钻不过去为标准。

这种鹅舍主要是地面饲养，适合放牧饲养育肥鹅、肉鹅，也可用于种鹅。

三、塑料大棚鹅舍

塑料大棚的样式和结构与普通的蔬菜大棚一样（图1-7，图1-8），塑料大棚鹅舍有以下几种类型。

图 1-7　塑料大鹏鹅舍（一）

图 1-8　塑料大棚鹅舍（二）

（1）单斜面塑料暖棚（暖窖）：单斜面塑料暖棚有两种，一种是棚顶一面为塑料薄膜覆盖，另一面为土木结构的屋顶，即前坡为塑料薄膜，后坡为保温性能好的一般屋顶；另一种是只有后墙，从墙顶往前用塑料薄膜覆盖，没有后坡。

（2）双斜面塑料暖棚：双斜面塑料暖棚就是棚顶部两棚面即前后坡均为塑料薄膜覆盖，这类塑料暖棚也有两种形式，即人字架式和联合式。

（3）半拱形塑料暖棚：半拱形塑料暖棚和单斜面塑料暖棚基本相同，只是塑料棚面的形状不同，扣棚面积占整个暖棚面积的 3/2。空间面积大、采光系数大。

（4）拱圆形塑料暖棚：这种暖棚似人字架形塑料暖棚，只是棚顶当中呈半圆形，它是以山墙、前后墙棚架和棚膜组成，以南北走向为好。

通常大棚跨度 6～8 米，棚内地面可采用与固定式鹅舍一样的水泥或三合土，如果饲养育肥鹅或不长期饲养使用也可以直接将土质的地面踩实即可。棚内地面垫高 20 厘米，周围三面挖排水沟，一面通活动场。棚顶冬季采用塑料大棚膜—草帘—棉毡—再覆盖塑料薄膜。夏季采用塑料大棚膜外加遮阳网。冬季采用烟道加温效果较好。

适合育雏、种鹅、育肥及肉鹅饲养。育雏采用地面垫干草或者高床育雏均可。

四、母鹅孵化室

采用天然孵化时，孵化室应选在较安静的地方。孵化室要冬暖夏凉，空气流通，窗离地面高约 1.5 米，窗要开得小，使舍内光线较暗，以利母鹅安静孵化（图 1-9）。孵化室面积每 100 只母鹅占 12～20 米²。如用木搭架作双层或三层孵化巢（图 1-10），面积可相应减少。舍内地面用黏土铺平打实，并比舍外高 15～20 厘米。舍前设有水陆运动场，陆上运动场应设有遮阳棚，以供雨天就巢母鹅离巢活动与喂饲之用。人工孵化室要求，根据孵化用机具大小、数量而定，具体规格质量要求同孵鸡用孵化室。既要通风，又要保温、冬暖夏凉，地面铺有水泥，且有排水出口通室外，以利冲洗消毒。

图 1-9　鹅正在孵化

图 1-10　孵化室内

与孵化室相邻并相通的，是有与规模相适应的存蛋库。蛋库中应备有蛋架车，蛋架车上的蛋盘应与孵化机中的蛋盘规格一致，以利操作。

经验之三：适度规模效益高

经济学理论告诉我们：规模才能产生效益，规模越大效益越大，但规模达到一个临界点后其效益随着规模呈反方向下降。适度规模养殖是在一定的适合的环境和适合的社会经济条件下，各生产要素（土地、劳动力、资金、设备、经营管理、信息等）的最优组合和有效运行，取得最佳的经济效益。所谓养鹅生产的适度规模，是指在一定的社会条件下，鹅养殖生产者结合自身的经济实力、生产条件和技术水平，充分利用自身的各种优势，把各种潜能充分发挥出来，以取得最好经济效益的规模。

从放牧草场上看，适宜的饲养密度和草地载畜量是可持续适度规模养鹅的基础条件。要根据放牧草地的承载能力确定饲养适度的规模。鹅是以食草为主的家禽，它能很好地利用牧地，采食消化大量的青草，草质柔嫩、生长茂盛，有利于鹅的放牧饲养，以降低饲养成本。同时，让鹅在场地上得到充分运动，提高鹅的生活力和生产力。一般草场养鹅量在每公顷可饲养 300～450 只，载畜量的大小随草资源的状况加以调节。

从放牧水面上看，鹅作为水禽，最适宜在有水的环境中生长，每天有 1/4～1/3 的时间在水中生活。鹅的放牧场地要求“近、平、嫩、水、净”，强调的是青草清水。要求鹅舍附近要有江河、湖泊、池塘或沟溪等水源，水流要缓慢，水深 1 米左右，以供鹅群在水上活动和配种。水源的水如果过浅，在炎热的夏季烈日照射后水温会过高，雏鹅、种鹅都不愿在水中活动，影响雏鹅的生长发育和种鹅的配种；过深则不便觅食水中饲料。鹅对水源的要求高，而且自然环境要清静，环境的净化能力十分重要，也就是说养鹅的水上密度要适宜，便于水质四季常“清”。鹅每天放牧时间 9 小时左右，水上放牧时间 3 小时左右，要吃 5～6 成饱，而且鹅有“多吃快拉”的特点，因此，每 667 平方米（每亩）水面的适宜放养成鹅数以 50～60 只为宜。

从资金实力上看，要养鹅必须筹备好一定数量的养殖资金，同时还要考虑到养殖风险的承受能力，要留有充足的资金。养殖资金主要有固定资本和流动资金两大类。具体包括场地建设费、鹅舍建筑费、设备购置费、鹅苗费、饲料费、疫病防治费、水电费及管理费、运输费、销售费等费用。资金数量根据养殖规模和饲养方式而定。比如采取种草养鹅的饲养模式，养殖 1500 羽肉鹅需固定资本 0.5 万元，苗鹅费 0.75 万元（按 5 元/羽计），饲养流动资金 2.55 万元，合计筹措养殖资金 3.8 万元，便可正常从事肉鹅养殖生产。

从本地区养殖规模特点以及形势上看，养鹅与地区养鹅的习惯关联较大，通常鹅养殖发展较好的地区，一般种、繁、养、加、销体系健全，有稳定的经纪人队伍，综合服务能力较强，适合规模较大的养殖。反之，如果产供销系统不完善，甚至脱节，就不适合大规模饲养。

总之，养鹅规模大小与经济效益有密切关系，决定饲养规模的大小要根据养殖者的劳力、资金、草料、放牧场地资源等条件，以及市场销售情况来确定。如果条件尚不够完善，饲养技术跟不上，不必追求大规模，否则因饲养管理不善，鹅群生产性能下降，患病死亡增多，反而得不偿失。适度的规模为：一般养殖户一次饲养肉鹅1500只左右，一年饲养肉鹅2～3批，或者饲养种鹅300只左右；专业养殖场（大户）可适当多饲养，肉鹅一次可饲养5000～10000只，一年养3～4批，或者饲养种鹅500～1000只，由2人饲养即可。

经验之四：养鹅场哪些设备必须有

养鹅比养鸡简单得多，但一些养鹅的用具还是必需的。

一、育雏设备

（一）自温育雏用具

适合气温比较缓和的地区或季节，依靠雏鹅自身产热，加保温措施，满足雏鹅发育所需温度，有自温育雏箱和自温育雏栏（图1-11，图1-12）两种。自温育雏箱可用纸箱、木箱、箩筐（图1-13）来维持所需温度。自温育雏栏需要物品有围栏的草席、箩筐、垫草、被单等覆盖保温物品，每个小栏可容纳100只雏鹅以上，以后随日龄增长而扩大围栏面积。自温育雏可以节省燃料，但费工费时，不便于粪便清理，仅适合小规模育雏。

（二）给温育雏设备

给温育雏设备多采用地下炕道、电热育雏伞或红外线灯等给温。优点是适用于寒冷季节大规模育雏，可提高管理效率。

1. 炕道

炕道育雏分地上炕道式与地下炕道式两种。由炉灶与火炕组成，均用砖砌，大小长短数量需视育雏舍大小形式而定。地下炕道较地上炕道在饲养管理上方便，故多采用。炕道育雏靠近炉灶一端温度较高，远端温度较低，育雏时视日龄大小适当分栏安排，使日龄小的靠近炉灶端。炕道育雏设备造价较高，热源要专人管理，燃料消耗较多。

图 1-11　育雏舍

图 1-12　正在育雏

图 1-13　鹅雏

用煤饼或煤球炉育温有成本低、操作简便的优势。就是用高50～60 厘米的小型油桶割去上下盖，在下端 30 厘米处按上炉栅和炉门，上烧煤饼（球），再盖上盖，盖上接散热管道。一般一次能用 1 天，每个炉可保温 20 平方米左右（视气温和保温要求定）。但使用时，一定要保证炉盖的密封和散热管道的畅通，并接至室外，否则会造成煤气中毒。

2. 电热育雏伞

电热育雏伞用铁皮或玻璃钢制成伞状，伞内四壁安装电热丝作热源。有市售的，也可自制。一个铁皮罩，中央装上供热的电热丝和 2 个自动控制温度的胀缩饼装置，悬吊在距育雏地面 50～80 厘米高的位置上，伞的四周可用 20 厘米高的围栏围起来，每个育雏伞下，可育雏 200～300 只，管理方便，节省人力，易保持舍内清洁。

3. 红外线灯

红外线灯给温是采用市售的250瓦红外线灯泡，悬吊在距育雏地面40～60厘米高度处，每2平方米面积挂1个，随所需温度进行升降调节。用红外线灯育雏，温度稳定，垫料干燥，不仅可以取暖，还可杀菌，效果良好。但耗电多，灯泡寿命不长，增加饲养成本。

4. 热风炉

有燃煤和燃气两种，是一种先进的供暖装置，广泛用于畜禽养殖的加温。由室外加热和室内送风等部分组成。由管道将温暖的热气输送入舍内。热风炉使用效果好，但安装成本高。热风炉由专门厂家生产，不可自行设计，使用时需要防止煤气中毒。

二、产蛋箱

一般生产鹅场多采用开放式产蛋巢，即在鹅舍一边用围栏隔开，地上铺以垫草，让鹅自由进入巢内产蛋和离开。也可制作多个产蛋窝或箱，供鹅选择产蛋。箱高50～70厘米、宽50厘米、深70厘米。箱放在地上，箱底不必钉板。

三、饲喂设备

饲喂设备包括喂料器、饮水器和填饲器。养鹅场（户）应根据所养鹅的品种类型和鹅的不同日龄，配以大小和高度适当的喂料器和饮水器，要求所用喂料器和饮水器适合鹅的平喙型采食、饮水特点，能使鹅头颈舒适地伸入器内采食和饮水，但最好不要使鹅任意进入料、水器内，以免弄脏。其规格和形式可因地而异，既可购置专用料、水器，也可自行制作，还可以用木盆或瓦盆代用，周围用竹条编织构成。

（一）雏鹅阶段

应根据鹅的品种类型和不同日龄，选择大小、高度适当的喂料器和饮水器。喂料器和饮水器由木盒、塑料盒、瓷盘外加竹条、木条或细钢筋编制的隔离栅栏构成，隔离栅栏的间距依鹅大小而定，以鹅的头部刚好伸进即可。雏鹅生长迅速，盆的直径、高度应经常变化。

（二）育成阶段

40日龄以上青年鹅饲料盆和饮水盆可不用竹围，盆直径45厘米，盆高度 12 厘米，盆底可适当垫高 15～20 厘米，防止饲料浪费。

（三）种鹅阶段

种鹅可以采用木制、塑料或水泥的盆槽进行采食、饮水。盆直径 55～60 厘米，盆高 15～20 厘米，离地高度 25～30 厘米。水泥槽长 100～120 厘米，上宽 40～43 厘米，底宽 30～35 厘米，高度 10～20 厘米。

（四）育肥阶段

多采用长条木制、水泥或塑料食槽和水盆饮水。食槽上宽 30～35 厘米，底宽 25 厘米，长 50～100 厘米，高度 20～23 厘米。鹅 40 日龄以上饲料盆和饮水盆可不用竹围，盆直径 45 厘米，盆高 12 厘米，盆面离地 15～20 厘米。

（五）填饲机

填饲机包括手动填饲机和电动填饲机。

1. 手动填饲机

这种填饲机规格不一，主要由料箱和唧筒两部分组成（图 1-14）。填饲嘴上套橡皮软管，其内径 1.5～2 厘米，管长 10～13 厘米。手动填饲机结构简单，操作方便，适用于小型鹅场使用。

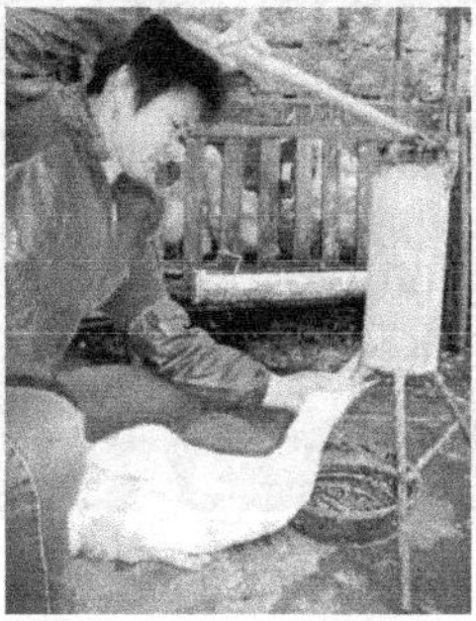

图 1-14 手动填饲机

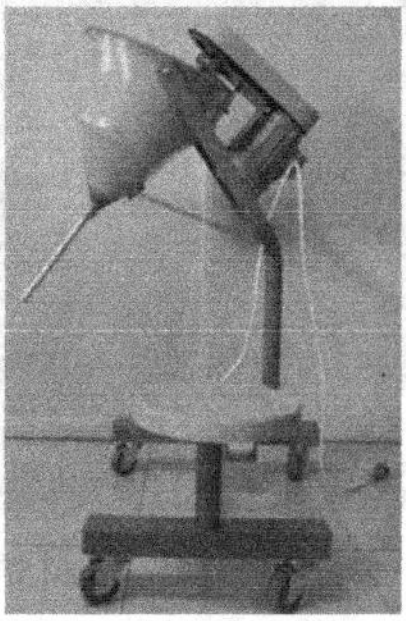

图 1-15 电动填饲机

2. 电动填饲机

电动填饲机又可分为两大类型。一类是螺旋推运式，它利用小型电动机，带动螺旋推运器，推运玉米经填饲管填入鹅食道（图 1-15）。这种填饲机适用于填饲整粒玉米，效率较高，多用于生产鹅肥肝时使用。另一类是压力泵式，它利用电动机带动压力泵，使饲料通过填饲管进入鹅食道。这种填饲机采用尼龙和橡胶制成的软管做填饲管，不易造成咽喉和食道的损伤，也不必多次向食道捏送饲料，生产率也高。这种填饲机适合于填饲糊状饲料。

四、围栏和旧渔网

鹅群放牧时应随身携带竹围或旧渔网。鹅群放牧一定时间后，将围栏或渔网围起，让鹅群休息。

五、运输鹅或蛋的笼或箱

运输鹅的箱或笼应包括运输雏鹅的和运输育肥鹅或种鹅的。箱子应透气、牢固、便于搬运。

运输雏鹅的箱子或笼，以塑料箱（图 1-16）和纸箱（图 1-17）最普遍，纸箱多为一次性使用。养鹅场还应有一定数量的运输育肥鹅或种鹅的笼子和运种蛋的箱子，运输育肥鹅用铁笼、塑料笼或竹笼均可，每只笼可容 8～10 只，笼顶开一小盖，盖的直径为 35 厘米，笼的直径为 75 厘米，高 40 厘米。

图 1-16 塑料箱

图 1-17 纸箱

六、通风设备

通风设备通常为风机，主要用于封闭式鹅舍，将舍内污浊的空气排出、将舍外清新的空气送入，实现鹅舍内空气符合鹅的生长要求。风机要求具有全压低、风量大、噪声低、节能、运转平稳、百叶窗自动启闭、维修方便等特点。对鹅舍内纵向和横向通风均能适用。

七、清洗、消毒设备

清洗设备主要是高压冲洗机械，带有雾化喷头的可兼当消毒设备用。消毒设备有火焰消毒器、人工手动的背负式喷雾器和机械动力式喷雾器三种。舍内地面、墙面、屋顶及空气的消毒多用火焰消毒、喷雾消毒和熏蒸消毒。熏蒸消毒采用熏蒸盆，熏蒸盆最好采用陶瓷盆或金属盆，切忌用塑料盆，以防火灾发生。

八、照明设备

照明设备通常由灯和灯光控制器组成。

目前采用白炽灯和节能灯等光源照明。白炽灯应用普遍。也可用日光灯管照明，将灯管朝向天花板，使灯光通过天花板反射到地面，这种散射光比较柔和均匀。用节能灯照明还可以节电。

鹅舍的灯光控制是鹅饲养中重要的一个环节。鹅舍灯光控制器是取代人工开关灯，既能保证光照时间的准确可靠，实现科学补光，同时又减少了因为舍内灯光的突然明暗给鹅群带来的应激。鹅舍灯光控制器有可编光照程序、时控开关、渐开渐灭型灯光控制和速开速灭型灯光控制 4 种功能。其功能主要有：根据预先设定，实现自动调节鹅舍光的强弱明暗、设定开启和关闭时间及自动补充光源等。使用鹅舍灯光控制器好处非常多。养殖场（户）可根据鹅舍的结构与数量、采用的灯具类型和用电功率、饲养方式等进行合理选择。

九、饲草加工设备

饲草加工设备包括谷物饲料粉碎机、饲草收割设备和青绿饲料切碎机械，因为青绿饲料打浆会影响适口性。

（一）粉碎机

粉碎机类型有锤片式、对辊式和爪式 3 种。锤片式粉碎机（图 1-18）是一种利用高速旋转的锤片击碎饲料的机器，生产率高，适应性广，既能粉碎谷物类精饲料，又能粉碎含纤维、水分较多的青草类、秸秆类饲料，粉碎粒度好。对辊式粉碎机（图 1-19）是由一对回转方向相反、转速不等的带有刀盘的齿辊进行粉碎，主要用于粉碎油料作物的饼粕、豆饼、花生饼等。爪式粉碎机（图 1-20）是利用固定在转子上的齿爪将饲料击碎，这种粉碎机结构紧凑、体积小、重量轻，适合于粉碎含纤维较少的精饲料。

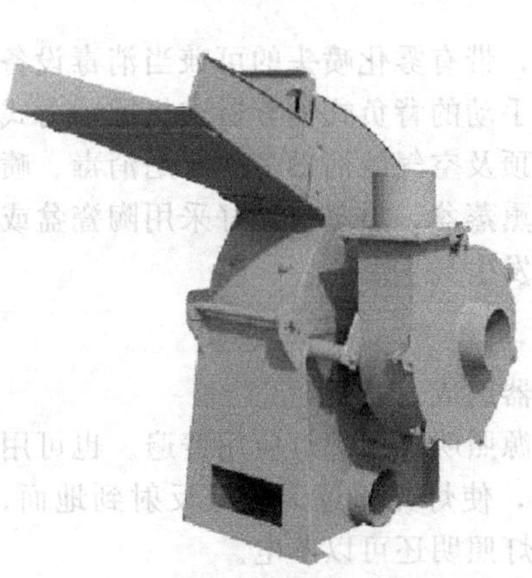

图 1-18 锤片式粉碎机

图 1-19 对辊式粉碎机

（二）青绿饲料切碎机械

铡草机，也称切碎机，主要用于切碎粗饲料，如谷草、稻草、麦秸、玉米秸等。按机型大小可分为小型、中型和大型。小型铡草机（图 1-21）适用于广大农户和小规模饲养户，用于铡碎干草、秸秆或青饲料。中型铡草机也可以切碎干秸秆和青饲料，故又称秸秆青贮饲料切碎机。大型铡草机常用于规模较大的饲养场，主要用于切碎青贮原料，故又称青贮饲料切碎机。铡草机是农牧场、农户饲养草食家畜必备的机具。秸秆、青贮料或青饲料的加工利用，切碎是第一道工序，也是提高粗饲料利用率的基本方法。铡草机按切割部分形式可分为滚筒式和圆盘式 2 种。大中型铡草机为了便于抛送青贮饲料，一般多为圆盘式，而小型铡草机以滚筒式为多。大中型铡草机，为了便于移动和作业，常装有行走轮，而小型铡草机多为固定式。

十、孵化设备

孵化设备包括传统孵化设备和机械孵化设备。传统孵化设备包括孵化床、电热毯、热水袋、孵蛋巢（筐）等。

（一）孵蛋巢（筐）

利用种鹅孵化雏鹅的自然孵化方式。各地用的鹅孵蛋巢规格不一致，原则是鹅能把身下的蛋都搂在腹下即可。目前常见的孵蛋箱有两

图 1-20　爪式粉碎机

图 1-21　饲草切碎机

种规格：一为高型孵巢，上口直径 40～43 厘米，下口直径 20～25 厘米，高 40 厘米，适用于中小型品种鹅；另一种为低型孵巢，上下直径均为 50～55 厘米，高 30～35 厘米，适用于大型鹅。一般每 100 只母鹅应备有 25～30 只孵巢。孵巢内围和底部用稻草或麦秸柔软保温物作垫物。在孵化舍内将若干个孵巢连接排列一起，用砖和木板或竹条垫高，离地面 7～10 厘米，并加以固定，防止翻倒。为管理方便，每个孵巢之间可用竹片编成的隔围隔开，使抱巢母鹅不互相干扰打架。孵巢排列方式视孵化舍的形式大小而定，力求充分利用，操作方便。

设计和建造巢箱或巢筐时必须注意以下几点：一是用材省、造价低；二是便于打扫、清洗和消毒；三是结构坚固耐用；四是大小适中；五是能和鹅舍的建筑协调起来，充分利用鹅舍面积来安排巢和箱；六是必须方便日常操作；七是母鹅在里面孵化能感到舒适；八是能减少母鹅间的相互侵扰；九是有利于充分发挥种鹅的生产性能。

（二）机械孵化设备

机械孵化设备是指人工模拟卵生动物母性进行温度、湿度和翻蛋等条件控制，经过一定时间将受精蛋发育成生命的机器。孵化设备是孵化过程中所需物品的总称，它包括孵化机、出雏机、孵化机配件、孵化房专用物品、加温设备、加湿设备以及各个测量系统等。可以分为煤电两用和只用电两个类型。

经验之五：哪种养鹅方式适合你

鹅的饲养方式可分为舍饲、圈养和放牧三种饲养方式。

放牧养鹅是一种比较普遍的饲养方式，可利用草地、草坡、果木林地、沟渠道旁的零星草地以及收粮的茬地来进行放牧。这些地方生长着丰富而且鹅喜欢吃的野生牧草，如水稗草、苦荬菜、蒲公英、鹅冠草、灰菜等。通常养殖户在春夏季买鹅苗，育雏后根据天气情况选择放牧时间，晚上补饲。在秋冬季到来时便可上市。每只鹅需要配合饲料4～5千克。放牧饲养可灵活经营，并可充分利用天然：饲料资源，节约生产成本，但饲养规模受到限制。适合饲养蛋鹅、肉用仔鹅前期。

舍饲也称为旱养，多为地面垫料平养或网上平养，一般在集约化饲养时采用。舍饲适合没有放牧场地和水源条件养鹅，是目前养鹅的发展趋势，特别适合育雏鹅、肉鹅育肥、填肥鹅、生产鹅肥肝、种草养鹅、秸秆发酵养鹅、种鹅和反季节养鹅等，也可以作为放牧鹅后期快速育肥。舍饲适合于规模批量生产，不受季节限制，但生产成本相对较高，对饲养管理水平要求也高。

圈养也称为关棚饲养，是早期将雏鹅饲养在舍内保温，后期将鹅饲养在有棚舍的围栏内露天饲养。围栏内可以有水池，无水池也可以旱养。饲喂配合饲料或谷物饲料及青绿饲料，不进行放牧。这种方式也适合于规模化批量生产，投资比舍饲少，对饲养管理水平要求也没有舍饲高。

养殖者采用哪种饲养方式要根据生产的目的和饲养的条件决定。

生产目的决定饲养方式，如生产鹅肥肝就要采用圈养、舍饲的办法，因为生产鹅肥肝的鹅要求尽量减少活动，尽可能地多吃高能量、高蛋白质的饲料，这些都是放牧饲养达不到的，要在短时间内达到鹅快速生长的目的，只有采取舍饲的办法。同样，育雏期的雏鹅需要温度条件高，不适合放牧，只能舍饲。

饲养条件也决定饲养方式，有放牧的草地、果木林地、河流、沟渠等条件，尽量采用放牧养鹅，可节约大量的养殖成本。但要做好放牧计划，如利用收割后茬地残留的麦粒和残稻株落谷进行肥育的，必须充分掌握当地农作物的收获季节，预先育雏，制订好放牧育肥的计划。比如从早熟的大麦到小麦茬田，随着各区收割的早晚一路放牧过去，到小麦茬田放牧结束时，鹅群也已育肥，即可尽快出售。因茬地放牧一结束，就必须用大量精料才能保持肥度，否则鹅群就会掉膘。稻田放牧也如此进行。没有这些条件要养鹅当然只能采取圈养、舍饲。同样，反季节养鹅也是这样，由于放牧生产受放牧场地限制较多，夏秋季节可以采食的食物较多，放牧当然没有问题，而冬季食物较少，北方大部分地区甚至没有可以采食的，如果这个时候在北方养鹅，只能采取舍饲的办法。

另外，从我国当前养鹅业的社会经济条件和技术水平来看，对于小规模的养殖户来说，采用放牧补饲方式，小群多批次生产肉用仔鹅更为可行。

经验之六：种鹅家庭养殖参考模式

种鹅家庭养殖，以1个女劳力为主，可养120只，年产蛋7000枚左右，净收入1万元以上。

一、养殖模式

生产实践证明，养殖20组，120只鹅（公母比例为1∶5），需种草667～1000平方米以提供青料，年耗精料4000千克（每只每天按100克测算），建栏舍面积30～40平方米，活动场地100～500平方米，活动水面30～40平方米。条件优越者还可扩大养殖规模，经济效益更佳。

二、关键技术

1. 选择好种鹅

在春季孵出的雏鹅中，选体大、健壮的作种鹅培育，雏鹅饲养70天后，选体重3千克以上、两翅紧扣躯体、羽毛紧密而有光泽、臂部圆阔、尾不翘的母鹅作种。种公鹅则要求体格高大匀称，嘴中等粗短、眼凸有神、颈细长，叫声洪亮，两脚粗壮、距离较宽，阴茎发育正常。

2. 产蛋期巧养

夏季以玉米、小麦、糠麸为主，每只每天分3次共喂100克左右；另补给300～500克青料。秋季只给维持饲料，每只每天最多喂统糠、麦麸90克。冬季到次年初夏喂催蛋料，每天3～4次，定时，自由采食，吃饱喝足。以稻谷、玉米、小麦等精料为主，糠麸类逐渐减少；并在每100千克料中加食盐300克、骨粉1千克，使母鹅初冬见蛋，春节前齐蛋，正好赶上孵化最佳季节。

种鹅在开产后，每天上午放牧两次，下午一次，每天1～2小时，使种鹅有充分的活动时间。种鹅有回窝产蛋的习惯，放牧应在禽舍附近。若看到母鹅不吃草、伸颈、鸣叫，是“恋巢”表现，要将其赶回舍内，经几次赶回后，母鹅就会自然跑回产蛋。

鹅是水禽，多在水面进行交配。公鹅性欲以上午最旺盛，因此每天应放水至少4次，上午多放，这样可使母鹅得到复配的机会，以提高种蛋受精率。

3. 停产期巧养

母鹅每年产蛋至初夏，产蛋量开始减少，大部分母鹅羽毛干枯，进入停产期。此时应将日粮由精料改为粗料，并转入以放牧为主的饲养管理，降低营养水平，促使母鹅消耗体内的脂肪，使羽毛进一步干枯，容易脱落。此期内喂料次数应逐渐减少至每天一次，隔天一次到3～4天一次，但不能停水。经13～15天，鹅体消瘦，体重减轻，主翼羽和主尾羽出现干枯现象时，试拔呈脱松状态不带肉屑，就可以进行人工换羽。人工拔羽比自然换羽可以缩短换羽时间，从而使母鹅提早恢复产蛋，而且换羽后产蛋较整齐，种蛋质量好。

拔羽应选择晴天，在鹅空腹时进行。用一只手紧握鹅的两翅，另一只手把翅膀张开顺着主翼羽的生长方向将主翼羽、副翼羽拔掉，最后拔主尾羽。拔羽后当天，鹅群应圈养在运动场内喂料，喂水和休息，不能让鹅群下水游泳，以防止细菌感染，引起毛孔发炎。拔羽后一段时间内，因其适应性较差，应避免风吹、雨淋和烈日暴晒。

拔羽后除加强放牧以外，要根据公、母鹅羽毛生长快慢酌情补料，使公、母鹅翼羽生长较一致，以便尽快恢复产蛋的体况体态，进入下轮产蛋配种阶段。

注意，由于鹅成熟较晚，母鹅开始产蛋后1～4年产蛋量最高，因此母鹅一般留用4～5年，每年待产蛋结束之后要淘汰残、次、劣种鹅，选留高产鹅进入停产期。

经验之七：养鹅应具备的基本条件有哪些

养鹅具有很大市场前景和经济效益。但养鹅应具备下列基本条件。

一是有草。鹅是一种以吃草为主的家禽，草占有非常重要的位置。如果以放牧为主要生产方式养鹅的，就要求有稳定可靠的放牧草地，如果是种草养鹅，种植草的农田要有保证。如果饲草没有保证，则不宜进行养鹅。切不可仅靠田间地头的草放牧饲养，这些杂草资源有限，只能养少量的鹅，且放牧时还要防止农药中毒。同时，鹅还要吃一些精饲料，尤其是圈养舍饲、肉鹅育肥和生产鹅肥肝等，都需要大量的玉米等饲料，这些饲料的供应也要有保证。

二要有水。鹅是水禽，如果每天能下水1～2小时，有利于鹅的生长和体质的提高，出售时“卖相”也好。所以即便是没有水塘，也要在鹅的活动场地砌筑水池供鹅嬉戏交配等，至少要备好水盆供鹅饮水和洗头。同时，鹅的饮用水要有充分的保证，夏天每只鹅每天要耗水1～3千克，不可长时间断水。

三是种苗质量要可靠。目前鹅种苗品种杂乱，搞鹅苗孵化的多为小孵化场，有的很不正规，不按规定给鹅注射小鹅瘟疫苗（这是造成雏鹅一个月内死亡的重要原因）。购鹅时一定要注意这一点，如场家没有进行防疫，购回后一定要补注小鹅瘟疫苗。

种苗费是一笔不小的开支。如果是具有多年养殖经验的老养鹅户，可以在秋后卖鹅时留下几只表现好的母鹅和公鹅，春季产蛋后搞人工孵化，实现自繁自养，既可以节省购雏成本，又可以保证鹅雏质量。

四是要有场地。养鹅需要合适的场地，场地的选择要严格按照有关畜禽养殖场地要求去做。如只养几十只鹅圈在庭院里就行，每平方米可养成鹅3～5只。如大量养殖，应把场地设在村外，一来不易患病、利于放牧；二来也不影响邻居休息。

五是养殖技术要过关。规模化养鹅不同于以前的小散养鹅，不是简单的放牧、喂料、加水那么简单。需要很多专门的饲养管理技术，如品种杂交技术、人工授精技术、饲料配制技术、肥肝生产技术、活鹅拔毛技术、疫病防治技术等，进鹅前要先学好技术，保证成活率和生长速度。

第二章 品种确定与挑选

经验之一：品种选择适应性是关键

适应性是指生物体与环境表现相适合的现象。适应性是通过长期的自然选择，需要很长时间形成的。虽然生物对环境的适应是多种多样的，但究其根本，都是由遗传物质决定的。而遗传物质具有稳定性，它是不能随着环境条件的变化而迅速改变的。所以一个生物体有它最适合的生长环境的要求，而且这个最佳生长环境要变化最小，在它的承受范围之内，该生物体就能正常地生长发育、生存繁衍。否则，如果由于生存的环境变化过大，超出该生物体的承受范围，该生物体就表现出各种的不适应，严重的不适应甚至可以致死。

鹅的适应性是指鹅适应饲养地的水土、气候、饲养管理方式、鹅舍环境、放牧场地、饲料等条件。养殖者要对自己所在地区的自然条件、物产、气候以及适合于自己的饲养方式等因素有较深入的了解。每个品种都是在特定环境条件下形成的，对原产地有特殊的适应能力。当被引到新的地区后，如果新地区的环境条件与原产地差异过大时，引种就不易成功。选定的引进品种要能适应当地的气候及环境条件。所以选择品种时既要考虑引进品种的生产性能，又要考虑当地条件与原产地条件不能差异太大。否则，因为适应性问题容易造成养殖失败。

我国的鹅品种资源丰富，根据国家畜禽资源管理委员会调查，我国现有鹅品种 27 个，其中 6 个列入国家级保护名录，是世界上鹅品种最多的国家。

从体形大小，鹅可分为大、中、小三型。大型有狮头鹅；中型有皖西白鹅、溆浦鹅、江山白鹅、浙东白鹅、四川白鹅、雁鹅、合浦鹅、道州灰鹅、钢鹅、长白鹅、永康灰鹅等；小型有五龙鹅、太湖鹅、乌鬃鹅、籽鹅、长乐鹅、伊犁鹅、阳江鹅、闽北白鹅、扬州鹅、南溪白鹅等。

从羽毛颜色分白色、灰色两大系列。白鹅有五龙鹅（豁眼鹅）、四川白鹅、浙东白鹅、扬州白鹅、闽北白鹅、舟山白鹅、河北白鹅、承德白鹅、上海白鹅、皖西白鹅、太湖鹅、籽鹅、长百鹅、南溪白鹅、浦城白鹅、江山白鹅、溆浦鹅、四季鹅等；灰鹅有雁鹅、狮头鹅、乌鬃鹅（清远鹅）、马岗鹅、阳江鹅、合浦鹅、长乐鹅、道州灰鹅、伊犁鹅、永康灰鹅、钢鹅等。

从生产性能分产肉、产蛋、产绒、产肥肝四类。我国大中型鹅种的生长速度很快，肉质较好，均可作肉用鹅，其中以狮头鹅、溆浦鹅、浙东白鹅、皖西白鹅较为突出；我国产蛋量高的鹅种较多，有产蛋量堪称世界之最的五龙鹅，还有籽鹅、太湖鹅、扬州鹅、四川白鹅等；产绒以白鹅最好，主要有皖西白鹅、浙东白鹅、四川白鹅、承德白鹅等，但与法国和匈牙利培育的中型白羽肉鹅产绒量和绒质相比，还有一定的差距；国内狮头鹅、溆浦鹅、合浦鹅肥肝的性能很突出，而太湖鹅、浙东白鹅、长白鹅也有很大潜力，但它们均未经肥肝生产性能的专门化选育，与法国、匈牙利等国培育的肥肝专门化品种无法相比。

目前我国还从国外引进了朗德鹅、莱茵鹅、丽佳鹅等世界著名鹅种。朗德鹅产于法国，是世界上产肥肝性能最好的鹅种。莱茵鹅产于德国，具有成熟早、产蛋多、适应性强、抗病力强、牧饲力强、耐粗饲、既耐寒又耐热等优点，而且肉质鲜美，营养价值高，深受消费者青睐。莱茵鹅产绒量高，鹅绒洁白朵大，弹性好，膨松度高，是生产优质羽绒的上好原料，是世界上著名的肉毛兼用型品种。丽佳鹅产于丹麦，是著名的肉蛋兼用型鹅种。

应该说这些品种绝大部分都有良好的适应性。比如狮头鹅、雁鹅、籽鹅、溆浦鹅、皖西白鹅、莱茵鹅等。但也有个别品种不能很好地适应，如豁眼鹅在江南地区就没有表现出优良的产蛋性能，在南方适应性较差。

毋庸置疑，对于绝大多数品种的鹅来说，该品种的历史形成地，是该品种最适应生长的地区。近年来通过一些地方优良品种之间杂交以及地方品种与国外引进品种之间的杂交所生产的杂种鹅，适应性普遍较好，能够适应全国绝大多数地区饲养，值得生产商品鹅的养鹅场考虑。

养鹅场如果要选择其中某一个品种来饲养，首先要看当地以及本场的饲养条件能否满足该品种的生长需要，也就是说要看养鹅场能否适应肉鹅或种鹅的生长需要，而不是让肉鹅或种鹅适应养鹅场。

经验之二：养殖比较多的鹅品种

品种是决定效益的内因，好种出好苗，好苗结好果，好果才有好效益。我国鹅资源丰硕，仅列入全国家禽品种志上的就有 12 个，还有一些品变种。各地饲养的品种也略有区别。如广东省习惯饲养当地灰鹅狮头鹅、乌鬃鹅、马岗鹅等肉质好。安徽喜欢养雁鹅、皖西白鹅，固然产蛋少 30～40 个，但种鹅分 3～4 个产蛋期，可四季产蛋孵化出产肉鹅。江苏省习惯饲养太湖鹅，产蛋较多（60 个以上），喜欢仔鹅 2 千克左右上市，肉质较嫩。东北喜欢养豁眼鹅、籽鹅，年产蛋均在 100 个以上。浙江省饲养浙东白鹅，开产日龄早约 150 天，可四季产蛋孵化出产肉鹅，60 日龄体重可达 3.5 千克。湖南饲养溆浦鹅，固然年产蛋量较少（30 个左右），但出肉率高，半净膛为 87.3%～88.6%，60 日龄体重 3 千克以上，肥肝机能较好可达 600 克。四川省喜欢养四川白鹅，产蛋、产肉、产毛机能均衡，是一般规模养殖的首选品种，年产蛋 60～80 个。新疆因为天气原因，他们养伊犁鹅，粗放饲养，大多白天飞走自己觅食，晚上归来补料，是我国鹅种中唯独由灰雁进化来的鹅种，此鹅如改变饲养环境，出产机能潜力较大，粗放饲养年产蛋 10～20 个。

经验之三：根据生产目的选择合适的品种

养鹅的目的，主要是根据人们需要获得多而好的鹅肉、蛋、肥肝、羽绒等鹅产品，因此，根据生产发展方向和品种利用目的的不同结合当地天然条件来选择适合的鹅种。

如果饲养的是供繁殖鹅苗用的种鹅，就要根据市场需求来选择种鹅品种。市场需要哪个类型的鹅品种，就要养殖哪个类型的鹅，这是饲养种鹅的总要求，只有适销对路才能取得好的养殖效益。比如我国东北饲养豁眼鹅和籽鹅较多，在东北就要以这两个品种的为主；我国珠江三角洲地区和港澳地区消费者注重鹅的肉质和羽色，对小型的、肉质优良的黑羽、黑脚鹅比较喜欢，可以选择马岗鹅和清远鹅来养殖；而潮汕等一些地方，对肉质、羽色不特别讲究，只要求是体形大的肉鹅即可，可选择大型鹅如狮头鹅种鹅来养殖。还应注重市场的需求趋势。如目前洁白的鹅羽绒价高俏销，因此收购活鹅加工的企业，一般只收白羽色的鹅。还有的地方人们喜欢白鹅而不喜欢黑鹅，选择的时候这些都应该注意。

如果以生产肉鹅为主，就要选择肉用型的品种。要求产肉性能好、生长发育快、肉质优良、饲料报酬率高、饲料成本低，即用较少的饲料生产出较多的、好吃的鹅肉。凡仔鹅体重达 3 千克以上的鹅种均适宜作肉用鹅。这类鹅主要有狮头鹅、四川白鹅、皖西白鹅、浙东白鹅、长白鹅、溆浦鹅以及引进的莱茵鹅等，这类鹅多属中、大型鹅种，其特点是早期增重快。

如果以生产鹅羽绒为主，就要选择羽绒用型的品种。尽管各品种的鹅均产羽绒，但是在各品种鹅中，以皖西白鹅的羽绒洁白、绒朵大而品质最好。因此，一些客商在收活鹅时，相同体重的白鹅，皖西白鹅的价格要高。特别是养鹅进行活鹅拔毛时，更应选择这一品种。但皖西白鹅的缺点是产蛋较少，繁殖性能差，如以肉毛兼用为主，可引入四川白鹅、莱茵鹅等进行杂交。此外，浙东白鹅、太湖鹅也是生产鹅羽绒不错的品种。

如果以生产鹅蛋为主，就要选择蛋用型的品种。目前鹅蛋已成为都市人喜爱的食品，且售价较高，国内一些大型鹅产品加工、经营企业争相收购鹅蛋，加工成再制蛋后进入超市。我国豁眼鹅、籽鹅的产蛋量是世界上最多的鹅种，一般年产蛋可达 14 千克左右，饲养较好的高产个体可达 20 千克。这两种鹅个体相对较小，除产蛋用外，还可利用该鹅作母本，与体形较大的鹅种进行杂交生产肉鹅。这样可充分利用其繁殖性能好的特点，繁殖更多的后代，降低肉鹅种苗生产成本。

如果以生产鹅肥肝为主，就要选择肥肝用型的品种。这类鹅引进品种主要有朗德鹅、图卢兹鹅，国内品种主要有狮头鹅、溆浦鹅。这类鹅经填饲后的肥肝重达600克以上，优异的则达1000克以上。此类鹅也可用作产肉，但习惯上把它们作为肥肝专用型品种。需要注意的是，鹅肥肝虽然价值高，但生产技术要求也较高，需要具备较高的饲养技术，在这方面国内大型公司技术力量较强，做得较好。普通中小养殖场（户）小规模生产不容易掌握此项技术。

经验之四：符合市场需求是引种的原则

养鹅选择品种时，除应注重鹅的品种用途外，还应注重市场的需求。

从国内的市场需求看。在我国，养鹅的主要目的是用来产肉，仅少数品种兼顾羽绒或肥肝。由于鹅肉消费群习惯的差异，形成了两大不同消费需求的市场：一个是广东、广西、云南、江西和我国港澳地区以及东南亚地区，消费者对灰羽、黑头、黑脚的鹅有偏好，饲养的品种主要以灰鹅品种为主；另一个是我国绝大部分省（自治区、直辖市）消费市场，主要为白羽鹅种，在获得鹅肉的同时获得羽绒。近年来由于效益较高，能够活拔鹅毛的皖西白鹅越养越多，成为产销对路的品种。此外，不少地方广泛使用品种间杂交或白羽肉鹅配套系，利用杂种优势来提高生产性能。

从国外市场需求看，鹅绒皮制裘具有轻、薄、暖、软、洁白等特点，御寒性能胜于狐皮和貂皮，其绒面飘逸洒脱，在欧美等西方国家，鹅绒裘皮是一个时尚的代名词。还有鹅肥肝，“鹅肝酱”在现代欧洲菜系中担任着重要角色。而在法国菜里，有着世界三大美食之一头衔的便是法式煎鹅肝了。鹅业权威专家朱士仁曾将其概括为“国外无竞争对手，国内无进口压力”。

因此，养殖者要首先充分了解市场需求，根据市场需求确定自己养殖鹅的品种，这样才能取得好的经济效益。

经验之五：引种时应注意哪些问题

在养鹅生产中，引种是每个养鹅场生产经营者都要考虑的问题，它是实现品种改良和迅速提高养鹅效益的有效途径。一个养鹅场经济效益的好坏除了跟市场行情、鹅场的投资环境及饲养管理水平等有关外，鹅优良品种的引入便是最为重要的环节了。优良品种是养鹅业高产、高效的基础，因此，要必须重视种鹅的引进问题。

一、制订引种计划

养鹅场和养殖户应该结合自身的实际情况，根据种鹅群更新计划，确定所需种鹅的品种和数量，有选择性地购进能提高本场鹅种某种性能，满足自身要求，并只购买与自己的鹅群健康状况相同的优良个体。如果是加入核心群进行育种的，则应购买经过生产性能测定的种鹅。新建养鹅场应从所建鹅场的生产规模、产品市场和鹅场未来发展的方向等方面进行计划，确定所引进种鹅的数量、品种和级别。然后根据引种计划，初步确定选择到哪家引种。

二、确定合适的引进时机

引种要选择合适的时机，合适的时机引种能更好地发挥引种优势，降低引种成本，这就需要我们对养鹅市场有敏锐的洞察力和用前瞻性的眼光来分析预测养鹅生产。如我国目前大部分养殖户愿意在春天进鹅雏秋天出售，这样也形成了一个价格的波动，在集中出售的时间鹅的价格低，而很多时间价格高却没有多少鹅出售，有的养殖户就根据这个规律饲养四季鹅或者反季节饲养，实现全年均衡上市，取得了不错的收益。

三、了解供种企业的售后保障情况

要明确一个原则，引种要到质量高、信誉好、知名的大型公司引种。因为这样的公司技术力量雄厚，质量有保证。国内鹅的生产主要以农户为主，对鹅的选育工作做得比较少，很多地方引种要到大型养殖场去引进种鹅。这就要求到供种时间长、鹅的生产性能稳定、养殖户反映好的供种场引进种鹅，同时还要看供种者本身饲养的种鹅质量如何，要求供种场本身饲养管理好，种鹅的质量高。如果供种场饲养条件差、管理混乱、疫病不断，或者自身没有养多少种鹅，而是从其他小散养殖户中收集鹅蛋孵化，这样的供种场是无法保证鹅种质量的，不能在这样的供种场引进。

还要了解拟引进养鹅场的售后服务情况，是否能提供全面系统的服务，尤其是对于新建场或者从未饲养过的新品种来说，技术力量相对薄弱，饲养管理经验缺乏，完善的售后服务是引种能否成功的有力保障。

要求有翔实的被引进品种的资料，如系谱资料、生产性能鉴定结果、饲养管理条件等，一旦出现质量或技术问题，可以得到及时解决。

四、掌握拟引进品种的适应性和生产性能

充分了解拟引进品种的适应性。掌握所引进品种是否适应本地的自然环境条件。如水资源、气候特点、饲料种类、饲养方式等是否适应。

掌握拟引进品种的品种描述、饲养管理和卫生防疫要求、体重发育标准、饲养标准、喂料量控制标准、生产性能标准等。以及在当地的引进和饲养情况。在选择品种时，既要考虑其生长速度，又要考虑其产蛋量，有时还要考虑其出绒率。通常生长速度快的鹅产蛋量不高，产蛋量高的体形不大，很难找到一个鹅种生长既快，产蛋量又高，毛绒也好。因此，要根据本场生产方向选择产蛋、产肉或产绒性能良好，生产性能高而稳定的鹅种。

五、要注意公母比例适当

一般来说，我国小型鹅品种的公、母比例宜为1∶(6～7)，中型品种为1∶(5～6)，大型品种为1∶(4～5)。老龄的公鹅或者饲养条件差，公、母比例要相应缩小。如果采用人工授精技术，公母比例可以提高到1∶(15～20)。此外，引进国外鹅种的比例要相应缩小。这些因素都要充分考虑到，以免实际生产中出现公、母鹅比例失调，影响种蛋生产。

六、加强疫病监测

调查各地疫病流行情况和各品种种鹅的质量情况，必须从没有危

害严重的疫病流行地区并经过详细了解的健康种鹅场引进种鹅，同时了解该种鹅场的免疫程序及其具体措施。

引种时要加强检疫工作，应将检疫结果作为引种的决定条件。做到没有经过检疫的不引进、检疫不合格的不引进、没有检疫证明的不引进和疫区的不引进。以免引起传染病的流行和蔓延。引进后，要隔离饲养一段时间。

经验之六：杂交生产效益高

杂种优势，生物学上指杂交子代在生长活力、育性和种子产量等方面都优于双亲均值的现象。遗传学中指杂交子代在生长、成活、繁殖能力或生产性能等方面均优于双亲均值的现象。杂交产生优势是生物界普遍存在的现象。鹅的经济杂交，就是充分利用这种杂种优势进行商品鹅生产，是提高养鹅经济效益的重要措施之一。

一、杂交父本和母本的选择要求

用来杂交的母本一是群体数量多，以节约引种成本，便于杂交技术的普及推广。二是繁殖性能好，产蛋数量多，以降低杂交一代商品鹅苗的生产成本。三是个体要相对较小，以便节约饲料，降低种鹅的生产成本。用来杂交的父本则应选择个体大、生长速度快、饲料利用率高、肉质好的品种或品系。另外，用来杂交的父本和母本其原产地应距离较远，且来源差别大，这样杂交后代的杂种优势才会明显，杂交的互补性才更强。四是注重经济用途，如售鹅毛是养鹅和鹅产品加工中的重要增收方法之一，由于白色的鹅毛市场价格高，因此在杂交组合时应注重父本和母本的羽色选择，使生产的杂交商品鹅的白色羽毛均匀一致。肉鹅按经济用途可分为分割加工用肉鹅和我国民间的传统加工用肉鹅，如烤鹅、盐水鹅、风鹅加工等。分割加工用肉鹅最好是纯种莱茵鹅或以莱茵鹅公鹅为父本与四川白鹅、浙东白鹅等繁殖性能较好的中型母鹅进行杂交，生产出的生长快、产肉多、个体大、饲料利用率高的肉鹅，以适应鹅肉出口和西餐烹调的需要。我国传统加工用鹅则以国内的地方品种纯种或地方品种之间相互杂交为宜，这类鹅要求生长期稍长，个体大小适中，肌纤维细嫩，毛孔细小，皮肤细腻光滑，鹅肉产品风味好，以适应我国居民的饮食习惯。

二、杂交实例

广东省为了既保持清远鹅肉质好的特点，又克服其产蛋少的缺点，引进豁眼鹅及籽鹅进行杂交，先用豁眼鹅作母本与清远鹅杂交，再用杂交1代作母本，又用清远鹅作父本，进行回交，所产生的回交后代既保持了清远鹅肉质好的特点，又满足广东及港澳地区消费者的口味，取得了较好的效果。同时由于杂交1代母鹅的产蛋性能好，用作回交母本提高了繁殖性能。

以莱茵鹅为父本与国内优良肉鹅杂交生产肉用杂交仔鹅，经杂交后的仔鹅8周龄体重可达3.0～4.0千克。利用莱茵鹅杂交改良生产的雏鹅，其生长速度和抗病力明显优于本地雏鹅品种。杂交莱茵鹅具有抗寒性、耐粗饲和肉品质好等方面的优点，改良过的雏鹅经过饲养两个月即可出栏，3月龄平均体重达5千克以上。

三、几个适宜的杂交亲本

母本：选用四川白鹅、豁眼鹅、籽鹅、太湖鹅。前三者分别是我国中小型鹅种中产蛋量最多的鹅种。太湖鹅虽然产蛋量不算最高，但其个体小、饲养成本低，作为母本进行杂交效果显著。

父本：莱茵鹅、皖西白鹅。以莱茵鹅为父本，与我国的中小型鹅种杂交可以显著改善我国地方鹅种个体小、生长慢的不足。皖西白鹅羽绒质量好，属中型鹅种，可以用它作父本，与我国地方的中小型鹅种进行杂交，生产毛肉兼用型商品鹅。

经验之七：自留种鹅的优选方法

种鹅可以通过遗传把自身的生产性能和外貌特征传给后代。只有不断选种，把好的个体选出来，作为种鹅，才能不断提高后代的各种生产性能（如产蛋、产肉、产毛性能等），才能提高养鹅的经济效益。

选种方法主要有蛋选、苗选、后备鹅选择和成年鹅（经产种鹅）选择等。

一、种蛋的选择

（一）种蛋要求来源于高产的个体或鹅群

种蛋要求来源于高产的个体或鹅群，这样的蛋孵出的雏鹅符合品种特征和具有高产潜在性能。高产种鹅的标准如下。

1. 体形外貌选择

此法为最常用的选种方法，但此法仅作初选手段，同时配合其他选种方法。本法的选择标准主要按该品种固有特征选择。如狮头鹅品种特征为：体形大，前额肉瘤发达，向前突出，覆盖于喙上。两颊有左右对称的肉瘤1～2对，嘴和肉瘤均呈黑色，颌下咽袋发达，颌下皮肤褶明显，一直延伸达颈部。足为橙红色，眼凸出，虹彩褐色。狮头鹅的头顶及颈背有一明显的深褐色条纹，颈侧白色，体背面褐色，各羽边缘色较浅，胸部呈棕褐色，腹部白色。成年公鹅体重8.85千克，母鹅7.86千克。70日龄平均体重公鹅6.42千克，母鹅5.82千克。溆浦鹅品种特征为：体形较大，躯干较长。公鹅嘴基的肉瘤发达，颈细长呈弓形。有强的护群性。母鹅体形稍小，腹部下垂，有褐色，腹部白色，喙黑色，肉瘤表面光滑，呈灰黑色。足和蹼橙红色，虹彩蓝灰色。白色鹅全身白色，喙和足橙黄色，虹彩亦蓝灰色。成年公鹅体重在6.0～6.5千克，母鹅重5～6千克。60日龄体重可达3～3.5千克。豁眼鹅品种特征为：体形较小，额前长有橘红色的肉瘤，肉瘤表面光滑。喙橘红色。最具特点的是其眼，豁眼鹅的眼呈三角形，上眼睑有一豁缺。颌下有咽袋，颈长呈弓形。前躯挺拔高抬。母鹅腹部丰满下垂，豁眼鹅体羽白色，足橘红色。成年公鹅体重3.7～4.4千克，母鹅3.1～3.8千克。90日龄体重为3～4千克。四川白鹅品种特征为：全身羽毛洁白，紧贴在体表。喙和足橘红色。虹彩灰蓝色。公鹅体形稍大，头颈较粗，体躯稍长，额部有一个呈半圆形的肉瘤。母鹅颈细长，肉瘤不明显。成年公鹅体重5～5.5千克，母鹅体重4.5～4.9千克，母鹅60日龄重2.5千克，90日龄重3.5千克。

2. 生产性能的选择

主要包括产蛋力、产肉力、繁殖力三个方面。这些条件需要依靠系统的记载资料进行选择。

（1）产蛋力：要求开产日龄早，年产蛋量多，蛋的重量大。具体内容可按品种要求参阅相关资料。

(2) 产肉力：要求体重大，生长速度快，肥育性能好，肉的品质好，饲料报酬高，屠宰效果好。

(3) 繁殖力：要求产蛋多，蛋的受精率高，孵化率和成活率高。通常由母鹅在规定产蛋期内提供的种蛋所孵出的健康雏鹅数来表示。

(二) 种蛋的蛋重、蛋壳的颜色、蛋壳的质量和蛋形

种蛋的蛋重、蛋壳的颜色、蛋壳的质量和蛋形等，都要符合品种的特征和要求。比如豁眼鹅的平均蛋重为118克，蛋壳白色，蛋形椭圆，蛋形指数为0.69；籽鹅的平均蛋重为107克，蛋壳粗糙，蛋壳白色；溆浦鹅平均蛋重为185克，蛋壳多为白色，少数为淡青色，蛋壳厚度0.62毫米，蛋形指数1.28；雁鹅的蛋重在1～3年内，随年龄的增长而逐年提高，一年鹅的蛋重为120～140克，二年鹅的蛋重为140～160克，三年鹅的蛋重为150～170克，蛋壳白色，蛋壳厚度0.6毫米，蛋形指数1.51；浙东白鹅的平均蛋重为149克，蛋壳白色或灰白色；皖西白鹅的平均蛋重为142克，蛋壳白色，蛋形指数1.47；狮头鹅的第一年平均蛋重为176.3克，第二年以后平均蛋重为217.2克，蛋壳白色或灰白色，蛋形指数1.53。

备注：蛋形指数=蛋的纵径长/蛋的横径长。蛋形指数是用来描述蛋的形状的一个参数。蛋形不影响食用价值，但关系到种用价值、孵化率和波蛋率。标准禽蛋的形状应为椭圆形，蛋形指数在1.3～1.35之间。蛋形指数大于1.35者为细长形，小于1.30者为近似球形。

二、后备种鹅的选择

留种鹅应在饲养2～3年的母鹅所产的仔鹅中挑选。在选种季节上以从“年夜鹅”和“清明鹅”（指12月和3月出壳的鹅）中选留种鹅为宜。通常在每年的3～4月份出壳的雏鹅中选留，然后经过70～80日龄、130日龄以后和产蛋前3次复选，选留下来的种鹅即可进入舍饲。

复选宜在早晨进行，复选时要将公、母鹅分开，散在较大的场地或草地上，任其自由活动，边观察边选择。

1. 雏鹅的选择

在开食前进行。应选择注射过小鹅瘟疫苗的鹅苗。应选择种蛋孵

化出壳正常雏鹅，要求健壮，体重较大，头大，眼灵活有神，体躯长而宽，腹部柔软而且有弹性，绒毛细长致密并洁净，行动活泼。凡是过早或过迟出壳、初生重太小、大肚脐、眼睛无神、行动不稳和畸形的劣雏鹅均不宜用。数量上按照预选数的200%选留。

2. 后备鹅的选择

在70～80日龄时进行。种用后备鹅应选择生长发育好、体重大的健康个体。种用公鹅体形一般要大，体质要强壮，发育均匀，肥度适中，头中等大，两眼灵活有神，喙甲粗短并紧合有力，颈粗而稍长，胸深而宽，背部宽长，腹部平整，脚粗壮有力，脚间距离宽，叫声宏亮。种用母鹅体壮，头的大小要适中，眼睛灵活，颈细长，体形长而圆，前躯较浅狭，后躯深而宽，臀部宽广，两脚结实，脚间距离宽。数量按照预选数的150%选留。

3. 成年鹅的选择

在进入性成熟时进行。要求具有品种特征，生长发育好，体重大，体形结构匀称，健康状况好，无杂毛。母鹅的头要大小适中，喙不要过长；眼睛明亮有神，颈细呈中等长；身长而圆，羽毛细密，前驱较浅窄，后躯宽而深；两脚结实，距离宽；尾腹宽大，尾平不竖，尾羽不能过多，否则将妨碍交配。公鹅的体形要大，体质要好，各部位发育均匀，肥度适中，并且头大脸阔，两眼灵活有神，喙长而钝，闭合有力，鸣声响亮，羽毛有光泽；颈长而粗大，略弯曲而有力；体躯呈长方形，肩宽挺胸，腹部平整、不下垂，腿长短适中，粗而有力，两脚距离宽，这样的公鹅在配种时能夹紧固定母鹅，便于交配。对种用公鹅还要进一步检查器官发育情况。具体方法是用手挤压泄殖腔，阴茎很容易勃起伸出，阴茎伸出泄殖腔外面，长度3～4厘米，精液品质合格者可留用。阴茎不易伸出，短而粗的和畸形者一律淘汰。种用母鹅选择食欲良好、配种行为多的个体。数量按照预选数的110%选留。

淘汰体形不正常，体质差，有病，肉瘤、喙、蹼颜色不符合品种要求的鹅。

三、经产种鹅的选择

对于经产种鹅，要参考以往的产蛋记录，选留产蛋多，蛋重适中

(130 克以上)，蛋形、壳色正常的母鹅。公鹅则要求选留配种力、受精率高，雄性强的。

经验之八：外购雏鹅的挑选

雏鹅的选购很关键，直接关系到养鹅的成败。健壮的雏鹅是养好鹅的基础。选得好，不仅可以减少死亡，而且生长速度快，养殖效益高。选购小鹅应注意以下几点。

看眼睛：眼睛要有神，凡眼睛流泪、干涩或瞎眼的不能买。

听声音：听小鹅叫声是否清亮，声音沙哑的不能买。

看脚：小鹅脚要粗壮，蹬地有力，脚软无力和拐脚等有残疾的不能买。

摸脐部：脐口平整光滑，柔软不碍手，腹部大小、硬软适中者是壮雏，腹部过大、脐口钉手或潮湿者是弱病雏，不能买。

手握：将雏鹅抓在手中，感觉其骨骼粗壮、挣扎有力、弹性强者是壮雏，反之是弱雏。

看毛色：羽毛要蓬松发亮，毛长而密，绒毛短稀、干结无光泽的不能买。应选纯蜡黄色绒毛的雏鹅。

试翻身：将小鹅仰面放置（背朝下脚朝上），若能迅速翻身站起来者是壮雏，不能立即翻身起来的是弱雏，最好不要买。

经验之九：实用的雏鹅挑选顺口溜

有经验的养鹅者把挑选优质雏鹅的要求编成了顺口溜，好记又非常实用，现摘录如下供养殖者选购鹅雏时参考。

小鹅要拣老鹅生，生过两窝有保证。

蛋得三两多更好，孵出小鹅强有劲。

买小鹅时要当心，轻如棉团鹅娘新。

要拣体重有份量，不足二两难养成。

身长体宽腹圆软，毛有光泽眼有神。

叫声洪亮善跳跃，反卧地上速翻身。
鹅嘴苍白鼻流涕，缩颈垂翅是有病。
肛门粪污臀不饱，脚露青筋也不行。
要分雌雄翻肛门，雄有蚓突细辨认。

经验之十：产蛋与停产蛋鹅鉴别

一、产蛋鹅的特征

开产前10天左右，母鹅表现食欲旺盛，喜采食青饲料。全身羽毛光亮，并紧贴躯体，两眼微凸，头部肉瘤发黄，行动敏捷，尾羽平伸舒展；耻骨间距有4～5厘米宽，鸣声急促、低沉。临产前7天，母鹅肛门附近异常污秽。临产前2～3天，母鹅有衔草做窝动作，这些都是母鹅要产蛋的表现。一般刚开产不久的母鹅由于羽毛光滑润泽，不沾雨水。当母鹅产蛋率在两三成时，食道膨大部便不突出了。产蛋35个左右时，因肛门松弛，从外表看有一个酒盅状凹陷。

二、停产鹅的鉴别

用左手捉住母鹅两翼的基部，手臂夹住其头颈部，再用右手掌在其腹部顺着羽毛着生的方向，用力向前摩擦数次，若有毛片脱落者，则为停产母鹅，应及时淘汰。另外通过观察母鹅的体况也可以鉴别。体重过肥的母鹅，过肥的母鹅卵巢和输卵管周围沉积了大量脂肪，使体内分泌机能失调，影响卵细胞的形成和运行，因而产蛋量大大降低，甚至停产。过瘦也会导致母鹅减产或停产。

经验之十一：怎样给鹅配种

一、配种时机

一般公鹅5月龄、母鹅7～8月龄性成熟，但正常繁殖作种用时，应在12月龄左右选留早春孵出的种鹅，既可保证蛋重达到品种标准，又可提高种蛋受精率。

二、公母比例和利用年限

一般自然交配的公母比例：小型品种 1∶(6～7)，中型品种 1∶(5～6)，大型品种 1∶(4～5)，人工授精则可提高到 1∶(15～20)。

鹅是长寿家禽，种鹅的繁殖年限比其他家禽长，鹅的种用年限一般为 3～4 年。一般母鹅自开产起产蛋量逐年提高，到第 4 年开始减少。通常，母鹅开产后第 2 年比第 1 年多产蛋 15%～25%，第 3 年比第一年多产蛋 30%～50%。也就是说，种母鹅一般可以利用 3～4 年。也有些小型早熟鹅种，如我国的太湖鹅、前苏联库班鹅，其产蛋量以第 1 年为最高。对这些种鹅，很多农户习惯采用“年年清”的办法进行全群更换，即公母鹅只利用一年，一到产蛋末期少数鹅开始换羽时就全部淘汰，将其作为商品鹅出售。

为保证鹅群高产、稳产，在选留种鹅时要保持适当的年龄结构。一般鹅群的年龄结构为 1 岁龄母鹅占 30%、2 岁龄母鹅占 35%、3 岁龄母鹅占 25%、4 岁龄母鹅占 10%。

三、配种时间

鹅的配种时间主要集中于早晨和傍晚，早晨公鹅性欲最旺盛，健康种公鹅在 1 个上午能配种 3～5 次。要充分利用上午头次开棚放水的有利时机，使母鹅获得配种机会。傍晚也是公鹅性活动较强的时间，也要利用好这段时间。

四、配种方法

鹅的配种可以采取自然配种和人工授精的方式，一般来说种群较小或同品种纯繁时，多采取自然配种的方式，但由于公鹅的配种性能受夏季高温的影响较大，所以夏季自然配种的受精率较低。特别是进行经济杂交时，如果两个品种的体重差异较大，会影响自然配种的效果，为解决上述述问题，目前多采用人工授精的方法。

（一）自然配种

就是利用鹅的交配习性让公、母鹅自行交配。自然配种又分为自由交配配种和人工辅助配种两种。

1. 自由交配配种

自由交配配种是指在母鹅群中，放入一定数量的公鹅让其自由交配的方法。自然配种可在陆地和水面进行，但鹅有水上交配的习性，其受精率比陆上交配高。因此，种鹅饲养场必须具备清洁的游水场地。自由交配可分为以下几种。

（1）大群配种：在一大群母鹅中，按公母配比放入一定数量的公鹅进行配种。这种方法多在农村种鹅群或种鹅繁殖场采用。

（2）小群配种：1只公鹅与几只母鹅组成一个配种小群进行配种。母鹅的具体数量，按不同品种类型1只公鹅应配多少只母鹅来决定。这种方法多用于育种场。

（3）个体单配：公、母鹅分别养于个体笼或栏内，配种时，1只公鹅与1只母鹅配对配种，定时轮换，这种方法有利于克服鹅的固定配偶的习性，可以提高配种比例和受精率。

（4）同雌异雄轮配法：为了多获得父系家系和进行后裔测验，可采用同雌异雄轮配法。具体方法是：先放入第一只种公鹅，让其配种2周后捉出。在第三周周末（即第21天下午），用准备放入配种的第二只公鹅的精液给原群中的每只母鹅输精一次。在第24天下午将第二只公鹅放入原群中自由交配。采用这种同雌异雄配种方法，前3周的种蛋孵化所得的雏鹅为第一只种公鹅的后代；第四周前3天的蛋不作孵化用，自第4天起即为第二只种公鹅的后代。这样就可以在同一配种期同时获得两只公鹅的后代。

2. 人工辅助配种

公鹅体形大、母鹅体形小或没有水源的情况下，公、母鹅陆地交配时，自然交配有困难，需要人工辅助使其顺利完成交配。在利用大型鹅种作父本进行杂交改良时，常常需要采取这种配种方法以提高受精率。人工辅助配种能有效地提高种蛋受精率。

具体操作方法：先把公母鹅放在一起，让它们彼此熟悉，并进行配种训练，待建立起交配的条件反射后，当公鹅看到人把母鹅按压在地上，母鹅腹部触地，头朝操作人员，尾部朝外时，公鹅就会前来爬跨母鹅配种。操作人员也可以蹲在母鹅左侧，双手抓母鹅的两腿保定住，让公鹅爬跨到母鹅背上，用喙啄住母鹅头顶的羽毛，尾部向前下方紧压，母鹅尾部向上翘，当公鹅双翅张开外展时，阴茎就插入母鹅阴道并射精，公鹅射精后立即离开，此时操作人员应迅速将母鹅泄殖腔朝上，并在周围轻轻压一下，促使精液往阴道里流。也可以让公、母鹅身体尾部相对，保定母鹅在地上，并拨开肛门周围的羽毛，使公、母鹅的肛门互相接触，此时操作人员用手轻轻按摩公鹅的腰背部，增加公鹅的快感，一般 2～3 分钟后即进行射精，完成交配过程。

母鹅每 5～7 天配种一次；公鹅可间隔 1 天配种或连续 3 天配种后休息 1 天。采用人工辅助交配，可使种蛋的受精率达到 95%以上，孵化出雏率大大提高，经济效益明显。

（二）人工授精

人工授精就是通过人工采集精液和给母鹅人工输精配种的技术。鹅的人工授精是一项先进的繁殖技术，是提高良种公鹅利用率，减少公鹅饲养数，同时又是育种工作中扩大优秀基因影响和获得优良基因组合的重要手段。

操作方法如下。

1. 采精准备

采精公鹅与母鹅应分开饲养，并剪去泄殖腔周边羽毛，以防精液污染。公鹅采精可采用背腹式按摩采精法。

2. 采精

助手握住公鹅的两脚，坐于采精员右前方，将公鹅放在膝上，尾部向外，头部夹于左臂下。采精员左手掌心向下紧贴公鹅背腰部，向尾部方向不断按摩（一般按摩 4～5 次即可），同时用右手大拇指和其他四指握住泄殖腔按摩，揉至泄殖腔周围肌肉充血膨胀，感觉外突时，改变按摩手法，用左手和右手大拇指、食指紧贴于泄殖腔左右两侧，在泄殖腔上部交互有节奏地轻轻挤压，至阴茎勃起伸出。最后挤压时，右手拇指和食指压迫泄殖腔环的上部，中指顶着阴茎基部下方，使输精沟完全闭锁，精液沿着精沟从阴茎顶端排出。与此同时，助手将集精杯靠近泄殖腔，阴茎勃起外翻时，自然插入集精杯内射精。一般公鹅每次采精量为 0.1～1.3 毫升。对性欲较强的鹅种，可用简易的采精方法，即采精员右手放于公、母鹅泄殖腔之间，待公鹅伸出阴茎时，左手将集精杯或 5～10 毫升的烧杯靠近公鹅泄殖腔，用右手将伸出的阴茎轻轻导入杯中，使其在杯内射精。

需要注意种公鹅采精前应停食 3～4 小时，以减少采精时排便。

采精按摩手法要轻柔，切忌用力过猛而引起生殖器官出血，并造成生殖器官感染。公鹅采精次数一般每日 1～2 次，对性欲低的则应延长间隔时间，给予适当休息，可采取隔日采 1 次或隔 2 日采 1 次的方式。

3. 精液的检查与稀释

采集的精液需经镜检正常后方可使用，精液的颜色依精子密度的大小而异，从乳白色至淡白色不等，密度过稀的精液显淡黄色。精子密度达到每毫升 5 亿～25 亿个，精子活力达 0.5 以上即可，用精液稀释液等量或倍量稀释。一般精液稀释液可用 0.9%氯化钠盐水（生理盐水），也可以采用以下常用的稀释液配方。配方一：氯化钠 0.65 克，氯化钾 0.02 克，氯化钙 0.02 克，加蒸馏水 100 毫升；配方二：甘氨酸钠 1.67 克，柠檬酸钠 0.67 克，葡萄糖 0.31 克，加蒸馏水 100 毫升；配方三：葡萄糖 1 克，氯化钠 0.08 克，氯化钾 0.02 克，二氯化钙 0.02 克，二氯化锰 0.01 克，蒸馏水 100 毫升。精液稀释后，置于 2～5℃条件下保存备用。一般应在 10 天内用完，冬季采精时要注意保温，缩短操作时间，以保证精液质量。

4. 输精

输精时，将母鹅固定在受精台（凳子）上，泄殖腔向外朝上，用生理盐水棉球擦净肛门周围，左手拇指紧靠泄殖腔下缘，轻轻向下压迫，使其张开，将吸有经稀释后精液的输精器徐徐插入，深度为 5～6 厘米，然后放松左手，右手将输精器中的精液输入。输精时间一般在上午或下午 4 时左右，每羽母鹅 5～6 天输 1 次，每次输 0.1 毫升。第一次输精时，输精量加倍，可使受精率提高到 90%以上。1 只优良公鹅的精液可输 20～30 只母鹅。

经验之十二：鹅雌雄鉴别方法

鹅的雌雄鉴别工作是养鹅生产中重要的技术环节，在商品鹅生产中，可以实现雌、雄雏分开饲养，以便尽可能提高鹅的生产性能。以下是鹅的几种雌雄鉴别方法。

一、肛门鉴别

（一）雏鹅期

最佳鉴别期是在出雏后 2～24 小时以内，常用以下两种操作方法。

1. 翻肛法

此法较为广泛采用。操作者用左手的中指和无名指夹住颈口，使其腹部向上，用右手的拇指和食指放在泄殖腔两侧，轻轻翻开泄殖腔，如在泄殖腔口见有螺旋形突起，即为公雏，如是三角瓣形皱褶，即为母雏。

2. 捏肛法

左手握住雏鹅，以右手食指和无名指夹住雏鹅体侧，中指在其肛门外轻轻向上一顶，如感觉有一细小突起者，即为公雏，如无，则为母雏。此法较难掌握，要求中指感觉灵敏，熟练掌握后，鉴别速度较快。

（二）育成期（或半月龄以后）

此期用翻肛法鉴别较为准确。具体操作如下。

操作者呈半蹲伏，右膝压住鹅的背前部，稍用力（压住即可，不可用力过猛或将全身重量全部压在鹅身上，以免把鹅压伤），左、右手的大拇指、食指和中指共同操作，向后向下按压，翻开泄殖腔（此时鹅的腹压增大，只要注意用力技巧，较为容易翻开），如见有一0.6～0.8 厘米长的细小突起（此为生长过程中的阴茎），即为公鹅，如无，则为母鹅。或者操作者可将鹅放在膝盖上或操作台上翻肛鉴别，此法较为省力，但费时。有的母鹅在泄殖腔边缘处有一三角形突起，这种鹅俗称“刺儿母鹅”，此时容易将其判断为公鹅，要注意区分，以免造成混淆，而影响鉴别率。

（三）成鹅期

至 3～4 月龄时公鹅的阴茎已逐渐发育成熟，成熟的阴茎长约 6 厘米，粗约 1 厘米，它是由一对左右纤维淋巴体组成，分基部和游离部（但有的鹅因饲养管理欠佳或营养不良时，阴茎未成形，甚至有的与育雏期时相同）。鉴别时，技术操作同育成期，手指微用力，阴茎即可伸出。正常的阴茎弹性良好，比较容易伸出和回缩。如见在其中部或根部有结节，则可能是患大肠杆菌病或其他疾病，可依据具体情况予以淘汰处理或治疗后继续留用。如翻开泄殖腔，只见有雏形的皱襞，则为母鹅，经产母鹅则较为松弛，很容易翻开。

二、外形鉴别

（一）雏鹅期

公雏和母雏在出雏时就存在着一些差异。一般雄雏体格较大，喙长宽，身较长，头较大，颈较长，站立的姿势较直；雌雏的体格较小，喙短而窄，身体形圆，腹部稍向下，站立的姿势稍斜。

（二）育成期和成鹅期

随着日龄的增长，公、母鹅外形的差异日渐显著，雄鹅的雄相日益突出，至成鹅期已非常明显，表现在体形较大，喙长而钝，颈粗长；胸深而宽，背宽而长，腹部平整，胫较长，有额头的品种鹅，额头则明显大于母鹅的额头。相对公鹅而言，母鹅的体形较为轻秀，身长而圆，颈细长，前躯较浅窄，后躯深而宽（产蛋期腹部下垂尤为明显），臀部宽广，腿结实，距离宽。

三、鸣声鉴别

雄鹅的鸣声高、尖、清晰、洪亮；雌鹅的鸣声低、粗，较为沉浊。

四、动作鉴别

至成鹅期公、母鹅在动作行为上表现出很大的差异，可通过动作来判断雌雄，一般群鹅中，头鹅多为公鹅，并表现出凶悍、威猛，能起到看家护院的作用。在群体饲养时，个别公鹅可能出现独霸某一只或几只母鹅的现象，或不让其他公鹅进入其领地的行为，相比较而言，母鹅则比较温顺、驯服。

五、羽色鉴别

有的品种鹅可根据羽色来鉴别，如莱茵鹅，雏鹅在出壳时，背部羽色为浅灰色的，是雄雏；背部羽色为深灰色的，是雌雏。

经验之十三：雏鹅运输需要注意的事项

雏鹅运输距离以出壳后当天到达为限。对于路途较远，超过1天以上的，最好采用嘌蛋方式运输。运输过程中要尽量减少震动，保证雏鹅安全。

采用飞机运输，在运输前对出发时间、到达机场、待机时间、雏鹅装运、防风防雨、防冻防晒、到达卸货以及运输至养鹅场内的路线、车辆、温度保持等，都要制定详细的程序和安排，即要环环相扣，又要留有协调变通的余地。

飞机运输雏鹅的包装物要用专用纸箱，这种纸箱一般规格为15厘米×40厘米×60厘米，呈上小下大的梯形，每个纸箱分四个下格，并有环型隔板，缓冲死角，以避免雏鹅损伤，每小格可装雏鹅20～25羽，且保湿和通风效果均比较理想。

距离较近的可采用火车、汽车运输，包装物可采用圆形竹筐（规格一般为直径60厘米，高23厘米，约可放雏鹅50只）、专用纸箱或方形塑料筐，筐内应垫稻草、麦秸或干草，注意不能使用稻谷壳和锯末作垫料，以免雏鹅啄食，引起消化不良，甚至发生意外。筐和垫草都要经过消毒以后方可使用。

使用汽车运送雏鹅，最好使用厢式和带蓬车辆，必须用卡车运输时，一定要蔽盖严实，千万不能把竹筐直接放到客车顶上的行李架上，以免雏鹅途中受风着凉，引起感冒致病。

雏鹅运输途中的管理关键是保温和通风，冬季注意保温，夏季注意通风，整个运输过程中高温比低温造成的死亡率会更高，所以要特别注意途中高温对雏鹅的不良影响。

冬季运输雏鹅要备好被单、毛毡或棉被，根据气温情况，遮盖保温。夏季要注意及时调换筐位置散热通风，因为雏鹅出壳绒干后，相互挤在一起就能保持一定的温度，所以不论冬天或夏天在雏鹅运输途中都要根据情况用手将筐内的雏鹅拨动散热，防止打堆，以免“出汗”，造成僵鹅而影响生产性能的发挥。

第三章　饲料与饲喂

经验之一：鹅的消化特点及对饲料要求

（1）鹅是杂食性家禽，对青草粗纤维消化率可达40%～50%，所以有“青草换肥鹅”之称。

（2）鹅能充分利用青粗饲料，是由它独特的生理构造和消化特点所决定的。鹅的喙长而扁平，呈凿状、边缘粗糙，有很多细的角质化的嚼缘，用此可截断青草；消化道发达，食管膨大部较宽，富有弹性；肌胃肌肉发达，内常含砂砾，其内表层有一层坚硬的金黄色角膜，此角膜有保护胃壁在磨碎坚硬饲料时不受损伤的作用。肌胃不能分泌消化液，而主要对饲料进行机械磨碎。肌胃内的砂砾起着类似哺乳动物牙齿的作用，能帮助磨碎食物，如可将谷粒及粗饲料磨成糊状以利消化吸收。鹅的肌胃肌肉的收缩力为265～280毫米汞柱[1]，大约为鸡的两倍大。所以，鹅靠肌胃的巨大的收缩力和食入砂砾的帮助，能磨碎与消化大量的粗纤维物质。农谚道：“鹅吃素，不吃荤”，雏鹅期间，若吃到油物就会自行拔毛而消耗体质，所以在饲养中切忌油腻物。

（3）鹅在长期的进化中，能使消化道内容物迅速排出体外，从而增大采食量，获得所需营养物质。

（4）鹅的营养需要量因气候环境、鹅种、生产目标、是否供应草料、饲养期等因素而异。

（5）鹅对能量的需求受品种、个体大小、饲养水平、饲养方式和环境温度的影响。自由采食时，鹅有调节采食量以满足能量需要的本能。日粮能量水平低时，鹅会自己多采食饲料，日粮能量水平高时，

---

[1] 1毫米汞柱=133.322帕。

鹅会减少采食。当食入饲料所提供的能量超过需要时，多余的部分转化为脂肪，因此肉鹅上市前要提高能量饲料的供给，其能量一般维持在较高的水平，种鹅在休产时期或寡产时期可多喂含粗纤维高的日粮，避免种鹅过肥。

(6) 一般认为，鹅消化粗纤维能力较强，消化率可达45%～50%，可供给鹅体内所需的一部分能量。最近资料表明，鹅对粗纤维组分中的半纤维素消化能力强，而对纤维素尤其是木质素的消化能力有限。

(7) 一般情况下，鹅的日粮中纤维素含量以5%～8%为宜，不宜高于10%。日粮中纤维素也不宜过低，如果日粮中纤维素含量过低，不仅会影响鹅的胃肠蠕动，而且会妨碍饲料中各种营养成分的消化吸收。

(8) 鹅是草食动物，胃肠容积大，在配合饲料时要保证饲料有一定的体积，可将粗纤维的含量控制在10%。

(9) 肉鹅生长快速，4周龄体重已达成熟体重之40%（鸡仅达15%、火鸡仅达5%），7～8周龄则达成熟体重之80%（鸡仅达60%、火鸡仅达15%）。Nitsan等（1981）指出，羽毛及皮肤为生长鹅生长最为快速的部位，其氨基酸组成并不一致。故肉鹅饲粮中的养分应配合良好，以求得最佳的生长性能。

(10) 鹅忌食大麻叶、麻黄、苦楝树叶、九中更（毛茛）等几种草。

(11) 鹅在放牧或青饲料供应充足的情况下，除钙、磷、氯、钠要注意适当补充外，其他元素一般均能满足需要，不必另外补充；但在舍饲期间，其他元素要适当补充。

(12) 冬季草资源相对匮乏，放牧加补喂稻谷不能满足种鹅产蛋的营养需要，种鹅在产蛋期动用体内贮存的营养，导致种鹅体质瘦弱、软壳、砂壳蛋增多。若改用喂全价配合饲料来满足种鹅产蛋对营养物质的需要，就会使种鹅生产潜力得到充分发挥。

(13) 水是鹅体的重要组成部分，也是鹅生理活动不可缺少的重要物质，鹅缺水比缺食物危害更大。

(14) 种鹅的配合饲料饲喂量应当根据每日的放牧情况、体重、产蛋量来决定，每只每天补饲200～250克，分早晚两次补给。试验证明，喂配合料的种鹅比喂单一饲料的种鹅可提高产蛋率25%以上。

经验之二：鹅有哪些营养需要

鹅生长发育过程中，需要从饲料中摄取多种养分。鹅的品种不同、生长发育阶段不同，需要养分的种类、数量、比例也不同。只有在养分齐全、数量适当和比例适宜时，鹅才能达到生理状态和生产性能均好，取得良好的经济效益。反之，可能会出现生产性能下降、产品质量降低及生病、死亡等问题。鹅的营养需求主要是指能量、蛋白质、矿物质、维生素和水分的需要，除水以外其他都必须从饲料中获得。

一、能量

能量是一切生命活动的动力，鹅的一切生理过程都需要能量保证。能量的主要来源是碳水化合物及脂肪。

碳水化合物由碳、氢、氧3种元素组成，是新陈代谢能量的主要来源，也是体组织中糖蛋白、糖脂的组成部分。有机体生命活动所需要的能量主要来源于碳水化合物（糖类）的氧化分解，1克碳水化合物可提供17.15千焦的能量。碳水化合物的分解产物在机体用不完时，可以转变为肝糖或脂肪贮存备用。因此，肉鹅上市前要提高能量饲料的供给，其能量一般维持在较高的水平，种鹅在休产时期或寡产时期可多喂含粗纤维高的日粮，避免种鹅过肥。粗纤维是较难消化的碳水化合物，饲料中若含量太高，会影响其他营养物质的吸收，因而粗纤维含量应该控制。有资料报道，5%～10%的粗纤维含量对鹅比较合适，幼鹅饲料粗纤维含量应该稍低一些。

脂肪是鹅体组织细胞脂类物质的构成成分，也是脂溶性维生素的载体。饲料中1克脂肪含能量为32.29千焦，是碳水化合质的2.25倍。脂肪的主要作用是提供热量，保持体温恒定，保持内脏的安全。但鹅的脂肪是可以代替的养分，能由碳水化合物或蛋白质转化而成，也比较难消化，故鹅饲料中一般不添加脂肪。

鹅在自由采食时，具有调节采食量以满足自己对能量需要的本能，然而这种调节能力有限。法国学者对朗德鹅种鹅的能量需要做了试验，当气温为0℃或稍高时，最佳产蛋率的能量需要是每只鹅每天3.34～3.55兆焦代谢能，其日粮的能量水平为9.61～10.66兆焦/千克。温度更低时则需要量更大一些。当日粮能量水平为11.70兆焦/千克时，鹅不能正确调节采食量，同时也降低了产蛋率和受精率。另外，南京农业大学赵剑等，用不同能量水平的配合饲料，对四季鹅进行试验，能量水平分别为11.41兆焦/千克、11.58兆焦/千克、12.50兆焦/千克，对照10.91兆焦/千克，三个处理均比对照增重多，差异极显著，但4个试验组之间尽管能量不同，增重却不存在显著差异。这说明在充分放牧基础上，太高的能量水平并没有增重优势，反而增加饲养成本。

一般认为，大中型肉鹅的能量需要量比豁眼鹅等小型鹅高。是实际生产中公鹅和母鹅应分开饲养，配制不同营养水平日粮。

二、蛋白质

蛋白质是生物有机体的重要组成成分，又是生命活动的物质基础，所有酶的主体都是蛋白质。蛋白质是构成鹅体和鹅产品的重要成分，也是组成酶、激素的主要原料之一，与新陈代谢有关，是维持生命的必需养分，且不能由其他物质代替。蛋白质由二十多种氨基酸组成，其中鹅体自身不能合成必须由饲料供给的必需氨基酸是赖氨酸、蛋氨酸、异亮氨酸、精氨酸、色氨酸、苏氨酸、苯丙氨酸、组氨酸、缬氨酸、亮氨酸和甘氨酸。这11种氨基酸是必须通过饲料提供的，称为必需氨基酸。但是鹅对蛋白质的要求没有鸡、鸭高，其日粮蛋白质水平变化没有能量水平变化明显，因此有的学者认为蛋白质不是大部分鹅营养的限制因素。但是一般认为，蛋白质对于种鹅、雏鹅是重要的。有研究证明，提高日粮蛋白质水平对6周龄以前的鹅增重有明显作用，以后各阶段的增重与粗蛋白质水平的高低没有明显影响。通常情况下，成年鹅饲料的粗蛋白质含量宜为15%左右，雏鹅为20%即可。

蛋白质也可以提供能量，但由于价格高，要增加饲养成本，而且蛋白质在氧化分解过程中要产生氨（NH_3）等有害物质，增加肝、肾的负担。因此，饲料中蛋白质和能量要控制在适宜水平，蛋白质能量比（蛋白质/代谢能）应在12.0～16.0之间。

三、矿物质

矿物质是有机体的组成成分，占体重的3%～4%，矿物质不仅是组织成分，也是调节体内酸碱平衡、渗透压平衡的缓冲物质，同时对神经和肌肉正常敏感性、酶的形成和激活有重要作用。在鹅体内可以检测到50余种元素，除氧、碳、氢和氮之外，必需的矿物质元素有22种，其中常量元素有钙、磷、镁、钠、钾、氯和硫；微量元素有铁、锌、铜、锰、钴、碘、硒、氟、钼、铬、硅、钒、砷、锡和镍。在一般性况下，镁、钾、钼、氟、铬、硅、钒、砷、锡和镍能满足需要，而钙、磷、钠、氯、硫、铁、锌、铜、锰、钴、碘和硒不能满足需要，必须在饲料中补充。

鹅不仅要求矿物质种类多，而且更需要其比例合适，如钙、磷比，成年鹅约为3∶1，雏鹅约为2∶1。种鹅日粮中的含钙量2%多一点，含磷量为0.7%左右，含盐量0.4%左右。钙和磷的无机盐比有机盐易吸收，因此，补充钙、磷的主要原料为石粉、贝壳粉、骨粉、磷酸氢钙等。籽实类及其加工副产品中的磷50%以上是以有机磷存在，利用率较低。矿物质的缺乏，影响鹅的生长发育。如缺钙雏鹅骨软，易患佝偻病，蛋壳薄，产蛋量和孵化率下降；缺钠雏鹅神经机能异常，啄癖；缺锌雏鹅发育迟缓，羽毛发育不良；缺碘易患甲状腺肿大等。

四、维生素

维生素是一类具有高度生物活性的低分子有机化合物，在调节和控制有机体物质代谢方面发挥着重要作用，通常以辅酶或酶的活性中心的形式参与各种生化代谢过程。维生素既不提供能量，也不是构成机体组织的主要物质。它在日粮中需量很少，但又不能缺乏，是一类维持生命活动的特殊物质。维生素分为脂溶性维生素和水溶性维生素两大类，脂溶性维生素包括维生素A、维生素D、维生素E和维生素K；水溶性维生素包括十几种B族维生素和维生素C。大多数维生素在鹅体内不能合成，有的虽能合成，但不能满足需要，必须从饲料中摄取。鹅放牧时如果能采食到大量的青绿饲料，一般不会引起维生素缺乏。但在舍饲条件下或者当青饲料供应少时，脂溶性维生素A（视黄醇）、维生素D_3（骨化醇）、维生素E（生育酚）和B族维生素中

的维生素 B_1（硫胺素）、维生素 B_2（核黄素）、维生素 B_3（泛酸）、维生素 B_4（胆碱）、维生素 B_5（烟酸）、维生素 B_6（吡哆醇）、维生素 B_7（生物素）、维生素 B_{11}（叶酸）、维生素 B_{12}（氰钴胺）是必须在饲料中补充的，否则会发生维生素缺乏症。

五、水分

水分是鹅体的重要组成部分，也是鹅生理活动不可缺少的主要营养物质。水分约占鹅体重的 70%，它既是鹅体营养物质吸收、运输的溶剂，也是鹅新陈代谢的重要物质，同时又能缓冲体液的突然变化，帮助调节体温。

鹅体水分的来源是饮水、饲料含水和代谢水。据测定，鹅食入 1 克饲料要饮水 3.7 克，当气温在 12～16℃时，平均每只每天要饮水 1000 毫升。“好草好水养肥鹅”，说明水对鹅的重要。因此，对于集约化鹅的饲养，必须提供清洁而充足的饮水，注意满足鹅群饮水需要。

经验之三：养鹅的饲料有哪些

饲料是鹅获得营养进行生产和生命维持活动的基础，也是养鹅生产的主要成本组成部分。对鹅来说，饲料种类很多。根据饲料营养特性，鹅的饲料主要有能量饲料、蛋白质补充料、青绿饲料、青贮饲料、粗饲料和矿物质饲料等。

一、能量饲料

能量饲料是指饲料干物质中粗纤维含量小于 18%（或 NDF 含量低于 35%），同时粗蛋白质含量小于 20%的饲料，如谷实类、麸皮、淀粉质的根茎、瓜果类。其中籽实类饲料是鹅主要精饲料组成部分，营养中的能量来源，一般适口性好、能量含量高，相对蛋白质饲料价格低廉。

（一）玉米

玉米具有适口性好、消化率高、粗纤维少、能量高的特点。玉米是主要能量饲料，代谢能达到 13.39 兆焦/千克，一般用在雏鹅培育、肉鹅育肥和种鹅饲料上，此外，在肥肝生产中具有重要作用。玉米用量可占日粮比例的30%～65%。玉米可分黄玉米和白玉米，其能量价值相似，但黄玉米含有较多的胡萝卜素和叶黄素，对皮肤、蹠蹼、蛋黄的着色效果好。玉米的缺点是蛋白质含量不高，在蛋白质中赖氨酸、色氨酸等必需氨基酸比例少。现在选育的高赖氨酸玉米，其营养价值比普通玉米要高。

（二）大、小麦

大麦、小麦也是鹅的主要能量饲料，适口性好，能量高，其代谢能分别为11.30兆焦/千克和12.72兆焦/千克，钙、磷含量较高。大麦外壳粗硬，粗纤维含量4.8%，粗蛋白含量11%～13%，B族维生素含量丰富。小麦粗蛋白含量可达13.9%，其氨基酸配比优于玉米和大麦，但小麦粉碎喂鹅比例不宜过高，过高易引起粘嘴，降低适口性，且维生素A、维生素D含量少。

（三）稻谷

稻谷喂鹅适口性很好，是南方地区养鹅的主要谷实类能量饲料，其代谢能为11.00兆焦/千克，粗纤维8.20%，粗蛋白7.80%，就其营养价值看，低于玉米和大小麦，但其消化率相对鸡等家禽来说，明显要高。稻谷去壳后营养价值提高，糙米的代谢能达到14.06兆焦/千克，粗蛋白为8.80%，碎米分别达到14.23兆焦/千克和10.40%。

（四）高粱

高粱是北方地区养鹅常用能量饲料，其代谢能为12.00～13.70兆焦/千克，与玉米相比，因高粱含有较多单宁，味苦涩，适口性差，维生素A、维生素D和钙含量偏低，蛋白质和矿物质利用率较低，日粮中比例不宜超过15%。低单宁高粱可适当提高其用量。

（五）薯干

薯干是由甘薯（番薯）制丝晒干形成，是南方地区喂鹅的常用能量饲料，其适口性好，代谢能9.79兆焦/千克，其营养物质可消性强，但缺点是蛋白质含量低，仅4%左右，因此，日粮中添加比例应在20%以下。

（六）米糠

米糠是糙米加工精白米的副产品，油脂含量高达15%，其蛋白质为12%左右，B族维生素和磷含量丰富。但米糠粗纤维含量高，适口性较差，日粮比例不宜过高。米糠所含脂肪以不饱和脂肪酸为主，久贮或天热易酸败变质。米糠脱脂后的糠饼则可相对延长保藏时间和增加日粮中比例。

（七）麸皮

麸皮是小麦粉加工副产品，粗蛋白含量为15.70%，代谢能6.82兆焦/千克，适口性好，B族维生素和磷、镁含量丰富，但粗纤维含量高，容积大，具有轻泻作用，其日粮用量不宜超过15%。此外，面粉加工中在麸皮下级的副产品次粉，也称四号粉，其纤维含量低，价值高，代谢能达到12.80兆焦/千克，但用量过大，则与小麦粉一样，产生粘嘴现象，影响适口性，其日粮中所占比例可在10%～20%。

（八）其他糠麸类

鹅是草食类水禽，能较好地利用纤维素，因此，一些粗纤维含量高的糠麸饲料可作鹅的部分饲料。高粱糠能量较高，但适口性差、蛋白质消化利用率低，一般用量在5%以下。统糠，可分三七糠和二八糠，大米加工的常用副产品，其粗纤维含量高，一般可作饲料的扩容、充填剂，其日粮比例在5%左右。麦芽根是啤酒大麦加工副产品，蛋白质含量高，含有丰富的B族维生素，但麦芽根杂质多，适口性较差，添加量宜控制在5%以下。此外，瘪谷、油菜籽壳等加工的秕壳糠类饲料鹅也能利用部分，尤其是母鹅夏季休蛋期、肉鹅放牧期的使用，可节约饲料成本。

（九）糟渣类

糟渣类饲料来源广、种类多、价格低廉，如糠渣、黄（白）酒糟、啤酒糟、甜菜渣、味精渣等，含有丰富的矿物质和B族维生素，多数适口性良好，均是养鹅的价廉物美的饲料，其添加量有的甚至可达40%。但是这类饲料含水量高，易腐败发霉变质，饲喂时必须保证其新鲜，同时，在育肥后期和产蛋期应减少喂量。

二、蛋白质补充料

饲料干物质中粗纤维含量小于18%，而粗蛋白质含量大于或等于20%的饲料称为蛋白质补充料，根据来源可分为植物性蛋白质饲料和动物性蛋白质饲料，如豆类、饼粕类、动物性来源饲料等。

（一）植物性蛋白质饲料

1. 大豆饼（粕）

大豆饼和豆粕是我国最常用的一种主要植物性蛋白质饲料，营养价值很高，大豆饼（粕）的粗蛋白质含量在40%～45%，大豆粕的粗蛋白质含量高于饼，去皮大豆粕粗蛋白质含量可达50%，大豆饼（粕）的氨基酸组成较合理，尤其赖氨酸含量2.5%～3.0%，是所有饼粕类饲料中含量最高的，异亮氨酸、色氨酸含量都比较高，但蛋氨酸含量低，仅0.5%～0.7%，故玉米-豆粕基础日粮中需要添加蛋氨酸。大豆饼粕中钙少磷多，但磷多属难以利用的植酸磷。维生素A、维生素D含量少，B族维生素除维生素B_2、维生素B_{12}外均较高。粗脂肪含量较低，尤其大豆粕的脂肪含量更低。大豆饼（粕）含有抗胰蛋白酶、尿素酶、血细胞凝集素、皂角苷、甲状腺肿诱发因子、抗凝固因子等有害物质。但这些物质大都不耐热，一般在饲用前，先经100～110℃的加热处理3～5分钟，即可去除这些不良物质。注意加热时间不宜太长、温度不能过高也不能过低，加热不足破坏不了毒素则蛋白质利用率低，加热过度可导致赖氨酸等必需氨基酸的变性反应，尤其是赖氨酸消化率降低，引起畜禽生产性能下降。

合格的大豆粕从颜色上可以辨别，大豆粕的色泽从浅棕色到亮黄色，如果色泽暗红，尝之有苦味说明加热过度，氨基酸的可利用率会降低。如果色泽浅黄或呈黄绿色，尝之有豆腥味，说明加热不足，不能给鹅饲喂。

处理良好的大豆饼粕对任何阶段的鹅都可使用。熟化程度适当的大豆粕在鹅的日粮中用量比例可达10%～30%，是各种粕类用量上限最大的蛋白质饲料。

2. 棉（菜）籽饼（粕）

棉籽饼（粕）和菜籽饼（粕）的粗蛋白含量在34%～40%，菜籽饼（粕）中的蛋氨酸含量较高。这类饼、粕是鹅的常用蛋白质饲料，但在使用时必须注意用量。因为在棉籽饼、粕中存在游离棉酚，长期或多量使用会影响鹅的细胞、血液和繁殖机能，一般雏鹅和种鹅的用量在5%～8%，其他鹅不能超过15%，饲喂前进行浸水等办法脱去部分毒素则效果更好。在菜籽饼、粕中存在含硫葡萄糖苷和芥子酶，前者分解产物异硫氰酸盐、噁唑烷硫酮等物质对鹅有毒害作用，影响生长和采食量，添加0.5%硫酸亚铁或加热有脱毒作用，菜籽饼、粕一般用量在5%以下为好。但低芥子油菜副产品则可提高喂量。

3. DDGS

DDGS即玉米干酒糟及其可溶物。DDGS由DDG和DDS组成，DDG是将玉米酒精糟作简单过滤，滤渣干燥，滤清液排放掉，只对滤渣单独干燥而获得的饲料，其中浓缩了玉米中除了淀粉和糖的其他营养成分，如蛋白质、脂肪、维生素，DDS是发酵提取酒精后的稀薄残留物中的酒精糟的可溶物干燥处理的产物，其中包含了玉米中一些可溶性物质，发酵中产生的未知生长因子、糖化物、酵母等DDGS是优质蛋白质饲料，蛋白质含量达30%左右。在使用时要注意其霉菌毒素的含量和赖氨酸的补充。

4. 啤酒糟

啤酒糟是酿造啤酒时的副产品，粗蛋白质含量丰富，高达26%以上，啤酒糟含有一定量的酒精，饲喂时要注意用量，饲喂不当会导致鹅中毒。用啤酒糟喂鹅要注意：一是喂前应将啤酒糟进行高温处理或晾晒，使酒精充分挥发，将啤酒糟晒干或烘干后粉碎，存于干燥处，随喂随取；二是新鲜啤酒糟易发生酸变，可在啤酒糟中加入适量的小苏打以及其他原料，搅拌均匀，以中和啤酒糟中的酸；三是啤酒糟喂鹅要配合其他饲料，切忌单一饲喂，啤酒糟中的能量、粗蛋白质含量低，且维生素A、维生素D和钙等营养物质缺乏，因此，必须搭配一定比例的玉米饼（粕）类、糠麸等，同时还要搭配足量的青饲料，补充适量的骨粉；四是喂量要适宜，不可大量喂种鹅，否则会导致种公鹅精子畸形。

5. 其他植物性蛋白类

花生饼（粕）的粗蛋白在44%～48%，蛋白质中精氨酸含量较高。向日葵饼（粕）的粗蛋白含量在30%～35%。亚麻仁饼（粕）粗蛋白在30%以上。玉米胚芽粉（玉米蛋白粉）粗蛋白在40%～60%，但其蛋白质可消化率和氨基酸平衡相对较差。叶蛋白是从青绿饲料和树叶中提取的蛋白质，其粗蛋白在25%～50%，是鹅的良好蛋白质饲料。此外还有芝麻饼、啤酒酵母、味精废水发酵浓缩蛋白等植物性和菌体性蛋白均可作鹅的蛋白质饲料。

（二）动物性蛋白质饲料

动物性蛋白质饲料的蛋白质含量高，必需氨基酸比例合理，还含有丰富的微量元素和一些维生素，在鹅的日粮中所用比例虽然不多，但使用动物性蛋白质饲料对雏鹅生长发育、种鹅繁殖性能提高有重要作用，其日粮中添加量一般控制在3%～7%。常用的动物性蛋白质饲料有鱼粉（粗蛋白含量在45%～60%）、骨肉粉（粗蛋白40%～75%）、血粉（粗蛋白80%以上）及蚕蛹、蚯蚓、乳清粉、羽毛粉、其他动物下脚料等。动物性蛋白在鹅日粮中使用比例较少，但对鹅的营养需要平衡具有较大作用。在应用时，除鱼粉外，其他动物性饲料添加应慎重，特别是蚕蛹、动物下脚料等在育肥后期不宜添加，血粉、羽毛粉的蛋白消化利用率低，适口性差。使用时应注意防止蛋白饲料的腐败变质和污染。

三、青绿饲料

青绿饲料是指天然水分含量在60%以上的青绿牧草、饲用作物、树叶类及非淀粉质的根茎、瓜果类。主要包括天然牧草、栽培牧草、蔬菜下脚、作物茎叶、水生饲料、青绿树叶、瓜果类、野生青绿饲料等。

青绿饲料是目前养鹅的主要饲料，具有干物质中蛋白质含量高，品质好；钙含量高，钙、磷比例适宜；粗纤维含量少，消化率高，适口性好；富含胡萝卜素及多种B族维生素。来源广、种类多、成本低廉、利用时间长，尤其是南方，如在种植上做到合理搭配，科学轮作，能保证四季常年供应。草原的天然牧草也可作为养鹅的主要来源。

青绿饲料一般禽水分较高、干物质含量少、有效能值低，因此以喂青饲料为主的雏鹅和种鹅或在放牧饲养条件下，对雏鹅、种鹅要注意适当补充精饲料，通常鹅的精饲料与青绿饲料的重量比例为雏鹅1∶1、中鹅1∶2.5、成鹅1∶3.5。青绿饲料在使用前应进行适当调制，如清洗、切碎或打浆，有利于采食和消化。还应注意避免有毒物质的影响，如氢氰酸、亚硝酸盐、农药中毒以及寄生虫感染等。在使用过程中，应考虑植物不同生长期对养分含量及消化率的影响，适时刈割。由于青绿饲料具有季节性，为了做到常年供应，满足鹅的要求，可有选择地人工栽培一些生物学特性不同的牧草或蔬菜。

还要注意青绿饲料有一定营养局限性，在饲喂时要做到合理搭配和正确使用，避免个别营养成分缺乏。如禾本科和豆科青绿饲料的搭配；水生和瓜果蔬菜类饲料含水量过高，总营养成分少，应适当增加精饲料比例；少数青绿饲料中含有对鹅体影响的成分，应注意饲喂量或作适当的处理。

养鹅主要的牧草品种如下。

（一）紫花苜蓿

紫花苜蓿为世界上栽培最早、分布最广的豆科牧草，有“草中之王”、“牧草黄金”之称。一般亩产量3000～3500千克，亚热带温暖地区种植亩产可达6000千克以上。营养期干物质粗蛋白含量可在22%～27%，盛花期为16%～19%。还含有丰富的多种维生素和磷、钙等矿物元素，是鹅的一种最佳蛋白类牧草。

紫花苜蓿适合温暖半干旱气候，耐寒和耐旱性强，对土壤要求不严，能在盐碱地上种植。以排水良好、土层深厚、富含钙质的土壤生长最好。栽培技术上因苜蓿种子细小，要求精耕细作，种前进行晒种1～2天或在60℃温水中浸种15分钟，磷钾钙肥或焦泥灰拌种，以增强种子发芽势。有条件的在播前接种根瘤菌或用含有苜蓿根瘤菌的土壤拌种，使其苗期固氮作用提早。亩播种量0.75千克，以条播为好（散播能提高首茬刈割产量，但除草困难），行距20～30厘米，播深1.5～2厘米。播种适期北方为4～7月初，华北地区3～9月，长江流域9～10月，江南地区3～5月和9～10月。值得注意的是江南地区播种苜蓿宜选择秋眠级别较高或无秋眠性的品种。紫花苜蓿可与麦、油菜、荞麦、黑麦草等禾本科作物或牧草混播，能在低温时起到共生作用。苜蓿齐苗、返青和刈割后均应追肥，追肥以磷钾肥为主，适当增施氮肥能明显提高产量。苗期或春季要进行中耕除草（也可用除草剂除草）。土壤湿润苜蓿生长良好，但高温高湿或土壤积水会引起苜蓿烂根死亡。

（二）三叶草

三叶草分红三叶、白三叶、杂三叶等类，均属豆科牧草，蛋白质含量高，其中红三叶产量较高，亩产可达2500～3500千克，白三叶具有匍匐性，耐践踏和放牧，作为一种放牧型牧草较好。三叶草种子细小，其栽培要求和紫花苜蓿相似，与禾本科作物或牧草混播也有共生作用。播种适期北方为春播，南方为秋播较好。亩播种量0.3～0.5千克，播深1～2厘米，行距20～30厘米。三叶草苗期生长缓慢，尤其是南方地区，极易被杂草覆盖，因此，除草工作十分重要。

此外，还有小冠花、百脉根、柱花草、紫云英、黄花苜蓿、大夹箭叶豌豆、红豆草等豆科牧草根据各地自然条件选择播种。也可利用豆科作物蚕豆、豌豆、大豆等作青刈，也能收到较好效果。

（三）黑麦草

黑麦草是优秀的禾本科牧草品种，其草质脆嫩，适口性好，草中蛋白质含量高，是养鹅的好饲料。黑麦草有一年生和多年生之分，养鹅刈割一般以一年生为好，其草质和产量均较高。一年生牧草以原产意大利的多花黑麦草为主，此外还有杂交、二倍体、多倍体等黑麦草品种，各品种均有不同的形态、播种特性。黑麦草最适于南方地区秋播，9月初播种，当年底即可利用，黑麦草的亩产草量为4000～7000千克，高的可超过10000千克。应用不同品种，能延长黑麦草喂鹅利用期，选种得当和播期合理，黑麦草可从10月份开始利用，到翌年5月份为止。

黑麦草种子轻细，栽培上要求土壤精细，播前作浸种或晒种处理后用磷钾肥拌种，以利出苗均匀。亩用种量1～1.5千克，可散播、条播，条播行距15～30厘米，播深1～2厘米。黑麦草喜肥性强，播前土壤最好能打足基肥，基肥以畜禽腐熟粪便等有机肥为好，要求亩施3000～5000千克。齐苗后应薄施氮肥，促进苗期生长。一般黑麦草刈割后应亩施尿素10～20千克，以利分蘖和生长。

（四）墨西哥饲用玉米

墨西哥饲用玉米又名大刍草，是春播类禾本科牧草，其草质脆，叶宽而无毛，喂鹅适口性较好，适宜作种鹅休产期的青绿饲料，后阶段收割可用作青贮。亩产鲜草量可达7000～10000千克。

墨西哥饲用玉米播种期北方在4月中旬至6月中旬，南方在3月中下旬至6月中旬，如采用大棚育苗可提前至3月初。亩播种量0.5～0.7千克，可采用穴播或条播，穴播穴距为20～30厘米，条播行距30～40厘米，播深2厘米。种子播前40℃温水浸种12小时。大棚育苗则苗高15厘米、有3片真叶时移栽。播前应打足基肥，一般需亩施有机肥2000千克，保证畦面平整。播后要求土壤湿润，以利出苗。墨西哥饲用玉米苗期长势较弱，要注意中耕除草，并在苗高40～60厘米时作适当培土，防止以后倒伏。喂鹅刈割株高在60～100厘米为宜，割后亩施氮肥5～10千克。墨西哥饲用玉米一般隔20～30天即可收割1次，南方能利用到10月中旬，北方可到霜前。墨西哥饲用玉米北方不宜留种，南方留种可收割1～2茬后留种，亩种子产量在50千克左右。

此外，还有饲用高粱、杂交狼尾草、羊草、苏丹草、皇竹草等优质禾本科牧草品种。尤其是饲用高粱，产草量高，亩产达9000～11000千克。利用期长，南方可利用至11月初。饲用高粱叶片虽有毛，但质地嫩，茎叶中含有甜味，适口性好，是喂鹅的好饲料。我国具有大量的禾本科牧草品种，各地可根据自身条件选择良种播种。禾本科牧草由于产量高，易栽培，全年均有不同种植品种，是养鹅的主要青绿饲料来源。

（五）籽粒苋

籽粒苋又称猪苋菜、苋菜、千穗谷、天星苋，品种较多，其种子有黑、白两种，叶有绿、红两种，其中以国外引进的R104等品种产量最高，草质最优。籽粒苋的特点是蛋白质含量高，产草量高，一般鲜草中粗蛋白含量可达2%～4%，每季亩产3000～7000千克。可和禾本科牧草混合饲喂。

籽粒苋要求土质疏松、肥沃，播前应打足基肥，每亩施有机肥1500～2000千克。因种子细小，播时土壤要精细。一般北方地区5月上中旬播种，南方3月底播种，亩用种量0.15～0.2千克，可条播和育苗移栽，行距40～60厘米，育苗间距30～40厘米。播后覆土适当镇压，以利保持土壤墒情，保证种子及时萌发。苗期生长缓慢，要进行中耕除草，苗高至20～30厘米后，生长加快。从苗期到株高80厘米时可间苗收获，直至留单株。至80～100厘米可刈割，留茬30厘米左右，一般间隔30～45天收割1次，割后施速效氮肥1次。

(六) 苦荬菜

苦荬菜又称鹅菜、苦麻菜、山窝苣、凉麻菜。能适应各种土壤种植，喜温暖湿润气候，耐寒抗热。尤其是其植株鲜嫩多汁，喂鹅适口性很好，它是雏鹅育雏的最佳青饲料。苦荬菜分割和剥两类，亩产量能达5000～7000千克，高的达到10000千克。

苦荬菜北方地区4月上中旬春播，南方地区2月底至3月春播，也可在9月上旬秋播。苦荬菜幼苗子叶出土力弱，播前土壤要整细，同时，需肥量大，要求亩施有机肥基肥2500～5000千克。亩播种量0.5千克，如移栽的则0.1～0.15千克。播种方法可条播或穴播，行距20～30厘米，穴播株距20厘米，播深1～2厘米。育苗移栽在幼苗5～6片真叶时进行。割型苦荬菜长至40～50厘米时刈割，留茬高度15～20厘米，割后应追施速效氮肥。剥型可在下部叶片宽度2.5～3厘米时进行，剥后留下顶部4～5片叶。

(七) 串叶松香草

串叶松香草是多年生牧草，耐寒耐热性强，北方可根茎过冬。其特点是蛋白质含量高，但其含有特殊松香气味，单一饲喂适口性较差，如与禾本科牧草搭配，则具有较高的饲用价值。串叶松香草亩产量2000～6000千克，种后能利用10～12年。

串叶松香草可3月上旬春播或9月上旬秋播，播种量每亩0.3千克。可条播或穴播，行株距春播80厘米×60厘米，秋播50厘米×40厘米，播深2～3厘米。串叶松香草喜肥沃、湿润土壤，且多年生，播前应打足基肥，一般亩施有机肥3000～5000千克。一般株高50～60厘米刈割，割后薄施氮肥，以利芽基萌发，其利用期在4～10月。

(八) 其他叶菜类

叶菜类牧草和蔬菜品种繁多，对鹅的适口性最好，但含水量过高，亩干物质产量低，可小面积分季节播种，作为育雏用青绿饲料或搭配其他青绿饲料。其他常用的养鹅叶菜类有甘蓝（包心菜）、萝卜叶、饲用甜菜、饲用油菜、胡萝卜、牛皮菜、菊苣、聚合草等，各地可因地制宜自行选择。

此外，有条件的可利用江河湖塘放养绿萍、水葫芦、水浮莲等水生青绿饲料，也是养鹅的好饲料。但因其含水量过高，需进行加工调制或搭配其他青绿饲料，同是注意驱虫。

四、粗饲料

粗饲料是指饲料干物质中粗纤维含量大于或等于 18%，以风干物为饲喂形式的饲料，如干草类、农作物秸秆等。

粗饲料来源广泛，成本低廉，但粗纤维含量高，不容易消化，蛋白质、维生素含量低，营养价值低。但是，其中的优质干草经粉碎以后，例如苜蓿干草粉，是较好的饲料，是鹅冬季粗蛋白质、维生素以及钙的重要来源。粗纤维是难于消化的部分，因此，其含量要适当控制，一般不宜超过 10%。干草粉在日粮中的添加比例，通常为 20% 左右，这样既能降低饲料成本，又不影响鹅对其他养分的消化吸收。粗饲料粉碎后饲喂，要注意与其他饲料搭配。粗饲料也要防止腐烂发霉和混入杂质。

五、青贮饲料

青贮饲料是指以天然新鲜青绿植物性饲料为原料，在厌氧条件下，经过以乳酸菌为主的微生物发酵后制成的饲料，具有青绿多汁的特点，包括水分含量在 45%～55%的低水分青贮（或半干青贮）饲料，最常用的如玉米秸秆青贮。

青贮是调制和保存青饲料的有效方法，青贮饲料在养牛、养羊上都取得了非常好的效果，在养鹅生产中也被证实非常可行。用青贮饲料养鹅有以下几个优点。

一是青贮饲料保存的青饲料的营养成分，对鹅群的健康有利。一般青绿植物在成熟晒干后，营养价值降低 30%～50%，但青贮后仅降低 3%～10%。青贮能有效保存青绿植物中的蛋白质和维生素（胡萝卜素）。

二是青贮饲料适口性好，消化率高。青贮饲料能保持原料青绿时的鲜嫩汁液，且具有芳香的酸味，适口性好，经过一段时间适应后，鹅喜欢采食。

三是青贮饲料能在任何季节为鹅群利用，尤其是在青粗料缺乏的冬季、早春季节，应能使鹅群保持高水平的营养状况和生产水平。

六、矿物质饲料

矿物质饲料是指以可供饲用的天然矿物质、化工合成无机盐类和有机配位体与金属离子的螯合物。鹅的生长发育和机体新陈代谢需要钙、磷、钾、钠、硫、铜、硒、碘等多种矿物元素。在常规饲料中的含量还不能满足鹅的需要，因此，要在日粮中添加矿物质饲料。

（一）钙磷添加剂

常用的有磷酸氢钙、贝壳粉、石粉、骨粉、蛋壳粉等，用于补充饲料中的钙磷不足。磷酸氢钙和骨粉军事常用的补充磷的饲料，但磷酸氢钙要注意必须使用经过脱氟处理的。骨粉主要补充磷，其次是钙，一般在日粮中占1.5%～2.5%。石粉价格便宜，但要注意其中镁、铅及砷的含量不能太高。贝壳粉和蛋壳粉主要补充产蛋母鹅形成蛋壳所需要的钙，日粮中应占3.4%. 也可把贝壳、蛋壳等碎粒放在饲槽中。任产蛋母鹅自由采食。

（二）食盐

食盐即氯化钠，用以补充饲料中的氯和钠，使用时含量为0.3%～0.5%，在生产肥肝时，则应占1%～1.5%。饲料中若有鱼粉，应将鱼粉中的盐计算在内，过量可引起鹅食盐中毒。

（三）砂砾

砂砾不起营养补充作用，鹅采食砂砾是为了增强肌胃对食物的碾磨消化能力，舍养长期不添加砂砾会严重影响鹅的消化机能。添加量一般在0.5%～1%，或在运动场上撒些砂砾，任鹅自由采食，砂砾颗粒以绿豆大小为宜。

（四）微量元素添加剂

根据鹅日粮对不同矿物元素的需求，有针对性地添加微量元素添加剂，以达到日粮营养成分满足鹅的需要的目的。这类添加剂种类很多，如硫酸铜、硫酸亚铁、亚硒酸钠、碘化钾和有机性螯合类矿物元素添加剂。

经验之四：种草养鹅效益高

不论是放牧养鹅还是圈养鹅，鹅都是以饲喂青粗饲料为主，适当配搭少量精料，既符合鹅以草为主的特点，又降低生产成本，提高经济效益。随着养鹅规模化、集约化和产业化程度的提高，人工种植高产优质牧草和饲料作物，满足养鹅生产所需的优质青绿饲料，已成为发展养鹅和发挥养鹅效益的重要环节。种草养鹅的效益高，是值得推广的种养结合模式。

鹅是耐粗饲的草食家禽。它觅食力强、消化率高，能充分利用野草、秸秆、遗落麦稻穗，甚至深埋污泥中的草根、块茎等，以及各种无毒无害无异味的人工种植牧草、蔬菜，如黑麦草、象草、苦荬菜、芥菜等。为了发展集约化养殖，应大力提倡种草养鹅。养鹅消耗的精饲料较少，鹅生长发育和生产需要的营养主要来自青绿饲料。鹅能否采食到足够的优质青饲料，将直接影响鹅的生长和生产性能，也影响养鹅业的发展速度。当青饲料供应充足时，肉鹅生长发育正常，羽毛整齐、油滑光亮；而青饲料供应不足时，鹅的生长发育受阻，羽毛缺乏光泽，啄毛严重，有的肉鹅背部、尾部几乎全裸，有的被啄得流血或重伤，甚至死亡。在千家万户小规模散养阶段，田间、滩涂的野青草或许能满足养鹅对青绿饲料的需求。但野青草产量低，易粗老，产量和品质的季节变化大，依靠野青草养鹅无法满足规模化和产业化生产的需求。对于养鹅数千至上万的专业户和养殖场来说，持续、稳定地供给足量、优质的青绿饲料是集约化生产的需要，也是降低生产成本、提高经济效益的重要保证。

养鹅的成本中，饲料占60%以上。优质青绿饲料充足供应，则补饲的精饲料就减少，养鹅的成本就降低；反之，养鹅的效益就差。如我国南方与水稻接茬种植的多花黑麦草，紫花苜蓿等优良牧草，每公顷产草量可达50～90吨，干物质中含粗蛋白质13%～20%。黑麦草也是改良土壤和深翻沤田的上等绿肥，在春耕前留下最后一茬青草沤田，可明显提高稻谷产量。种植1公顷优良牧草，可养鹅1200～1800只，并能满足肉鹅生长发育和70天左右出栏的需要。据测算分析，养鹅10000只，只需种植牧草7～8公顷，种鹅年利润可达44.3万元；肉鹅可创利25.8万元。

种草养鹅不仅可以保障养鹅所需优质青绿饲料的持续稳定供给，而且由于优良牧草产量高、品质好，可以充分发挥养鹅的经济效益。

经验之五：做好青绿饲料的加工调制很重要

为了做到青绿饲料的合理使用及全年均衡供应，规模化养鹅要做好青绿饲料的加工调制，调节饲草供应淡旺季，提高青绿饲料的供应保障能力，减少饲养成本，增加养鹅的经济效益。

首先要根据青绿饲料种类不同，鹅的日龄不同，进行合理加工后喂鹅。对较植株较高的、叶片过阔的或茎过硬的青绿饲料，要用青饲料切碎机切碎，切碎长度为雏鹅一般在0.5～1.5厘米，育成鹅和种鹅在1.5～2.5厘米。切碎后的青绿饲料可拌精饲料、粗饲料一起饲喂。切忌将青绿饲料打浆，因为打浆单喂影响鹅适口性。饲喂青绿饲料时要注意营养均衡，做到精饲料和青绿饲料以及青绿饲料各品种之间的合理搭配。

其次对于冬季没有鲜青绿饲料供应的地区以及旺季过剩的牧草，可进行合理加工调整。不管何种经济合理的轮作栽培模式，都不同程度存在青绿饲料供应淡旺季问题，这就需要采用适合鹅饲养需要的饲草加工调制技术来调剂淡旺季。通过把旺季多余饲草经加工调制，留作淡季供应。如将夏秋季节饲草的牧草进行自然晒干或机械烘干，制成干草后粉碎作草粉或制成草颗粒喂鹅。或直接从青绿饲料中提取叶蛋白等加工调制产品，均能被鹅很好地利用。

也可作青贮处理，是目前应用较多的饲料加工技术，通过青贮，不但可以延长青绿饲料的保存期，达到常年均衡供应的目的，还能减少青绿饲料的养分损失，改善适口性，提高消化率。青贮料调制就是将刈割的青绿饲料作适当处理（如切短），水分过高的掺入麸皮、糠等干饲料，放在青贮池内压实让乳酸菌发酵，形成厌氧酸性环境，达到青贮饲料的长期保存的目的。保存的青贮料可在青绿饲料淡季时代替部分青绿饲料，掺入干饲料或精饲料中饲喂。

经验之六：养鹅青绿饲料品种选择与种植需要注意的问题

青绿饲料是鹅的主要饲料，做好青绿饲料生产与供应，是降低养鹅成本、确保产品质量的基础。因此，规模化养鹅的青绿饲料要合理安排种植和加工计划，保证全年均衡供应。而青绿饲料种植的主体是良种牧草，有条件的还可利用当地的草地、野草、树叶和瓜果蔬菜下脚等。所以，青绿饲料的品种选择与种植主要是养鹅需要的牧草品种的选择与种植。选择与种植时应注意以下问题。

一是根据本地地理气候条件选择牧草品种。

我国地域广阔，气候差别较大，而不同的牧草品种对气候有不同的要求。在选择牧草时，违反自然规律，其生产力就会下降，甚至不能正常生长。一般寒冷地区可选择种植耐寒的紫花苜蓿、聚合草、鲁梅克斯 K-1 杂交酸模、冬牧-70 黑麦草、串叶松香草等；炎热地区可种植串叶松香草、苦荬菜、白三叶草等；干旱地区可种植耐旱的紫花苜蓿、苏丹草、羊草、鲁梅克斯 K-1 杂交酸模等；温暖湿润地区可种植黑麦草、苏丹草、饲用玉米、白三叶、串叶松香草、苦荬菜、聚合草、象草、皇竹草等。聚合草、鲁梅克斯 K-1 杂交酸模、紫花苜蓿耐热性较差，高温多雨地区很难种植成功。象草、皇竹草在北方地区很难保种，仅能作为一年生牧草种植利用。

二是根据土壤状况选择牧草品种。

不同牧草品种，对土壤的酸碱适应性有差别，有的牧草耐瘠性强，有的牧草喜大肥大水栽培。碱性土壤可选种耐碱的紫花苜蓿、冬牧-70 黑麦草、串叶松香草、鲁梅克斯 K-1 杂交酸模、苏丹草、羊草等；酸性土壤宜选种耐酸的串叶松香草和白三叶等；贫瘠土壤可选种紫花苜蓿；土壤湿度大的可选种白三叶。例如，鲁梅克斯 K-1 杂交酸模适宜水肥条件好的酸性土壤，籽粒苋喜温、不耐旱、不耐寒，而且不能重茬种植。

三是根据利用目的选择牧草品种。

牧草利用的方式有青饲、青贮、晒制干草或加工草粉、放牧等。在生产中，若以收获青绿饲料来青饲、青贮为目的或晒制干草，应以牧草的生物产量高低作为考虑。此外，牧草的抗病性、抗倒伏性、是否耐刈割等也应考虑。一般选择初期生长良好，短期收获量一般在 45～60 吨/公顷，高者达 150 吨/公顷以上。若以人工草场业放牧，在考虑牧草丰产性的同时，应优先考虑再生能力强、密度大的品种，如多年生黑麦草的生产量季节性变化较平稳，而且耐践踏，有较好的再生性。若以加工商品牧草，应选择紫花苜蓿、羊草、苏丹草、多年生黑麦草等。

四是根据不同品种适栽季节选择牧草品种。

养鹅种植牧草，要依据饲养鹅的种类和数量，按照长短结合，周年四季合理供应原则选择牧草品种，并有计划地将多种牧草搭配种植，以确保全年各月牧草的总量供应能满足畜禽的需要，实现常年供草。在温暖春季可选择利用黑麦草、红三叶、白三叶、紫花苜蓿等，在炎热的夏季可选择利用苏丹草、串叶松香草、苦荬菜等，在寒冷的冬季可选择种冬牧-70黑麦草、多花黑麦草等。在现有自然条件下采用间、套、混、轮作等耕作方法，实现牧草的常年轮供。不断总结种植经验，制定和修改合理的常年青绿饲料供应的轮作模式，并按科学的轮作模式指导当地的青绿饲料生产。

五是牧草品种应符合养鹅的要求。

所选择的牧草品种应符合青绿期长、适口性良好、鲜草产量高、营养丰富全面、每年可多次收割、可以青饲也可以青贮等特点。实践证明，种草养鹅效果较好的牧草品种，多年生青绿多汁饲料品种有欧洲菊苣、鲁梅克斯、串叶松香草和俄罗斯饲料菜等。一年生青绿多汁饲料有籽粒苋、苦荬菜和牛皮菜等，一年生高产牧草品种有墨西哥玉米、甜高粱、高丹草和苏丹草等。

经验之七：怎样合理配制鹅饲料

（1）选择合理的饲养标准。各种饲养标准都有一定的代表性，但又有一定的局限性，只是相对合理的标准。因此，在参考应用某一标准时，必须注意观察实际饲养效果，按鹅的经济类型、品种、年龄、生长发育阶段、体重、产蛋率及季节等因素，同时结合养鹅户和鹅场的生产水平、饲养经验等具体条件进行适当调整。

（2）选用饲料要经济合理。在能满足鹅营养需要的前提下，应当尽量降低饲料费用，为此，应当充分利用本地的饲料资源。日粮的主要原料必须丰富，要充分发挥当地优势，同时应考虑经济的原则，尽量选用营养丰富而价格低廉的饲料进行配合。

(3) 配合日粮应考虑不同种类鹅的消化生理特点。鹅比其他家禽耐粗饲，日粮中可适当选用一些粗纤维含量高的饲料。

(4) 应当注意饲料的适口性。应当尽可能选用适口性好的饲料，对营养价值较高但适口性很差的饲料，必须限制其用量，以使整个日粮具有良好的适口性。

(5) 干物质的量要适当。日粮除满足各种养分的需要外，还应注意干物质的给量，即日粮要有一定的容积，应使鹅既能吃得下，吃得饱，又能满足营养需要。

(6) 日粮要求饲料多样化。有的家庭饲养少量鹅时，所用饲料还是以青菜、米饭为主，致使鹅的生长发育缓慢；而在农村，仍广泛采用舍养结合放牧的方法，让鹅在鹅舍附近放牧，利用天然饲料、水稻田的遗谷、鱼塘中的水生生物等为主，有时会造成营养不足；有的养鹅饲料品种极不稳定，有啥吃啥的现象还相当普遍，使肉鹅生长不一致，种鹅繁殖率低，饲养期长，效益低。以上做法是规模化养鹅的大忌。因此，要尽可能多选用几种饲料，以求发挥多种饲料营养成分的互补作用，以提高饲料的营养价值和利用率。

(7) 选用的原料质量要好。饲料原料要求无发霉变质现象，没有受到农药污染。禁止使用霉变饲料等。

(8) 控制某些饲料原料的用量。如豆科干草粉富含蛋白质，在日粮中用量可为15%～30%，羽毛粉、血粉等的消化率低，添加量应在5%以下。

(9) 饲料原料要经过加工后使用。常用的加工方法有粉碎、切碎、浸泡和蒸煮。粉碎适用于谷粒和籽实，如稻谷、小麦、蚕豆、玉米等饲料，由于有坚硬的外壳和种皮，不易消化吸收，必须经过粉碎或磨细后才能饲喂。但不宜太细，太细不易采食和吞咽，一般宜粉碎成小颗粒；切碎适用于新鲜青绿饲料如青菜、牛皮菜等，块根和瓜果类饲料如胡萝卜、南瓜等，含维生素较多，应洗净切碎饲喂。青绿饲料要切成丝条状，随切随喂，不宜久放，以免变质；浸泡适用于较坚硬的谷粒和籽实，如玉米、小麦和大米等，经浸泡变软后，鹅更喜食，也易消化。特别是雏鹅开食用的碎米，必须浸泡1小时后方可投喂，但浸泡时间不宜过长，以免引起变质。糠麸类饲料要拌湿后饲喂，以提高适口性，增加采食量，减少浪费；蒸煮适用于谷粒、籽实、块根及瓜类饲料，如玉米、小麦、大麦、胡萝卜、南瓜等，蒸煮后饲喂，可提高适口性和消化率，但会破坏一定的营养成分。

(10) 选择合理的饲料混合形式。粉料混合时，将各种原料加工成干粉后搅拌均匀，压成颗粒投喂，这种形式既省工省事，又防止鹅挑食；粉粒料混合时，即日粮中的谷实部分仍为粒状，混合在一起，每天投喂数次，含有动物性蛋白质、钙粉、食盐、添加剂等的混合粉料另外补饲；精粗料混合时，将精饲料加工成粉状，与剁碎的青草、青菜或多汁根茎类等混匀投喂，钙粉和添加剂一般混于粉料中，沙粒可用另一容器盛置。注意用后两种混合形式的饲料喂鹅时，易造成某些养分摄入过多或不足。

经验之八：饲料原料霉变不可忽视

霉变饲料会引起畜禽肝脏的肿大、水肿、出血、萎缩、变质、坏死等症。营养代谢障碍引起脂肪肝、肝硬化、肝腹水、肝出血、肝脏质脆等症。

养鹅的各种饲料，特别是花生饼、玉米、豆饼、棉仁饼、小麦、大麦等，由于保管不善，受潮、受热而发霉变质后，含有多种霉菌，其中主要是黄曲霉菌。

黄曲霉菌的某些菌株（产毒菌株）的代谢产物黄曲霉毒素对鹅具有毒性，主要损害鹅的肝脏，并有很强的致癌作用。如果鹅摄入大量的黄曲霉毒素，可造成中毒。

鹅黄曲霉中毒后，急性中毒无明显症状，突然倒地死亡。慢性中毒的鹅最初采食减少，生长缓慢、羽毛脱落、腹泻、步态不稳，死前常见有共济失调、抽搐、角弓反张、张口吸气、呼吸困难，呼吸次数增多，常见颈部气囊明显肿大。成年鹅比雏鹅耐受性高，仅表现饮欲增加，腹泻，排白色或绿色稀便，病程长的引发肝癌，最终死亡。

一旦发生黄曲霉毒素中毒，应立即停喂发霉饲料，加强护理，使其逐渐康复。治疗上无特效药物。早期可投服硫酸镁、人工盐等泻药，同时补给充足的青绿饲料和维生素A，可缓解中毒。

为了防止饲料原料霉变，应做到以下几点。

一是严把原料采购关，杜绝霉变原料入库。

二是控制仓库的温度、湿度，注意通风，做好对仓库边角清理工作，防止原料在贮存过程中变质。

三是防雨淋和潮湿，可在饲料中投放制霉菌素50万单位/千克，同时用两性霉素B按25万单位/立方米剂量喷雾5分钟，1天1次，连用两周。

四是控制饲料加工、配制、运输等环节。

五是控制饲料的贮存环境，尽量缩短贮存时间，防止饲料在禽舍中发霉变质。

六是禁止使用发霉变质的饲料喂鹅是预防本病的根本措施。

七是确定或疑似霉饲料中毒，应立即停止使用，并更换优质饲料原料。

经验之九：配制饲料时各类原料的用量

鹅饲料的配制中各类饲料原料的大致用量为：谷实类饲料原料2～3种，占40%～60%，主要提供能量；糠麸类饲料原料1～2种，占10%～30%，主要提供能量和B族维生素，增加日粮的体积；饼粕类饲料原料1～3种，占10%～25%，主要提供蛋白质；动物性饲料原料1～2种，占3%～10%，主要补充蛋白质及必需氨基酸；矿物质饲料原料1～3种，占2%～3%，主要补充钙和磷；在没有青绿饲料时用干草粉3%～5%，以增加饲料中的纤维素，补充维生素；添加剂占0.25%～1%，以补充微量元素和某些维生素；食盐占0.3%～0.5%。砂砾酌情添加，并视具体需要使用一些赖氨酸、蛋氨酸等添加剂。

经验之十：青绿饲料喂鹅应注意的问题

青绿饲料是养鹅的主要饲料，无论是放牧还是采集青绿饲料喂鹅，都应注意青绿饲料的使用注意事项。

一是青绿饲料要现采现用，不可长时间堆放，以防堆积过久产生亚硝酸盐，鹅食后易发生亚硝酸盐中毒。

二是使用前最好进行适当地调制，如清洗、切碎等，以利于鹅采食和消化。

三是放牧或采集青饲料时应了解青饲料的特性，严禁到有毒或刚喷过农药的菜地、草地采集青绿饲料或放牧，以防鹅中毒。一般喷过农药后需经 15 天后方可采集或放牧。

四是含草酸多的青绿饲料如菠菜、甜菜叶等不可多喂。因草酸和日粮中添加的钙结合后形成不溶于水的草酸钙，不能被鹅消化吸收，长时间大量饲喂青饲料，雏鹅易患佝偻、瘫痪及母鹅产薄壳蛋或软壳蛋。

五是含皂素多的豆科牧草（如某些苜蓿品种）的喂量不宜过多，因为过多皂素会抑制雏鹅的生长。也不能以青苜蓿作为唯一的青绿饲料。

六是在使用青绿饲料时应考虑其在不同生长时期养分含量和消化率的变化，做到适时刈割。另外，因为青绿饲料的含水量高、有效能值低，喂鹅时应注意适当搭配一些精饲料。

七是饲喂青绿饲料要多样化，这样不但可增加适口性，提高鹅的采食量，而且能提供丰富的植物蛋白和多种维生素。

经验之十一：雏鹅的日粮配制与饲喂要点

一、雏鹅日粮的配制

雏鹅的日粮应根据鹅的品种、日龄、当地饲料来源等条件综合考虑。做到以下几点：一是饲料必须做到清洁新鲜。凡是腐败变质的饲料，不得用来喂鹅，否则会引起肠炎、消化不良或其他疾病，严重者会引起死亡。二是精料变换须由熟到生，由软到硬，逐步过渡。碎米由浸水到不浸水、由开口谷到生谷、由湿谷（用水浸泡）到干谷，使鹅有一个锻炼适应的过程，随着日龄增长，消化机能提高，而逐渐改变。否则，会引起消化障碍，使生长停滞。三是注意补给矿物质。矿物质对于雏鹅来说非常重要。它有助于雏鹅骨骼的生长，防止软骨病的发生，在饲料中应加进2%～3%的骨粉或蛋壳粉、贝壳粉以及0.5%的食盐。四是舍饲时，从4日龄开始在日粮中掺入少量的砂砾或在舍内设置砂盆放上砂粒让其自由采食。砂粒有如牙齿，起到机械磨碎食物的作用，对帮助其消化有积极作用。五是由于雏鹅对脂肪的利用能力很差，饲料中应忌油，不要用带油腻的刀切青菜，更不能喂含有脂肪较多的动物性饲料。

开食最好采用鹅雏专用配合饲料，也可用煮熟的米饭或经过浸泡过的碎米、小米等，注意精料粉料必须用清洁温水拌成糊粥状，碎米必须用清洁温水浸泡2小时，稻谷需浸泡8小时。青饲料常用苦荬菜、青菜等，去除烂叶、黄叶、泥土、叶脉茎秆，并切成1～2毫米的细丝状。以后随着日龄的增大，碎米可不经过浸泡直接饲喂。

二、饲喂方法

宜采用“先饮后喂”。这样做能防止雏鹅暴饮，初次饮水还可以刺激雏鹅的食欲，促使胎粪排出。

第一次饮水也称“开水”，俗称“潮口”。是雏鹅饲养的第一关，刚出壳的雏鹅机体含水分75%左右，如果24小时不给雏鹅饮水，就会迅速出现精神委顿、两翅下垂、嗜睡、眼球下陷、足部皮肤皱缩等现象，待第3天出现精神呆滞，第5～6天便会出现死亡。因此，对幼雏来说，及早供给清洁适温的饮水比喂料更重要，而且一经开始饮水，就不能断水。饮水须用温开水或温绿茶水（宜淡），禁忌用冷开水，防止雏鹅受冷刺激而致腹泻。

当雏鹅出壳24小时左右，大多数雏鹅绒毛干爽并能站立走动、伸颈张嘴、有啄食欲望时，就可进行饮水。可用饮水器盛水，逐只将雏鹅头压下，调教几次后雏鹅就会自行到饮水器边自由饮水。大群饲养的雏鹅，只要调教其中小部分，其余的雏鹅就会跟随饮水。天暖时也可将雏鹅放在竹子编制的篮子或塑料筐里，然后将装鹅的篮子（塑料筐）浸入清洁的浅水中，以不淹到雏鹅的颈部为宜。让雏鹅自由饮水，4分钟左右将装鹅的篮子（塑料筐）提起并放到温暖的地方，让鹅理干绒毛。天气炎热及雏鹅数量较多时，也可人工喷水于雏鹅身上，让其互相吮吸绒毛上的水珠，达到饮水的目的。

饮用水后即可开始喂食。饲喂雏鹅按照“少给勤添，定时定量”的原则。饲喂时，应视鹅群数量的大小，分批进行，一般以10～20

只为一批。认真做到“少给勤添”，一般1000只雏鹅1天喂5千克青饲料、2.5千克碎米，分6～10次（包括夜间）饲喂。每次喂料要控制其采食量，禁忌喂足，一般喂至7～8成饱即可。这样有利于雏鹅消化，增进食欲。绝对禁止时饱时饥，导致消化不良，影响其生长发育。喂料时须注意观察鹅群的采食状况，不断地将采食能力强和采食能力差的鹅分开，分别进行饲养，这样做可避免产生僵鹅，使群体整齐。每次的喂料时间不宜长，以半小时为宜。

喂料时要注意清洁卫生，每当喂好一批鹅后，应将被污染饲料扫清，盘子用4%的高锰酸钾溶液冲洗干净。而后，再喂下一批鹅。

3日龄是1000只雏鹅每天饲喂15千克碎米、12.5千克青饲料。

4～10日龄：此时雏鹅体内残余的蛋黄已被全部吸收完毕，鹅身比出壳时稍小，羽毛紧贴，俗称“收身”。这时小鹅的消化能力和食欲增强，可逐渐增加喂饲次数。4天后可喂6次，6天后可喂8次，每隔2～3小时喂1次。在饲料中，碎米或饭粒应占30%～40%。切碎的青菜占60%～70%。如喂混合料（按饲养标准配合的日粮），其比例是，青料占70%～80%，混合料占20%～30%。

10～20日龄：饲料以青料（青菜）为主。精料可以由碎米、饭粒过渡到糠麸或生番薯块。并加适量开口谷（煮至刚露出米粒的谷），或适量豆饼以补充蛋白质的需要。此时，雏鹅可以放牧，采食青草，喂次可以减少，每昼夜可以喂5～6次（其中晚上喂2次）。如喂混合料，青料可占80%～90%，混合料占10%～20%。

21～28日龄：雏鹅养至此阶段，体重增大，体质日益增强，放牧时间可以逐渐延长，由于雏鹅能在放牧地上采食大量青草，喂饲次数可以减少到每昼夜5次（其中晚上9时喂1次）此时的日粮可逐渐加入一些经过浸泡8～12小时的生谷、高粱和番薯等。4周左右可以改喂干谷（但要给予充足的饮水）配合放牧，觅食遗谷，可以节约粮食。如喂混合料，青料占90%～92%，混合料占8%～10%。

经验之十二：日常养鹅要三看

养鹅实践中人们总结了日常养鹅要三看，即看膘补料、看粪补料、看蛋补料，对养鹅有很好的指导作用。

一看膘补料。

母鹅过肥、产蛋量低、有的甚至停产；母鹅过瘦、营养缺乏、产蛋量也低。对过肥鹅应适当减少精料，必要时暂停喂给精料，圈养的母鹅适当增加运动或放牧；对瘦鹅增喂精料，增加饲料中蛋白质的含量，晚上还应增喂2次。

二看粪补料。

鹅粪粗大、松软呈条状、表面有光泽、用脚轻拨能分几段，说明营养适当、消化正常。若鹅粪细小、结实、颜色发黑，轻拨粪便，断面呈粒状，表明精料喂量过多、青料喂量少、消化吸收不正常，应减少精料喂量，增喂青饲料。鹅粪色浅不成形，一排出就散开，说明精饲料喂量不足，应补喂精饲料。

三看蛋补料。

产蛋鹅摄入营养物资不足，弹壳会变薄，蛋小或发生畸变。发生这种情况必须加喂豆饼、花生饼、鱼粉等含蛋白质丰富的饲料，使日粮粗蛋白质含量提高到22%以上，每只鹅每天饲喂量增至280～320克，同时要添加矿物质饲料。

经验之十三：小麦育芽养鹅好

用小麦育芽养鹅，可增加饲料来源，显著提高鹅的料肉比，缩短饲养周期5～10天。据试验，每千克小麦经育芽处理，可得6～8千克麦芽。养1只3～4千克重的商品鹅仅需要4～5千克小麦、1千克豆饼、5千克麦麸及少量鱼粉、骨粉等。

育芽方法：取30千克小麦，置于30℃左右的温水中浸泡8小时，捞出沥干，放入温度在20℃左右、空气湿度适宜的环境中催芽6～7天，待麦芽长到6厘米时取出，拌入8%的菜籽饼或5%的豆饼、25%的麦麸或25%的米糠、3%～5%的鱼粉、2%的骨粉、0.5%的食盐（必须注意鱼粉的含盐量）、1%的中粗沙及适量微量元素。

饲喂：开食前可先喂些糖水，以增强食欲，促进胎粪排出。雏鹅

3日龄内每天喂4～5次，每次喂七八成饱。5日龄后可逐渐增加饲喂次数，但每次仍只喂七八成饱，使雏鹅始终保持旺盛的食欲。

经验之十四：肉鹅快速育肥技术要点

当雏鹅饲养到45日龄左右，即舍饲的中鹅养至主翼羽长出以后转入肥育期。或者以放牧为主饲养的中鹅架子大，但胸部肌肉不丰满，膘度不够，出肉率低，稍带有青草味。此时，为达到上市销售的标准，需经过短期肥育，达到改善肉质、增加肥度、提高产肉量的目的。进行快速育肥的肉鹅通常选择狮头鹅、莱茵鹅等体形大、生长快的肉用型杂交雏鹅品种。

一、快速育肥方式

常用的育肥方法有三种，即放牧育肥、舍饲育肥和填饲育肥。

（一）放牧育肥

放牧育肥法以放牧为主的鹅群，利用作物收割后农田里残留的小麦、大麦、水稻等谷物作物颗粒进行育肥，是最经济实惠的育肥方法。应掌握当地作物的收割季节，提前育雏。物色好放牧草地和路线，随着作物收割时间的早晚顺序，一路放牧过去，到收割结束时，鹅群已经育肥，尽快上市出售。放牧育肥受作物收获时间和可供采食的遗落谷物数量等影响较大。如放牧结束采食数量不足，必须用大量精料育肥。

（二）舍饲育肥

舍饲育肥法把45日龄的中鹅赶到光线较暗的育肥鹅舍，限制鹅的运动，减少能量消耗，饲喂富含碳水化合物的饲料，如玉米、油料作物等。每天喂3～4次，使体内脂肪迅速沉积，同时供给充足的饮水，增进食欲，帮助消化，经过圈养15～20天，即可使鹅迅速变肥。舍饲肥育法适合没有放牧条件，有舍饲条件的养鹅场（户），可以实现全年多批次均衡育肥。

（三）填饲育肥

鹅填饲育肥方法和填肥鸭一样，分手工填肥法和机器填肥法。将配合好的饲料由人工或人工操作填喂机器强行填喂，强迫鹅吞食大量高能量饲料，使其在短期内迅速长肉及积蓄脂肪。这种方法比一般的育肥方法（即放牧育肥法、舍饲育肥法）要缩短二分之一的时间，可节省饲料，提高经济效益。

具体填喂操作如下。

1. 手工填肥法

填喂操作者两腿夹住鹅体使其保持直立，用左手握住鹅的后脑部，以拇指和食指将上下喙分开，用右手将食条强制填入鹅的食道。每填一条用手顺着食道轻轻地推动一下，帮助鹅吞下。每天进行3～4次。每次填食后，将鹅放入安静的鹅舍内饮水休息，经10～15天后，鹅体内脂肪沉积增多，育肥完成。

2. 机器填肥法

用填肥器填饲的，一般两人一组，一人抓鹅保定，另一人填喂。填喂时，填喂者坐在填肥器的座凳上，右手抓住鹅的头部，用拇指和食指紧压鹅的喙角，打开口腔，左手用食指压住舌根并向外拉出，同时将口腔套进填肥器的填料管中后，徐徐向上拉，直到将填料管插入食道深处，然后脚踩开关，电动机带动螺旋推进器，把饲料送入食道中。同时左手在颈下部不断向下推抚，把饲料推向食道基部，随着饲料的填入，右手将鹅颈徐徐往下滑，这时保定鹅的助手与之配合，将鹅相应地向下拉，待填到食道4/5处时，即放松开关，电动机停止转动，同时，将鹅颈从填料管中拉出，填饲结束。

二、填饲鹅填料的制作

填饲鹅的饲料要求蛋白质丰富，能量较高。要注意饲料的质量，禁止饲喂发霉变质的饲料和添加违禁药品，填饲通常采用以下3种饲料。

（1）饲料配方：玉米50%～55%、米糠20%～25%、豆饼5%～7%、麸皮10%～15%、鱼粉2%～3%、食盐0.5%、细砂0.3%、多维素0.1%。将按照以上配方配合好的饲料加水拌成干泥状，放置3～4小时，待饲料全部软化后制成直径1.5厘米左右的条状食条。填饲量：第1～3天为200～250克；第4～5天为300～350克；第6～7天为400～450克；第8～10天为500～550克；第11～15天为

600克。

(2) 将玉米粉拌湿制成条状食团，然后稍蒸一下，使之产生一定的硬度，制成直径1.5厘米左右的条状食条。

(3) 机器填肥法用玉米粒，先将玉米粒在水中浸泡膨胀后，水中溶入玉米量的1%～1.5%的食盐，填前将其煮熟，趁热捞出，拌入油脂和添加剂后即可填喂。

经验之十五：鹅肥肝的生产技术要点

一、品种

凡是肉用性能好的大型和中型鹅种都适用于肥肝生产，而产蛋多的小型鹅种，产肝性能都较差，不宜作为生产鹅肥肝的品种。如在外国鹅种中，法国大型鹅、法国朗德鹅、匈牙利鹅、比尼科夫白鹅、莱茵鹅、意大利鹅、吐鲁兹鹅等的产肝性能均很突出。我国的鹅种中以狮头鹅最为理想，狮头鹅是我国最大的鹅种，其体躯宽大，体重大，消化力强，很有利于填喂产肝；太湖鹅生产肥肝有一定潜力；溆浦鹅也是我国肥肝鹅之一。

二、预饲期的饲养管理要点

(1) 生产肥肝鹅的准备：一般鹅要等到生长结束时才开始填喂，此时鹅的骨骼、肌肉和血液循环器官生长发育较为完善，消化吸收机能较为成熟，消化系统和体躯有一定容积，因此填喂效果较好。正式填喂日期有很大差异，如有的鹅种在70日龄左右便开填，而有的鹅种正式填喂日龄达120～170天。

根据国外的经验，生产鹅肥肝的鹅年龄不宜过小，也不宜过大。年龄过小，肥育效果差；年龄过大，饲养成本高。用来生产鹅肥肝的填饲鹅要符合以下两个条件：一是日龄要大于80天，二是体重至少在4.5千克以上。为了达到以上标准，要对拟填饲的鹅进行正式填饲前的预饲。

(2) 预饲期的长短：预饲期是正式填喂前的过渡阶段，其长短按品种、季节及习惯等因素而差异较大，范围在5～30天。可对某个具体品种进行批量填喂之前，有必要分若干小组进行不同预饲期的对比试验，从而筛选出该品种切实可行的方案。

(3) 预饲期所用的饲料：玉米粒是用量最大的饲料，它在预饲期饲料中可占50%～70%，最好采用黄玉米；小麦、大麦、燕麦和稻谷等可在日粮中占一定分量，但最好不超过30%，这些谷物最好在浸泡后饲喂；豆饼（或花生饼）主要供给鹅蛋白质需要，一般可在日粮中加进15%～20%的量，也适当添加鱼粉或肉骨粉可在日粮中添加5%～10%；青饲料是预饲期另一类主要饲料，在保证鹅摄食足量混合饲料的前提下，应供给大量适口性好的新鲜青饲料，可以不限量地供给，摄食大量青饲料能扩大鹅的食道，增加其弹性，同时供给鹅大量的维生素。为了提高食欲，增加食料量，可将青饲料与混合料分开来饲喂，青饲料每天喂2次，混合料每天喂3次。其他成分，可加骨粉3%左右、食盐0.5%、砂砾1%～2%，这三者均可直接混于精料中喂给；为了帮助消化，可加入适当的B族维生素或酵母片，也可添加多种维生素，分量是每100千克饲料加10克。

三、填饲期的饲养管理要点

(1) 填饲期限：3～4周。

(2) 饲料准备：填喂的主要饲料是玉米，以黄玉米为好，因为黄玉米使肥肝成为金黄色，而饲喂白玉米会使肥肝颜色变浅。用于填喂的玉米质量要好，无霉变，并除去混杂物，用水浸泡3～5小时，以胚能掐动为适宜，含水量高的当年产玉米浸泡时间可缩短，2～3小时即可，浸时要搅拌几次，清除漂浮的杂物和空粒。稍沥干，然后上大锅蒸煮5～10分钟，至玉米能剥开，质地柔软即可；也可将干玉米爆炒后用温水浸泡2～4小时。熟玉米在喂前还需加进其他一些添加物，其中包括2%脂肪、0.5%食盐，晾至常温后加入0.2%的复合维生素和微量元素，拌匀后即可趁温热填喂。

(3) 填饲次数：第1～8天，每天4次；第9～13天，每天5次；第14～20天，每天6次。

(4) 填饲量：每天每只鹅的填饲量为国外大型鹅种和我国的狮头鹅为1～1.5千克，中型鹅种0.75～1千克，小型鹅种为0.5～0.8千克。要求填饲量应由少到多，前几天填喂量要少，以后逐渐增加，直至达到上限。整个填饲期每只鹅消耗玉米18～21千克。

(5) 操作要领：固定鹅体，撑开鹅上下喙，右手拇指压住鹅舌，将填饲管经口腔与食道平行插入嗉囊距锁骨3厘米处，手握膨大部，当左手感觉到有饲料进入时，很快地将饲料往下捋，同时使鹅头慢慢沿填喂管退出，不断填料，并不断抽出填料管，手感纺锤形嗉囊饱满后抽出管（至咽喉5厘米处停止填喂）。为了不使鹅吸气（否则会使玉米进入喉头，导致窒息），操作者应迅速用手闭住鹅嘴，并将颈部垂直地向上提，再以左手食指和拇指将饲料往下捋3～4次。填喂时部位和流量要掌握好，饲料不能过分结实地堵塞食道某处，否则易使食道破裂。

(6) 饮水：填料后0.5小时内不饮水，其他时间自由饮水。水槽中加入直径5～6毫米的不溶性砂砾。

(7) 栏舍安排：整个填喂期均在舍内网上平养，网床由直径0.5厘米的金属棍焊接而成，孔隙5～6厘米，栏腿高40厘米，宽60厘米，长沿鹅舍长轴，围栏高50厘米，中间有隔网分为若干小栏，每栏饲养2～3只。

(8) 环境控制：栏舍要求清洁干燥、通风良好、安静舒适。白天自然光照，晚上光照强度5勒克斯。密度每平方米2～3只；温度在4～25℃之间。

(9) 观察与检查：每次填喂前要检查食道膨大部，看上次填喂的饲料是否已消化，从而灵活掌握填喂量。平时还要注意观察群体的精神状态、活动状态以及体重、耗料、睡眠等方面情况。

(10) 出栏：填肥鹅出现两眼无神，精神萎靡，呼吸急促，羽毛潮湿、零乱，腹部下垂，不爱动，腹泻等现象后出栏。对精神好、消化能力强、还未充分成熟的可继续填饲，待充分成熟后出栏屠宰。出栏前6～12小时停止填饲，供给充足饮水。缓慢将鹅抓入周转箱，每平方米不超过3只。运输途中注意平稳，防止剧烈颠簸。

四、注意事项

(1) 活体拔羽绒后的鹅须待全身羽毛长齐以后，再选择体质健壮、腿部强健、体阔胸深的健康状况良好的鹅只进行填饲。

(2) 填饲时间应准时有规律，不得任意提前或延后，以免影响肥肝增重。

(3) 如因填料量过多等原因造成食管损伤，连续几天食管中填料还未消化，应立即宰杀或淘汰。

(4) 填饲期应以肥育成熟为准，填饲期不够，肝内脂肪沉积不多，肥肝重量不够，达不到填肥效果。或者任意延长填饲期，肥肝重量可能会增加，但饲料消耗和人工支出也相应增加，还容易造成鹅瘫痪等伤害，经济上得不偿失。

经验之十六：发酵酒糟技术要点

酒糟就是酿酒副产品。资源丰富，价格低廉，有啤酒糟、谷酒糟、米酒糟、白酒糟、酒糟粉等。各种酒糟中以啤酒糟的营养价值最高，其实啤酒糟是麦芽糖化工艺后的麦糟，没有经过酿酒发酵工序的，所以其中的营养保留最好，粗蛋白含量可达到25%左右，将其当做鹅饲料是一个很好的选择。但是，直接用酒糟喂鹅不但营养价值得不到充分利用，而且口感还差，鹅不爱吃。所以，最好用专业的饲料发酵剂发酵后再喂鹅，这样的饲料营养才更全，口感才更佳，鹅更爱吃，生长速度快。

1. 酒糟发酵的操作方法

(1) 准备物料。酒糟、玉米粉、麸皮或米糠、饲料发酵剂（市场上有多种）。

(2) 稀释菌种。先将饲料发酵剂用米糠、玉米粉或麸皮按1∶(5～10) 的比例，先不加水干稀释混合均匀后备用。

(3) 混合物料。将备好的酒糟、玉米粉、麸皮及预先稀释好的饲料发酵剂混合在一起，一定要搅拌均匀。如果发酵的物料比较多，可以先将稀释好的饲料发酵剂与部分物料混匀，然后再撒入到发酵的物料中，目的是为了做到物料和发酵剂混合更均匀。

(4) 水分要求。配好的物料含水量控制在65%左右。判断办法：手抓一把物料能成团，指缝见水不滴水，落地即散为宜。水多不易升温，水少难发酵。加水时，注意先少加，如水分不够，再补加到合适为止。

(5) 密封要求。发酵物料可装入筒、缸、池子、塑料袋等发酵容器中，物料发酵过程中应完全密封，但不能将物料压得太紧；当使用密封性不严的容器发酵时，外面应加套一层塑料薄膜或袋子，再用橡皮筋扎紧，确保密封。

(6) 发酵完全。在自然气温（启动温度最好是在15℃以上为好）下密封发酵3天左右，有酒香气时说明发酵完成。

(7) 保存方法。发酵后的酒糟物料，如果要长期保存，则要密封严格，并压紧压实处理，尽量排出包装袋中的空气，这样不仅可以长期保存，而且在保存的过程中，降解还要进行，时间较长后，消化吸收率更好，营养 更佳。其他固体发酵的糟渣也是这个原理。

发酵好的饲料也可以直接造粒，晾干、成品检验、装袋，成品入库。

2. 注意事项

(1) 确保密封严格，不漏一点空气进入料中，则时间越长，质量更好，营养更佳。发酵过程中不能拆开翻倒，发酵后的成品在每次取料饲喂后应注意立即密封；成品可另行采用小袋密封保存或晾干脱水、低温烘干或造粒等方式保存。

(2) 发酵各种原料的添加比例按照饲料发酵剂的使用说明执行，不可随意增减，否则将影响发酵效果和饲喂效果。不能使用霉烂变质的酒糟。

(3) 如果添加农作物秸秆粉、树叶杂草粉、瓜藤粉、水果渣、干蔗渣、谷壳粉、统糠、食用菌渣、鸡粪等，其合计不超过发酵原料总量的30%。

(4) 多种发酵原料混合发酵优于单一发酵原料发酵，能量饲料（玉米粉、麦麸、米糠）可以将一种物料单独发酵，也可将两三种物料按任意比例混合发酵。

3. 饲喂方法

(1) 喂养的时候要添加4%的预混料或者自己添加微量元素。

(2) 饲喂比例要采取先少量、慢慢增加的原则，开始饲喂时可以先采用5%，慢慢递增到30%；因为发酵酒糟为湿料，因此在实际配制饲料时的重量要乘以2倍，如配制比例为30%时，实际使用重量为60%。将其他饲料混合，添加适量的水混合拌匀直接饲喂，如果进行打堆覆盖1小时以上，利用发酵饲料中的微生物和酶对其他饲料再进行降解一下饲喂效果更好。

经验之十七：发酵大豆渣技术要点

大豆渣是大豆制作豆腐时的副产品，资源非常丰富。大豆渣具有丰富的营养价值，其中的营养成分与大豆类似，含粗纤维8%左右、蛋白质28%左右、脂肪12.40%左右，其营养高于众多糟渣。但是大豆渣不宜直接生喂，直接作为饲料其营养和能量的利用率很低，不到20%，失去了它潜在的营养价值和经济价值。生喂时鹅易拉稀，因为大豆渣含有多种抗营养因子，还影响鹅的生长和健康等。生大豆渣容易发霉变质，不易保存。所以大豆渣喂鹅需要事先进行加工处理，简单的处理方法是加热，最好的办法是使用饲料发酵菌液进行发酵处理。

一、大豆渣发酵的好处

一是便于较长时间保存。不发酵的大豆渣最多能存放3天，经过发酵后的豆渣一般可存放一个月以上，如果能做到严格密封，压紧压实或烘干，则可以保存半年以上甚至一年。

二是饲料的适口性，降低了粗纤维三分之一以上，动物更爱吃食，促进了食欲并增加了消化液的分泌。

三是丰富了营养成分。烘干后干物质中消化能提高13.17%，代谢能提高16%，可消化蛋白提高29.59%，粗纤维降低30%左右。并是一种益生菌的载体，含有大量的有益微生物和乳酸等酸化剂，维生素也大幅度增加，尤其是B族维生素往往是成几倍地增加。

四是大大降解了抗营养因子，提高抗病力。发酵后能显著增加其消化吸收率和降解抗营养因子，并含大量有益因子，提高了抗病性能。

五是节省了饲料成本，提高经济效益。发酵以后可以代替很大一部分饲料，把饲料成本节省了，并且鹅少得病，出栏提前，总之经济效益提高了。

二、发酵豆渣的方法

原料主要有：大豆渣、发酵菌液（市场出售的饲料发酵菌液均可，如EM菌液）、麦麸（或者玉米粉统糠等均可）、红糖、水等。

操作步骤：

（1）首先将饲料发酵菌液用水稀释，然后和麦麸搅拌均匀，湿度在50%左右，判断标准是用手抓一把，用力握成坨，指缝间感觉是湿的，但是没有水滴下来为合适。

（2）用水溶化红糖，具体用水量多少要看大豆渣的干湿度而定。

（3）然后把拌好的麦麸均匀洒在大豆渣中，一边撒一边喷洒已经溶化好的红糖水。如果有条件的话，可以用人工搅拌或者搅拌机搅拌均匀即可。

（4）搅拌均匀以后放在密封容器里（大塑料袋、缸、桶、发酵池等）压实密封发酵3～5天即可。

注意：以上各原料的具体稀释比例和用量要按照发酵菌液的说明要求，不可随意增减。

三、发酵大豆渣养鹅的饲料配方

（1）1～21日龄雏鹅的饲料配方：玉米粉40%、鱼粉8%、发酵大豆渣20%、麦麸15%、草粉16%、骨粉0.7%、食盐0.3%。

（2）22～70日龄的饲料配方：玉米粉36%、发酵大豆渣25%、麦麸10%、草粉18%、蚕蛹10%、骨粉0.7%、食盐0.3%。

（3）也可以采用全价配合饲料，1～21日龄加入发酵大豆渣20%，22～70日龄加入发酵大豆渣25%即可。

四、饲喂方法

（1）饲喂比例要采取先少量、慢慢增加的原则，开始饲喂时可以先采用10%，慢慢递增到30%；因为发酵酒糟为湿料，因此在实际配制饲料时的重量要乘以2倍，如配制比例为30%时，实际使用重量为60%。将其他饲料混合，添加适量的水混合拌匀直接饲喂，如果进行打堆覆盖1小时以上，利用发酵饲料中的微生物和酶对其他饲料再进行降解一下饲喂效果更好。

（2）将发酵大豆渣混合后至少要等30分钟后再饲喂，主要是让发酵大豆渣的一些气体挥发。

经验之十八：种草养鹅五要点

鹅系草食动物，种草养鹅能降低成本、增加效益。种草养鹅应注意做到以下 5 点。

一是选好草种。根据鹅的消化特点，选择适宜养鹅的草品种。牧草分为禾本科和豆科牧草，还有苋科的籽粒苋等。养鹅适宜种植禾本科和苋科牧草，如黑麦草、鲁梅克斯、籽粒苋等。而豆科牧草生长后期发生木质化，木质素增多，口感差、消化率低。

二是做到牧草可利用期和进鹅雏时间相吻合。避免鹅雏引进或孵出后牧草还不能利用。

三是根据养鹅数量确定种植牧草的面积。按正常牧草的生产性能，每 0.067 公顷可产 $(0.5 \sim 1.5) \times 10^4$ 千克鲜草，肉鹅育肥期按 80 天计算，可养鹅 100～150 只。但在生产实践中，气候和田间管理水平等都影响牧草的产量，另外受肉鹅市场价格影响，出栏时间也是个不确定因素。因此，在生产计划上可按每 0.067 公顷牧草饲养 100 只鹅安排。

四是育肥前期和后期要进行补料。雏鹅前期消化功能差、生长发育迅速，要补饲易消化、营养全面的全价配合饲料，喂颗粒料效果更好。补饲时要按先精料后青料的顺序进行，防止雏鹅挑食青料。随着鹅日龄的增长，可逐渐增喂青绿饲料、减喂精料。30 日龄左右就可以停止补饲精料，以饲喂牧草为主。但在出栏前 20 天左右要补饲精料，使鹅增膘，增加经济效益。

五是补充钙、磷。育肥鹅生长后期主要以青绿饲料为主，容易造成缺钙或钙磷比例不合适。病鹅表现为腿部麻痹、瘫痪。因此，要注意给鹅补充矿物质饲料，饲喂骨粉、贝壳粉、磷酸钙等。钙磷比例要保持 1.3∶1。同时供给足够的维生素 D，促进鹅对钙、磷的吸收。

第四章　饲养与管理

经验之一：养鹅就要懂得鹅的习性

一是喜水性。

鹅为水禽，习惯在水中嬉戏、清洁羽毛、觅食和求偶交配，每天约有1/3的时间在水中生活，只有在产蛋、采食、休息和睡眠时才回到陆地。因此，宽阔的水域、良好的水源是养鹅的重要环境条件之一。1周龄内的雏鹅稍加训练就可成为戏水高手。放牧鹅群最好选择在水域宽阔、水质良好的地带放牧。舍饲养鹅，特别是养种鹅时，要设置洗浴池或水上运动场，供鹅群洗浴、交配之用。天然的湖、塘、河等处，四旁有草地的地方，是养鹅的好场所。当然，在北方一些缺水的地区，在饲养密度较低、有良好放牧条件的情况下，鹅群也可获得理想的受精率。

二是合群性。

家鹅具有很强的合群性，家鹅天性喜群居生活。从小养在一起的鹅，即使是数千羽的群体，也很少有打斗的现象，鹅群在放牧时前呼后应，行走时队列整齐，互有联络，出牧、归牧有序不乱。觅食时在一定范围内扩散。鹅离群独处时会高声鸣叫，一旦得到同伴的应和，孤鹅会寻声归群。这种合群性有利于鹅的规模化、集约化饲养。若发现个别鹅离群久不归队，其发病的可能性很大，应及早做好防治工作。

三是食草性。

喜食青草是鹅的天性。养鹅有“青草换肥鹅”的说法。雏鹅从1日龄起就能吃草，1月龄后可大量采食青草，每羽成年鹅每日可采食青草2千克。鹅觅食活动性强，饲料以植物性为主，传统养鹅采用放牧的方式，一般无毒、无特殊气味的野草和水生植物等都可供鹅采食。因此，要尽量放牧，若舍饲，要种植优质牧草喂鹅，保证青绿饲料供应充足。鹅没有嗉囊，食道是一条简单的长管，容积大，能容纳较多的食物，当贮存食物时，颈部食管呈纺锤形膨大。鹅没有牙齿，但沿着舌边缘分布着许多乳头，这些乳头与咀板交错，能将青绿饲料锯断。鹅的肌胃强而有力，饲料基本在肌胃中被磨碎。在饲料中添加少量细砂，或在运动场放置细砂，有助于鹅对饲料的磨碎消化。

四是耐寒性。

鹅的羽绒厚密贴身，具有很强的隔热保温作用。此外，鹅的皮下脂肪较厚，掌上有特殊的结构和骨质层，均可抵御严寒的侵袭。成年鹅耐寒性很强，在冬季仍能下水游泳，露天过夜。鹅在梳理羽毛时，常用喙压迫尾脂腺，挤出分泌物，涂在羽毛上面，使羽毛不被水所浸湿，形成了防水御寒的特征。一般鹅在0℃左右低温下，仍能在水中活动；在10℃左右的气温下，仍可保持较高的产蛋率。但鹅是怕热的动物。鹅有羽绒、厚的皮脂但没有汗腺，气温高时，只能张开双翅和张口喘气来散热，或到水中游泳散热。炎热夏季养鹅要注意防暑降温。

五是就巢性。

鹅虽然经过人类长期的选育，有的品种已经丧失了抱孵的本能，如豁眼鹅、太湖鹅等。但较多的鹅种由于人为选择了鹅的就巢性，大多数鹅种的就巢性仍然保持，在一个繁殖周期内，每产一窝蛋（8～12个），就要停产抱窝，直至小鹅孵出。

六是警觉性。

鹅的听觉很灵敏，警觉性很强，反应迅速，叫声响亮。特别在夜晚时，稍有响动就会全群高声鸣叫。遇到陌生人或其他动物时就会高声鸣叫以示警告，有的鹅甚至用喙啄击或用翅扑击。农家喜养鹅守夜看门。育雏室内可用公鹅作警戒，以防猫、狗和老鼠等动物进入舍内骚扰。鹅的警觉性还表现为容易受惊吓、易惊群等，管理上应注意。

七是夜间产蛋性。

母鹅通常在夜间产蛋。夜间鹅不会在产蛋窝内休息，仅在产蛋前半小时左右才进入产蛋窝，产蛋后稍歇片刻离去，有一定的恋蛋性。多数窝被占用时，有些鹅会推迟产蛋时间，这样就影响了鹅的正常产蛋，因此鹅舍内窝位要足，垫草要勤换。鹅的夜间产蛋性为白天放牧提供了方便。

八是生活规律性。

鹅具有良好的条件反射能力，活动节奏表现出极强的规律性。如在放牧饲养时，放牧、交配、采食、洗羽、歇息和产蛋都有比较固定的时间，相对稳定地循环出现。而且每羽鹅的这种生活节奏一经形成便不易改变，特别在母鹅的产蛋期更要注意，如原来的产蛋窝被移动后，鹅会拒绝产蛋或随地产蛋，因此，饲养管理程序不要轻易改变。否则会引起应激，导致产蛋率下降等。

九是抗逆性。

鹅的适应性很强，世界各地几乎都有家鹅分布，其生活区域非常广泛。鹅对饲养管理条件要求不高，毛草棚、塑料大棚和其他简易建筑均可养鹅。鹅疾病少，对养禽业威胁较大的传染性疾病种类，按自然感染发病率鹅比鸡少1/3。

十是速生性。

肉食畜禽初生到宰杀上市为一个生产周期，一般肉牛是18个月，肉羊是5～6个月，肉兔是3～3.5个月，鹅生长周期最短，为2～3个月。目前我国肉鹅70～80日龄出栏，狮头鹅56日龄体重可达4.5～5千克，莱茵鹅56日龄可达4.2千克。采用全进全出的饲养方式，一年可养鹅5～10批。因此，肉鹅饲养周期短、见效快，60～80天就能有回报。另外，鹅肝脏合成脂肪的能力大大超过其他家禽和哺乳动物，其脂肪组织中合成脂肪数量只占5%～10%，而肝脏中合成的脂肪却占90%～95%，因此，可以充分利用鹅的这种生长特性来生产肥肝。

十一是利用年限长。

母鹅的产蛋量一般在头3年是逐年提高的，而且初产年的种蛋不如以后年份所产种蛋质量好、重量大、合格率高。因此，种鹅可以利用3～4年，这是鸡和鸭无法比的。

经验之二：养鹅有“六怕”，防治有方法

黑龙江垦区友谊农场第九管理区女工程国会从实践中摸索出了养

鹅的成功经验，即是养鹅有“六怕”，值得借鉴。

一怕凉着。程国会总结了第一年养鹅死亡率高的教训，在第二年，她该投入的不怕多花。每年5月份开始，程国会在没育雏前先巧用砖头搭火炕，在育鹅室内取暖。还用木料做成框架，花上2000多元买来网制作育雏床，即通风又保暖。为了不让雏床地面水泥凉气影响鹅的育成温度，她还用稻壳铺到地面，既保证了鹅雏生长的温度，又清理了鹅雏的粪便。幼雏时期，她把室温控制在29℃左右。随着鹅雏的渐长，再适当降低温度，以接近室外温度为宜。

二怕热着。程国会按着前人养鹅的经验，幼雏期饲养鹅，室内温度保持不超过29～30℃。为了防止鹅雏过密，程国会还采取用纸壳箱分离的做法，每箱不超过10只鹅雏。随着鹅的渐长，再次分箱，每箱不超过7只鹅，这样有利于鹅的生长。在六月中旬到七月旬，她每天将鹅的水槽勤添水，勤换洁净水。白天、夜间保证供足水，大大地减少了热应激带来的死亡。定期打针、喂药以增强鹅的体质。

三怕饿着。程国会养鹅除了坚持每日的正常饲喂，每天喂3～4遍外，夜间要加喂一次料，时间掌握在24时之前，这样可保证鹅的健康发育。

四怕饱。她每天坚持勤喂，每次定量、分槽喂，弱鹅壮鹅分开喂。她说，过多投放饲料既浪费，又会造成鹅消化不良，导致疾病。根据鹅的不同生长阶段，随时增、减饲料，科学搭配，达到不能饿着也不能过饱的标准。

五怕浇着。她说在放牧初期，刚刚适应外界环境的小鹅不能让一场突然袭来的雨浇着。这样她就在此期间，天天听天气预报，赶上有雨天，她便带着护鹅的塑料布、棚布，放牧时间可随时支起来避雨，使鹅不会因浇着而引发疾病。

六怕鹅瘟。第一年养鹅，程国会由于不懂经验，对鹅瘟的防治不及时，而使小鹅死亡了700只。以后她吸取了教训，及时给鹅注射疫苗，结合实际，请畜牧技术人员指导，打血清，二联、三联疫苗；采取定期防疫与常规防疫相结合的办法，有效地避免了鹅瘟的发生，使成活率由刚开始的60%，提高到现在的97%。

经验之三：鹅群放牧要点

一、放牧人员要固定

鹅群放牧要固定专人，不能随意更换放牧人员，否则很难形成条件反射，不便于放牧。

二、放牧训练

放牧前几天，要训练鹅群，使之听从指挥。放牧鹅群的关键是让鹅听从召唤和指挥，做到招之即来，挥之即散。因此牧鹅人要训练鹅群，熟悉指挥信号和语言信号，并选择好头鹅。训练方法为雏鹅每次喂食或者赶鹅放水、出舍、入舍时都用挥动拴有红布条的竹竿配合哨声或吆喝声，经过几天的训练，鹅形成条件反射后，就能听从放牧人员的指挥了。

三、鹅群适宜的放牧规模

雏鹅放牧，每群以300～500只为宜，最多不要超过600只，而且鹅只日龄要尽量相近，以免大小鹅跑得快慢不一，难于合群。中鹅群以日龄相近的300只左右的鹅只为宜。

四、先吃料再放牧

放牧前喂少量饲料，以免因饥饿而食入过多的泥土。

五、实行划区轮放

划区轮牧能够使鹅充分均匀地采食牧草，并且能够使牧草获得充足的生长时间，有利于牧草的恢复。此外，实行划区轮牧，还可以使鹅的活动范围缩小，减少对牧草的践踏，同时减少鹅自身能量的消耗，有利于鹅的肥育。要根据草场的产草量和鹅群的大小，对放牧地实行划区轮牧，把草场划分成若干个区块，每个区块放牧一定天数，在这些区块轮流放牧。

六、放牧前后要清点

放牧前，要仔细观察鹅群，并清点鹅数；收牧时，要让鹅洗好澡，并清点鹅数。

七、控制放牧距离和时间

开始牧鹅宜近栏舍，逐渐至远；放牧时间，开始宜短，逐渐延长。放牧时，须选择暖和晴朗的天气，选择干燥平坦、无积水、背风向阳、有嫩青草的放牧地。从场舍到饮水处和牧地，放牧里程应控制在500米以内，防止鹅群体力消耗过大。在放牧过程中，边放牧边休息，以减少体力消耗，有利于鹅的生长发育。

4～5日龄的雏鹅可在上午8～9时和下午2～3时放牧20～30分钟，每天放牧两次。仔鹅和成年鹅可在上午7～11时和下午1～6时分两次全天放牧。具体的出牧和收牧时间可根据天气情况来确定。天气温暖时可早出晚归，天气较冷时应晚出早归。

八、缓赶慢行

鹅行走较缓慢，路上赶鹅速度要慢，要缓赶慢行，尤其是雏鹅和归牧时吃饱以后的鹅群最怕追赶，故在放牧过程中，切勿猛追猛赶。路上不要大声吆喝和快行，以免鹅受惊吓而跑行。

九、注意放牧节奏

鹅赶至草场时，应根据草的生长情况来确定鹅的集中程度，草场里牧草生长良好繁茂，鹅宜集中放牧，反之应将鹅群尽量散开放牧。在放牧一段时间，鹅群食饱后，应让鹅至水源处饮水，并休息0.5～1小时，然后继续放牧。

十、防止曝晒、雨淋和潮湿

放牧的草场边上应有树木遮阳或人工搭建凉棚，以免雏鹅受烈日暴晒；鹅群吃饱休息时，要定时驱动鹅群，以免其睡着受凉。雨天不要放牧，40～50日龄的中雏鹅，羽毛尚未长全，抗病力较差，一旦被雨水淋湿，容易引起呼吸道感染和其他疾病。放牧过程中遇到下雨，要及时将鹅赶到能避雨的地方，或者就近用利用塑料布和树木搭设临时遮雨棚。鹅虽然喜欢戏水，但放牧中途休息的场地要求干燥凉爽，尤其是50日龄以内的雏鹅，更要注意防潮湿。

十一、补水补料

放牧返回鹅舍后，及时给水、补料。放牧鹅在收牧后要观察鹅群的吃食情况，如未吃饱应及时补料；补料时宜先喂青料再喂精料；为促进鹅的生长，夜间应加喂一次草料。

十二、保证鹅的安全

放牧出发前，把病鹅留下，单独饲喂照顾。

放牧地点应确认无传染病方可，鸡、鸭的一些烈性传染病，也可能会传染给鹅。严禁到疫区放牧，防止感染传染病。如发现牧地有疫情，应及时转移到安全地带，并根据疫情严重程度采取紧急预防措施。

喷过农药、施过化肥的草地、果园、农田，要在15天以后才能放牧。不到有工业污水的沟渠及有毒草地去放牧。

放牧过程中要仔细观察鹅群精神状态，及时发现问题。鹅生性胆小、怕惊，放牧时要远离公路、铁路，以防汽车、火车等鸣笛声使鹅惊群。雏鹅刚开始放牧，不要到深水区饮水，防止落水溺死。

十三、定期驱虫

绦虫病是放牧鹅群常发病，分别在20日龄和45日龄，用硫双二氯酚每千克体重200毫克，拌料喂食。线虫病用盐酸左旋咪唑片，30日龄每千克体重25毫克，7天后再用1次，可彻底清除体内线虫。

经验之四：雏鹅放牧的注意事项

雏鹅放牧要根据雏鹅的生长发育特点，采取逐渐适应的方法，要注意放牧的时间、地点、天气以及放牧的时机把握。

开始放牧时宜在栏舍附近，选择干燥平坦、无积水、背风向阳、有嫩青草的放牧地，有积水的低洼地或泥浆田里严禁牧鹅。随着日龄增加逐渐扩大范围。放牧时间长短上，开始宜短，以后逐渐延长。

放牧时还要考虑天气因素，因为雏鹅的御风、抗雨、抗寒的能力差，在鹅放牧的过程中，要特别注意天气的变化，应选择暖和晴朗的天气。严禁在雷雨天和雨后放牧，北方的冬季宜圈舍饲养，不宜放牧。

由于雏鹅腿部和腹下部的绒毛沾湿后不易干燥。沾湿绒毛使雏鹅着凉，导致雏鹅腹泻、感冒或风湿性关节炎等。弄湿绒毛的雏鹅，表现出精神萎靡、行动迟缓、喜卧、眼半闭、采食量减少，慢慢消瘦而死。所以，雏鹅放牧，一定要做到“迟放早收”。所谓迟放，就是上午第1次放鹅时间要晚一些，晚到何种程度为宜，应以草上的露水干为准。露水未干前绝对禁止雏鹅外牧。早收是指收鹅归巢要早，早春或冬天夜风来得早，避免雏鹅受夜风着凉；夏天或秋天，露水降得早，避免雏鹅的绒毛被弄湿，都应该实行早收，一般在夜幕降临前就须归宿。

万一雏鹅绒湿后应立即将鹅捉起，用干抹布将湿绒毛擦干，而后再将雏鹅放置在干的草木灰上面，让干的灰粉把水吸收。但不得用火烘。

鹅的合群性强，可塑性大，胆小，对周围环境的变化十分敏感。在鹅的放牧初期，应根据鹅的行为习性，调教鹅的出牧、归牧、下水、休息等行为，放牧人员加以相应的信号，使鹅群建立起相应的条件反射，养成良好的生活规律，便于放牧的管理。

经验之五：观察鹅群都看哪些方面

养鹅场的技术人员应落实鹅舍和鹅群巡查制度，经常到鹅舍和鹅群巡查，每天不少于两次，还要利用放牧、放水、喂料、清扫鹅舍等时机观察鹅群状况，以便随时了解鹅群状况，及早发现问题，及时进行处理。巡查时应重点检查以下几个方面。

一是观察精神状态。

健康鹅精神奕奕，羽毛洁净、顺贴紧凑、具有光泽，并常用嘴整理自身羽毛，嘴与脚部润滑饱满，两眼明亮有神，眼鼻干净，食欲旺盛，消化良好，粪便正常，对外界各种刺激的反应十分敏捷，有时会发出声调低短的“哦、哦”欢叫声，还会企胸扑翼奔跑；初发病和轻病症的鹅颈背上端的小羽毛失去平常那种顺伏紧贴感，有微微松起现象，喜欢卧伏，常常遭到同群鹅的驱赶和啄咬，还常有摇头、流鼻水、眼黏膜潮红、双翅及腹部羽毛有被污水沾污的现象；病情较重的鹅则表现精神不振，不愿走动，不愿意下水，全身羽毛松乱，腹部和翅部羽毛好像被脏水沾污，常呆立或独居一隅，鼻孔周围十分干燥或明显流鼻水，眼部有结痂物，头瘤、脚、嘴等部位均失去光泽，用手摸之有灼热感；接近死亡的鹅则伏地不起，无力挣扎，头部肉瘤及脚部冷却。

二是查雏鹅舍温度。

对雏鹅来说，温度是至关重要的。要查验温度计上的温度和实际要求的温度是否吻合。如温度相差很大要立即采取升温或降温措施，尽快把温度控制在要求范围内。

三是查粪便。

鹅粪便呈黄白色或灰绿色糊状，或血粪，有恶臭味等。如发现病鹅或可疑者，即要隔离及时处理，若是发生传染病，就要迅速采取措施，避免流行传播，以减少损失。

四是查湿度。

查看湿度是否符合标准。鹅怕湿，因为潮湿的栖息环境不利于鹅冬季保温和夏季散热，并且容易使鹅腹部的羽毛受潮，加上粪尿污染，导致鹅发生疾病，对鹅生产性能的发挥和健康不利。因此，要重视对鹅舍湿度的调整。

五是查死鹅数量。

无论是雏鹅、仔鹅或种鹅，每天都可能有极少数量的弱鹅由于各种原因而死亡，这是正常现象。若发现死亡数量过大，就应引起注意，要马上多剖检几只死鹅或送检，以找出死亡原因。

六是查光照。

主要查看光照是否落实正确的光照程序，光照的强弱控制是否正确。特别是育雏期间和种鹅产蛋期间的光照，更要进行重点检查。此外，还要注意光照设备是否完好，灯罩和灯泡要经常擦拭，保持干净无灰尘，损坏的灯具要及时维修更换。

七是观察食欲变化。

健康的鹅群食欲旺盛，抢食强烈，且在一定时间内鹅群采食量保持相对稳定。病鹅往往挑食或拒食，采食量明显下降。还要看料槽剩料多少、有无发霉变质、机械供料的设备是否完好等。

八是观察饮水情况。

健康的鹅群饮水在一定时间内是相对稳定的，若鹅群在供水和给料时，对水和饲料毫无反应者，视为病鹅。

九是观察产蛋状况。

主要观察产蛋时间、蛋壳质量和产蛋数。正常母鹅的产蛋时间大多数集中在下半夜至上午10时这段时间内，个别的鹅在下午产蛋。若时间推迟，蛋重减轻，产蛋减少，是鹅群患病的征兆。正常鹅群所产的蛋表面光滑，蛋壳坚固完整，颜色均衡稳定。若蛋壳表面粗糙，蛋壳变薄或变软，说明鹅群异常。正常鹅群的蛋重在一定时期内是相对稳定的，若蛋重下降明显或时高时低，除注意采食量和饲料营养外，还应注意鹅群健康状况。

经验之六：速生林间作牧草养鹅技术

造林投入产出的周期较长，7～8年没有收益，一般种植户很难坚持，特别是到第三年，树冠郁闭度在0.7左右时已不适合种植农作物，潍坊市养鹅专业合作社经过实践证明，此时可改种牧草喂鹅，80～90天出栏，平均每只鹅获利10～15元，实现了“种养结合，长短期效益互补”的良性循环。现结合林间种草喂鹅的成功经验介绍如下。

一、林木选择

林地密度应为3米×4米或3米×5米，树木要求树龄3年以上，郁闭度0.7左右的杨树速生林，或达到以上条件的其他树木。这样，肉鹅生长过程中，上有树冠遮阳，可防止阳光直射，利于牧草和鹅生长。

二、牧草选择

牧草可选择俄罗斯饲料菜、紫花苜蓿或白三叶、冬牧70黑麦等，以上牧草植株较矮，不影响树木生长。有树木遮阳，俄罗斯饲料菜不易得枯叶病，紫花苜蓿盛草期延长，且能提高产草量。白三叶本身喜荫，色泽翠绿，适口性强，营养丰富。冬牧70黑麦10月播种，冬春生长，此时树叶已落，通风透光，利于牧草生长。

三、鹅棚选址

大棚应建在地势较高、排水良好、通风透光的林间空地上，设计跨度以林间行距为限，长度可根据饲养数量灵活掌握，每棚以饲养1000只为宜，每平方米6～7只。棚内地面垫15～20厘米厚沙土，使其高于四周，以利排水。大棚最好坐北朝南，南北两头用砖砌墙或围竹篱笆，高60～80厘米，每间留一活动小门，棚顶塑料薄膜应处于活动状态，取放方便，以利于通风和保温，棚内温度高时打开，风雨天或低温时放下。

四、鹅种选择

若搞纯种繁育，可选择五龙鹅、四川大白鹅、皖西白鹅等，品种越纯越好。若养商品肉食鹅，可选择扬州白鹅、潍坊三元杂交肉食鹅。

五、饲养管理

引种前要做好育雏舍的卫生消毒试温工作，1～5日龄以28～30℃为宜，以后每隔7天降2℃。消毒药品最好选择正规厂家生产的鹅专用消毒剂，如养殖棚以前养过禽类，在彻底打扫卫生的同时最好选用福尔马林和高锰酸钾熏蒸消毒。

引进鹅苗后应做好以下工作。

(1) 及时“潮口”。雏鹅第一次饮水称为“潮口”，可促进卵黄吸收、胎粪排出。“潮口”最好在出壳24小时之内，当雏鹅绒毛干爽并行走自如，有啄食手指行为和垫料时进行，要保证每只雏鹅都能喝到充足的饮水，水内按比例添加育雏宝。

(2) 适时“开食”。鹅在首次饮水后表现有伸颈张口等啄食行为时即可开食，否则营养供应会脱节。

(3) 精心饲喂。饲料主要是精饲料和青绿饲料，二者比例为1∶1。青绿饲料切碎，精饲料可采用鸡鸭开口料，3日龄内每天喂6～8次，4～10日龄每天喂4～6次。

(4) 适时放牧。11～20日龄，以青饲料为主，并开始放牧，让鹅自由采食青草。为防止牧草污染和提高产草量，还可以人工收割切碎后与精饲料搭配饲喂，此时精饲料、青绿饲料比例为1∶2。30日龄后青饲料比例可增加到80%～90%，70日龄时，精饲料占日粮的30%～40%，经过15～20天催肥，即可出栏。

六、病虫害防治

(1) 消灭越冬虫卵，减少虫卵密度。早春杨树萌芽前，要进行一次全面的病虫防治，选择高效、低毒、低残留、对人畜安全的农药，刮除病斑，在树干 2 米以下进行树干涂白，以增强树势抗病能力。涂白液配制方法：生石灰+石硫合剂+食盐+清水，按 5：1：1：20 的比例进行配制。进鹅苗后尽量减少喷洒农药次数，每次喷洒农药 15 天内禁止放牧，严防农药中毒。

（2）雏鹅防疫。1 日龄注射抗小鹅瘟血清，春季每只 0.5 毫升，夏季每只 1 毫升，15 日龄注射鹅副黏病毒疫苗 0.5 毫升/只。

利用林间空地养鹅，一般远离村庄，利于防疫，减少疫病发生的概率。炎热的夏季，林内温度较林外鹅舍低 3～5℃，利于鹅群安全度夏，产蛋鹅可提高产蛋量和受精率。林内空气清新，氧气充足，给鹅群创造了一个良好的生长环境，降低了淘死率，提高了成活率和出栏率。鹅粪是优质的有机肥料，富含氮、磷、钾等多种元素，增加了土壤中有机质含量，改善了土壤结构，提高了树林根系的吸肥、吸水能力，加快了树木的生长速度。鹅只吃青草，不啃树皮，对树林的生长发育有百利而无一害，每亩树林每批可放养 50～100 只，每年可养两批，可增收 1500～3000 元。

经验之七：雏鹅喜水，但怕潮湿

雏鹅有喜欢玩水，但却怕潮湿的习性和生理特点。雏鹅的调节系统尚未健全，如果遇到连续阴雨，雏鹅较长时间关在禽舍中，如果鹅舍的地面垫或料潮湿更换不及时，加之通气不良，缺乏运动。往往会因湿度过大，造成雏鹅生长不良，雏鹅生长缓慢，食欲减退，羽毛松乱，不能行走，跛行，关节肿大，导致各种疾病的发生，严重的甚至引起死亡。

因此，在雏鹅的饲养管理上，要加强育雏期间的管理。一是保持舍内干燥、勤打扫粪便，勤更换垫料；二是要定时驱赶鹅群，增加运动量；三是如果鹅舍的湿度过大有无法解决时，把雏鹅移到干燥的鹅舍；四是对发病雏鹅及时进行单独治疗，每只雏鹅每日肌内注射青霉素、可的松 2 次，剂量根据鹅的大小而定。

经验之八：种公鹅的饲养管理要点

种公鹅的营养水平和身体健康状况，公鹅的争斗、换羽，部分公鹅中存在的选择性配种习性，都会影响种蛋的受精率。因此，加强种公鹅的饲养管理对提高种鹅的繁殖力有至关重要的作用。

一、加强种公鹅的营养

后备阶段的种公鹅营养供给基本与种母鹅相同。生长阶段要给予充足的营养物质，在控制饲养阶段要减少精料的补充。

在母鹅产蛋前 20～30 天，对公鹅应加强营养，每天饲喂 2～3 次精料，吃饱为止，以保证公鹅体质健壮。同时每天适当补饲胡萝卜，以保证精液质量。这样的饲养方式，要一直延长到母鹅产蛋即公鹅的配种期。

在鹅群的繁殖期，公鹅由于多次与母鹅交配，排出大量精液，体力消耗很大，体重有时明显下降，从而影响种蛋的受精率和孵化率。为了保持种公鹅有良好的配种体况，种公鹅的饲养，除了和母鹅群一起采食外，从组群开始后，对种公鹅补饲配合饲料。每只公鹅平均每天补喂配合饲料 300～330 克。配合饲料应按照种用期标准配制，应含有动物性蛋白饲料，有利于提高公鹅的精液品质。补喂的方法，一般是在一个固定时间，将母鹅赶到运动场，把公鹅留在舍内，补喂饲料任其自由采食。这样，经过一定时间（1 天左右），公鹅就习惯于自行留在舍内，等候补喂饲料。开始补喂饲料时，为便于分别公、母鹅，对公鹅可作标记，以便管理和分群。公鹅的补饲持续到母鹅配种结束。

二、做好公鹅换羽管理

公鹅自然换羽时间，一般比母鹅早一个月。因此，应将公、母鹅分群饲养与放牧，限制饲喂，提前加速自然换羽或实行人工强制换羽。实行公鹅拔羽的，也要比母鹅拔羽提前 20～30 天。换羽完成要尽早喂料，使公鹅在母鹅恢复产蛋前换羽完毕，以使母鹅在产蛋时，公鹅能够精力充沛地进行配种，以便提高配种能力和受精率。

三、加强运动

通过每天定时的放牧、放水或到运动场活动，保证种公鹅有充分的运动时间，以保持良好的体况。

四、合理的公、母鹅比例

配种期保证公、母鹅1∶(6～7) 的比例。

五、达到性成熟时才能开始配种

一般情况下，鹅的性成熟要晚于体成熟3～5个月。主要是因为鹅的性器官发育和性腺活动受是始祖鹅原产寒带，长期低温驯化、发育缓慢，发育缓慢的遗传因素影响，从而使性成熟相对要滞后于身体发育。所以，配种要等性成熟时才能进行。

六、克服种公鹅择偶性

鹅的祖先在野生条件下习惯于一雌一雄，在长期驯化选育过程中，才逐渐向一雄多雌演变，但那种固定交配对象的习性仍然遗传下来。这样往往除个别占群体位序优势的头鹅外，其他公鹅多数处于心理阳痿状态，这在新鹅并入或借鹅配种时常见。这样将减少与其他母鹅配种的机会，从而影响种蛋的受精率。在这种情况下，一是公、母鹅要提早进行组群，保持合理比例；二是实行公、母鹅隔离，如果发现某只公鹅与某只母鹅或是某几只母鹅固定配种时，应将这只公鹅隔离，经过一个月左右，才能使公鹅忘记与之配种的母鹅，而与其他母鹅交配，从而提高受精率；三是实行夜间隔离，即白天让公、母鹅放牧在一起，晚上把它们隔开关养，让它们同舍不同笼，虽然彼此熟悉，互相能听见声音，但又不能接触身体，造成公、母鹅之间一夜的性隔离、性饥饿，这样有利于次日的交配。据观察，这一做法可以提高自养种鹅交配成功率达85%以上。

七、定期检查种公鹅生殖器官和精液质量

由于鹅具有先天性缺陷，从而导致生殖障碍多。在公鹅中存在一些有性机能缺陷的个体，主要有阴茎发育畸形，表现为生殖器萎缩，阴茎短小，甚至出现阳痿，交配困难，精液品质差。这在某些品种的公鹅较常见。这些有性机能缺陷的公鹅，有些在外观上并不能分辨，甚至还表现得很凶悍，解决的办法只能是在产蛋前，公、母鹅组群

时，对选留公鹅进行精液品质鉴定，并检查公鹅的阴茎，淘汰有缺陷的公鹅。在配种过程中部分个体也会出现生殖器官的伤残和感染；公鹅换羽时，也会出现阴茎缩小、配种困难的情形。因此，还需要定期对种公鹅的生殖器官和精液质量进行检查，保证留种公鹅的品质，提高种蛋的受精率。

经验之九：后备种鹅的饲养管理要点

后备种鹅是指70日龄至产蛋或配种之前，准备留作种用的鹅。

一、前期饲养管理要点

前期是指从70日龄到90～100日龄这段时间，晚熟品种时间还要长一些。此阶段的饲养管理重点是通过加强营养来促进后备种鹅的生长发育。

一是合群调教。对刚选留的种鹅要进行调教，使之合群。

二是加强营养。此时的青年鹅仍处于生长发育阶段，不宜过早粗饲，应根据放牧场地的草质，一般除放牧外，还要根据放牧采食情况酌情补饲一些精饲料，如果是舍饲的，则要求饲料采用牧草和精饲料。饲喂上做到定时、定量，每天饲喂3次，大型品种每天每只饲喂精饲料120～180克，中型品种每天每只饲喂精饲料115～155克，小型品种每天每只饲喂精饲料90～130克，公鹅的精饲料饲喂量应稍多一些。使青年鹅体格发育完全。

三是顺利完成第一次换羽。

二、中期饲养管理要点

中期是指90～100日龄到150日龄这段时间，此阶段的饲养管理重点是采用控制饲养措施来调节母鹅的开产期，使鹅群比较整齐一致地进入产蛋期。

一是公母鹅分开饲养。公鹅第二次换羽后开始有性行为，为使公鹅充分成熟，120日龄起，公母鹅应分群饲养。

二是限制饲喂。饲养期间，应逐渐降低饲料营养水平，日喂料次数由3次改为2次，尽量延长放牧时间，逐步减少每次喂料量。限制饲养阶段，母鹅的日平均饲料用量一般比生长阶段减少50%～60%。饲料中可添加较多的填充粗料，以锻炼鹅的消化能力，扩大食管容量。后备种鹅在草质良好的草地放牧，可不喂或少喂精料。

三是及时将弱鹅和伤残鹅等挑出，单独饲喂和护理。

三、后期饲养管理要点

后期是指150日龄以后至开产或配种这段时间。此阶段的饲养管理重点如下。

一是加强营养。经控制饲养的种鹅，应在开产前30～40天进入恢复饲养阶段。此时种鹅的体质较弱，应逐步提高补饲日粮的营养水平。应逐渐增加喂料量，让鹅恢复体力，促进生殖器官发育，补饲定时不定量，饲喂全价饲料。

二是做好免疫。在开产前，要给种鹅服药驱虫并做好免疫接种工作。根据种鹅免疫程序，及时接种小鹅瘟、禽流感、鹅副黏病毒病和鹅蛋子瘟等疫苗。

三是为了使种鹅换羽整齐和缩短换羽时间，可在种鹅体重恢复后进行人工强制换羽，即人为地拔除主翼羽和副主翼羽。公鹅的拔羽期可比母鹅早2周左右进行，使后备种鹅能整齐一致地进入产蛋期。

四是做好后备种鹅的选留。选择生长发育良好、吻合本品种特征的强壮公母青年鹅留作种鹅用；凡是杂毛、扁头、歪尾、垂翅、跛脚、瞎眼、病弱的鹅都须严正淘汰，种鹅的公母比例以1∶(4～6)为佳。

经验之十：后备种鹅的限制饲喂要点

后备种鹅的限制饲喂一般是从90～110日龄开始，到150日龄时结束，目的是使青年鹅机体得到充分发育，控制后备种鹅过早产蛋，锻炼耐粗饲能力，降低饲料成本，适时达到开产日龄，比较整齐一致地进入产蛋期。

限制饲养的方法主要有两种：一种是减少补饲日粮的饲喂量，实行定时定量饲喂，此方法适合舍饲或圈养后备种鹅；另一种是控制饲料的质量，降低日粮的营养水平。对于以放牧为主饲养后备种鹅的，这种方法更适合。

具体做法是在控料期逐步降低饲料的营养水平，舍饲的或在放牧条件较差的情况下，每日喂料次数由3次改为2次，喂料时间在中午和晚上9时左右，放牧前2小时左右和放牧后2小时补饲，以免使鹅养成有精料采食，便不大量采食青草的坏习惯。放牧的应尽量延长放牧时间。

由于经控料阶段前期的放牧锻炼，后备种鹅采食青草的能力已经增强，在放牧草质良好的情况下，可不喂或少喂精料。实行舍饲后备种鹅的，在控制饲养阶段，要逐步减少每次的喂料量。母鹅的日平均饲料用量一般比生长阶段减少50%～60%。饲料中可添加较多的填充粗料（如米糠、酒糟等）。

限制饲养阶段的注意事项：

一是注意观察鹅群动态。因为此阶段鹅的营养只要求达到后备种鹅维持的需要，所以在限制饲养阶段要随时观察鹅群的精神状态和采食情况，如果出现弱鹅、伤残鹅等要及时将其隔离，进行单独的饲喂和护理，短时间不能恢复体质的，跟不上队伍的，不适合作为种鹅继续饲养，要坚决予以淘汰。

二是放牧场地要有针对性的选择。既要选择水草丰富的草滩、湖畔、河滩、丘陵等，也要选择收割后的稻田等。但是必须实行轮换，不能只在一块放牧场地采食一种饲草，尤其是可采食到较多营养的收割后稻田，以免达不到限饲的目的。

经验之十一：鹅休产期饲养管理要点

通常母鹅的产蛋期（包括就巢期）在一年之中不足2/3，约7～8个月，我国南方地区多在冬、春两季，北方则在2～6月份。余下的时间都是休产期。南方地区母鹅产蛋到4月末至5月初，北方地区母鹅产蛋到6月末至7月初，如果发现母鹅产蛋逐渐减少，每天产蛋时间推迟，蛋形变小、畸形蛋增多，大部分母鹅的羽毛干枯，部分鹅呈现贫血现象，公鹅的性欲下降，配种能力差，种蛋受精率低，此时种鹅即进入持续的休产期。当母鹅进入休产期以后，主要工作是对种鹅进行选留、饲喂上由精料改为粗饲、人工强制换羽、鹅群保健和加强饲养管理等。

一、饲喂管理

饲养管理上应以放牧为主。将产蛋期的精料日粮改为粗料日粮，从而进入粗饲期。目的是使母鹅消耗体内的脂肪，促使羽毛干枯，而容易进行人工强制换羽。为下一个产蛋季能提前产蛋和开产时间一致做好准备。通过粗饲还可以大大提高鹅群的耐粗饲能力，降低饲养成本。

要充分利用野生牧草、水草等，以减少饲料成本投入。夏季野生牧草丰富，但天气变化剧烈。因此，在饲养上，要充分利用种鹅耐粗饲的特点，全天放牧，让其采食野生牧草。农作物收获后的青绿茎叶也可以用来喂鹅。只要青粗饲料充足，全天可以不补充精料。休产期要结束时，要抓好青绿饲料的供应和逐步增加精料补充量，以尽快恢复种鹅体膘，适时进入下一个繁殖生产期。

二、种鹅的选留

种鹅的利用年限一般为3～4年，种鹅每年更新淘汰率在25％～30％。为使鹅群保持旺盛的生产能力，应在种鹅休产期进行种鹅的淘汰和补充工作，淘汰老弱病残及停产或低产鹅，按比例补充新的后备种鹅，新组配的鹅群必须按公母比例同时更换公鹅。一般停产母鹅耻骨间距变窄，腹部不再柔软。若用左手捉住母鹅两翼基部，手臂夹住头颈部，再用右手掌在其腹部顺着羽毛生长方向，用力向前摩擦数次，如有毛片脱落者，即为停产母鹅。产蛋结束后，可根据母鹅的开产期、产蛋性能、蛋重、受精率和就巢情况选留。有个体记录的还可以根据后代生产性能和成活率、生长速度、毛色分离等情况进行鉴定选留。对繁殖性能低，如产蛋量少、种蛋受精率低、公鹅配种能力差、后代生活力弱的种鹅个体进行淘汰。

三、人工强制换羽

人工强制换羽是通过改变种鹅的饲养管理条件，促使其换羽。在自然条件下，母鹅从开始脱羽到新羽长齐需较长的时间，换羽有早有迟，其后的产蛋也有先有后。为了缩短换羽的时间，保证换羽后产蛋整齐，可采用人工强制换羽。

四、鹅群保健

休产后期这一时期的主要任务是种鹅的驱虫防疫、提膘复壮，为下一个产蛋繁殖期做好准备。为保障鹅群及下一代的健康安全，前10天要选用安全、高效、广谱的驱虫药进行一次鹅体驱虫，驱虫后1周的鹅舍粪便、垫料要每天清扫，堆积发酵后可作为农田肥料。驱虫后7～10天，根据周边地区的疫情动态，及时做好小鹅瘟、禽流感等一些重大疫病的免疫预防接种工作。

五、加强饲养管理

做好种鹅舍的修缮、产蛋窝棚的准备等。放牧应避开中午高温和暴风雨恶劣天气。放牧过程中要适时放水洗浴、饮水，尤其要时刻关注放牧场地及周围农药施用情况，尽量减少不必要的鹅群损害。休产期结束前可在晚间增加2～3小时的光照，促进产蛋期的早日到来。

经验之十二：种鹅的人工强制换羽技术要点

换羽就是羽毛的定期更换称为换羽，这是鸟类的一个重要的生物学现象。正常情况下，每年种鹅进入停产期以后，身上的羽毛要脱换。自然换羽的母鹅从开始脱羽到新羽长齐需较长的时间，受鹅的营养状况和体质的影响，换羽有早有迟，其后的产蛋也有先有后。为了缩短换羽的时间，保证换羽后产蛋整齐一致，可采用人工强制换羽。同时实行人工强制换羽的母鹅比自然换羽的母鹅可提前20～30天产蛋，第2个产蛋期的产蛋量要高10%左右。人工强制换羽就是通过改变种鹅的饲养管理条件，促使鹅群换羽同步进行，为下一个产蛋期做好准备。

鹅的人工强制换羽主要分为换羽准备、人工拔羽毛、换羽后饲养管理三个步骤进行。

一、换羽准备

一是适时掌握母鹅的强制换羽时机。选择换羽的时间不仅要考虑经济因素，而且要考虑鹅群的状况和天气温度。夏天气候炎热，断水会使鹅难以忍耐干渴。应尽量在高温到来前结束鹅的人工换羽工作。

因此，实行人工强制换羽的鹅，应在产蛋率下降、蛋的品质明显下降、高温天气前和经济效益差时进行。

二是严格挑选健康的鹅。强制换羽，对鹅体来说是十分苛刻的残酷手段，必须把病弱的个体挑出，只选健康的鹅进行换羽。5～6 年的鹅机体功能逐渐退化，新陈代谢能力降低，毛绒再生能力下降，毛的质量降低，不宜再留下换羽和作种用。健康的鹅能耐受断水、断料的强烈应激影响，在第二年才能获得高产。病鹅换羽，可能成为换羽期间暴发疫病的病源。

三是饲喂控制。饲料种鹅应以放牧为主，日粮由精料改粗饲料，以糠代替，促其消耗体内脂肪，促使羽毛干枯和脱落。饲喂次数逐渐减少到每天 1 次或隔天 1 次，然后改为 3～4 天喂一次，但不能断水，要注意放置足够的料槽，使每只鹅在限制喂料期间能同时采食。直到第 12～13 天，体重约减轻 1/3，主翼羽和主尾羽干枯。

四是实行公母鹅分群饲养。进行人工强制换羽的种鹅群应实行公、母分群饲养，以避免公鹅骚扰母鹅和减弱公鹅的精力，待换羽完成时再合并饲养。

五是进行免疫。应在强制换羽前对鹅群进行免疫，注射禽流感疫苗和小鹅瘟疫苗，待 20 天后抗体效价升到理想水平时再实施换羽措施。不能在换羽后免疫，以免对鹅体引起强烈的应激反应。

六是圈养的鹅强制换羽时要把全部垫料清除干净，防止鹅因饥饿而啄食垫料，以致发生消化道疾病。

二、人工拔羽毛

在营养控制到第 12～13 天，可试拔主翼羽和副主翼羽，如果试拔不费劲，羽根干枯，可逐根拔除。否则应隔 3～5 天后再拔一次，最后拔掉主尾羽。

拔羽多在温暖晴天的早上或黄昏进行，切忌在寒冷的雨天操作。拔毛一般都在室内进行，先将场地打扫干净，关好门窗，在地面上铺以干净的塑料布，便于收集羽毛的保持羽毛清洁。室外拔毛时应选择晴朗的天气，场地应背风，保持清洁卫生，无灰尘。

三、换羽后饲养管理

拔羽以后饲养管理重点是，恢复体质，促使提早产蛋。

一是立即喂给青饲料，并慢慢增喂精料，每日补料 2 次，每日每只饲喂 130～180 克。逐渐过渡到自由采食，防止鹅因饥饿过度而引起暴食死亡。如母鹅到时仍未开产，应增喂精料。在主、副翼羽换齐后，即进入产蛋前的饲养管理。如在冬季进行强制换羽，必须加强保温，以防脱羽鹅失热过多。

二是拔羽后，当天鹅群应圈养在运动场内喂料、喂水，不能让鹅群下水，防止细菌污染，引起毛孔发炎。5～7 天后可以恢复放牧。拔羽后一段时间内因其适应性较差，应防止雨淋和烈日暴晒。

四、注意事项

一是注意换羽期间体重的变化。根据季节和鹅的体重下降程度确定断料时间。一般情况下，断精料时间以 10～12 天为宜，适度进行放牧，断水时间不应超过 3 天。换羽期间体重以比换羽前减轻15%～20%为度。

二是换羽期间应注意死亡率的变化。第一周鹅群死亡率不应超过 1%，前 10 天不应高于 1.5%。如超出上述范围，应及时调整操作方法。

三是注意控制光照。在鹅的人工换羽期间尽可能遮光，以打乱光照制度，产生应激，有利于换羽。遮光也有利于饥饿期间防止鹅群发生啄癖。

四是掌握好补料时间。当鹅的体重降低 10%～20%时，发现有部分鹅因体力消耗过大，精神萎靡，站立困难，而又非疾病造成，这时就要开始给予精料，也可隔离单独给料。否则会因饥饿过度、体质下降而引起死亡。

经验之十三：活鹅拔羽技术要点

与人工强制换羽不同，活拔鹅羽绒是利用鹅羽绒具有天然脱落和再生的生物学特点，在不影响其生产性能的情况下，采用人工强制的办法从活鹅身体上直接拔取羽绒的技术。具有投资少、简便易行、经济效益高的优点。活拔羽绒可根据羽毛的生长状况多次拔取，使鹅羽绒产量最大幅度提高，活体多次拔取的毛绒结构完美，蓬松度高，产生的飞丝少，基本上不含杂毛和杂质。利用种鹅的休产期和育成期进行活体拔羽也是一项提高饲养种鹅经济效益的有效措施。

一、活拔羽适合的鹅及拔羽时机选择

（一）适合活拔羽的鹅及拔羽时机

（1）春季孵化的鹅（如果营养条件适宜）羽毛会在 60～70 日龄完全成熟，然后开始换羽。秋季孵化的鹅（出生于第 2 个产蛋周期）到 80 日龄时，毛才完全成熟，然后从 85 日龄开始换羽。因此，育成期的后备种鹅在饲养到 80～90 天时，可开始第一次活体拔羽，拔毛后 1 周又开始长出小毛绒，随后每隔 40 天左右活拔羽绒一次，至开产前可连续拔 2～3 次。最后一次活拔羽绒的时间要安排在种鹅开产前 45 天左右进行，等新羽长齐时，种母鹅正好陆续开产。

（2）成年种母鹅夏季休产期可活拔羽绒 1～2 次。

（3）多余的公鹅可常年用于拔羽绒。

（二）不适合活拔羽的鹅

（1）尚未成年的鹅。羽绒尚未完全长齐，正处在生长发育阶段。如果此时活拔毛，不仅羽绒数量少质量差，还会使鹅的生长速度变慢。

（2）体弱多病的鹅。鹅如果体弱多病，抵抗力差，活拔毛后，往往会感染疾病，或者使原有的病情加剧，甚至导致死亡。

（3）饲养多年的鹅。特别是已饲养 5 年左右的老鹅，其新陈代谢的功能下降，羽绒的再生能力不强，毛绒少，活拔毛不仅经济效益不高，对产蛋也不利。

（4）对鹅皮质量有要求的鹅。如供出口的肉鹅质量要求高，若在活拔毛时弄伤皮肤，就会留下疤痕，妨碍出口。

（5）血管毛多的鹅，血管毛多易拔破皮，不适合用于拔毛。

二、鹅活拔羽绒前的准备工作

（1）为保证活拔羽绒工作的顺利进行，活体拔毛一般都选择在清洁、干燥、光线好的室内进行，先将场地打扫干净，在地面上铺以干净的塑料布，以免羽绒污染，也便于收集散落的羽绒。关好门窗，以免羽毛被吹得到处飞扬。准备好装毛绒用的袋或盆，装羽绒要用表面光滑、清洁干燥的盛具，如塑料袋、塑料盆等。用于鹅皮肤破损时消毒或缝合的药棉、碘伏、红药水、酒精、镊子以及消毒过的缝合针和缝合线。操作人员准备好围裙或工作服、口罩、帽子等。

(2) 在拔毛的前几天应让鹅多游泳、戏水，洗净羽毛，对羽绒不清洁的鹅，在拔羽绒的前一天应让其戏水或人工清洗，去掉鹅身上的污物。

(3) 活拔羽绒的前一天应保证停食 16 小时以上，只供给饮水。活拔羽绒的当天应停止饮水。

(4) 第一次拔毛的鹅，可在拔毛前 10～15 分钟给每只鹅灌服白酒食醋 10 毫升（白酒与食醋的比例为 1∶3），可使鹅保持安静，毛囊扩张，皮肤松弛，毛绒容易拔取。再次活拔羽绒就不必灌白酒。

(5) 选择风和日丽、干燥的天气进行鹅活体拔毛，以利鹅能尽快地恢复，防止感染疾病。

三、活拔羽绒操作

(1) 活体拔毛的部位：鹅活体拔毛一般选含绒量高的部位，如胸部、腹部、背部和颈下部。翅膀毛不宜多拔，头部、颈上部、腿部、尾部等部位的羽毛不宜拔，鹅全身的血管毛也不能拔。

(2) 活拔羽绒的顺序：鹅的拔毛顺序一般是先拔大翅膀上的主翼羽、副翼羽（图 4-1），单独存放；再拔除片羽，从胸上部开始拔，由胸到腹，从左到右，胸腹部拔完后，再拔体侧和颈部、背部。片羽全部拔好后，再按同样的顺序拔绒羽（图 4-2），可减少拔毛过程中产生的飞丝，还容易把绒羽拔干净，也便于分类存放。

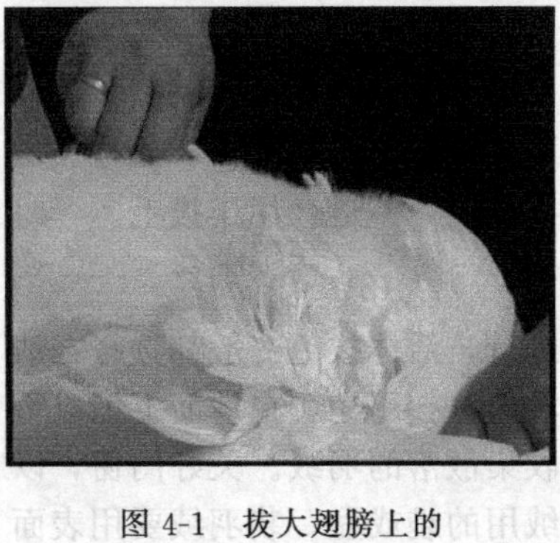

图 4-1 拔大翅膀上的主翼羽、副翼羽

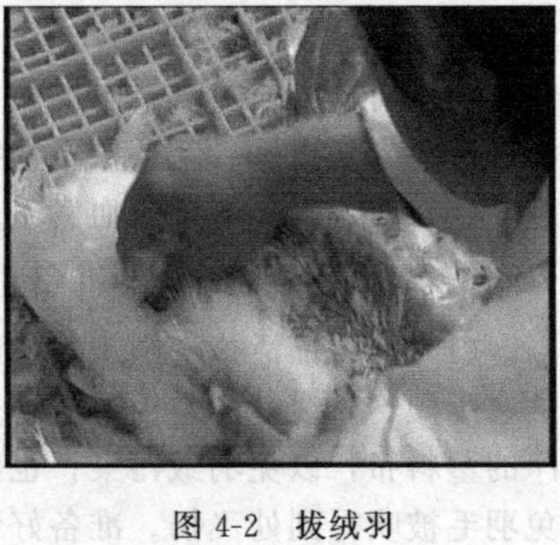

图 4-2 拔绒羽

(3) 拔毛的要领：腹朝上，胸先拔，指捏根，用力匀，可顺捏，忌直拔，少而稳，要耐心。

拔羽操作：拔羽操作时操作者坐在凳子上，双腿夹紧鹅体，使其腹部朝上，用左手按住鹅体的皮肤，以右手的拇指、食指和中指捏住片毛的根部，每次手捏毛绒宁少勿多，一撮一撮（3～4片）、一排一排地紧挨着拔。片毛拔完后，再用右手的拇指和食指紧贴着鹅体的皮肤，将绒朵拔下来。要尽可能把毛绒拔干净，如果遇到密集的毛片难拔时可避开不拔，或先从毛片根部紧贴皮肤处剪断，一次只能剪1片毛片，注意不要剪破皮肤和剪断绒朵。第一、二次拔毛，以顺拔为好，以后顺拔、倒拔皆可。尽可能不要拔断毛绒，避免飞丝产生，否则会留下毛根，影响鹅毛生长。

(4) 拔下的羽绒的收集：拔下的毛绒应装入塑料袋，外套编织袋，用绳子扎口，避免受潮。装袋时尽量保持羽毛的自然状态和弹性，不要强压或搓揉，以保持自然状态和弹性。在拔羽的同时应将片羽和绒羽及按毛绒颜色分开装袋，分别贮放，以减少加工工序。保存时必须注意防潮、防霉、防热、防虫蛀。存放毛绒的库房要地势高而干燥，通风良好。经常检查毛样，一旦受潮，必须及时晾晒或烘干。

(5) 在操作过程中，如果不小心扯破鹅的皮肤，可用红药水或碘酊涂擦，防止感染。当破损面较大，伤口较深时，可用消毒过的针线缝合，内服磺胺类药物，隔离饲养至伤口愈合再放牧。

四、活拔羽绒后的饲养管理

活拔羽绒对鹅体是一个很强的外界刺激，常常引起鹅生理机能的暂时紊乱。为保证鹅的健康，使其尽早恢复羽绒的生长，要加强饲养管理。

(1) 拔毛后，绝大多数的鹅都能正常活动，但也有部分鹅会出现摇摇晃晃、不进食、体温升高的现象，一般2～3天后能恢复正常。应激剧烈的鹅会出现脱肛现象，一般1～2天能自然恢复。但为了防止肛门溃烂，可用0.2%高锰酸钾溶液清洗几次。

(2) 给鹅补充更多的蛋白质，以促进新羽的生长。除每天供应充足的优质青绿饲料和饮水外，还要给每只鹅补喂150～180克配合饲料，促进鹅体恢复健康和羽毛生长。

(3) 鹅在活拔羽绒后3天以内不能放牧、下水，切忌曝晒和雨淋，1周以后才可正常进行。

（4）圈舍地面的垫料应铺厚些，保证柔软、干净、卫生，夏季要防止蚊虫叮咬，冬季要注意保暖防寒，以免拔羽后的鹅感冒。

（5）活拔羽绒后的公鹅、母鹅要分开饲养，以防交配时公鹅踩伤母鹅。皮肤有伤的鹅也应分群饲养。拔过毛的鹅与没有拔毛的鹅也应分开饲养，否则可发生没拔过毛的鹅啄拔过毛的鹅。

经验之十四：提高雏鹅成活率的方法

一、良好的育雏环境

育雏室要求温暖、干燥、保温性能良好、空气流通、无贼风。最好采用网上或者育雏笼育雏（图 4-3，图 4-4），如果地面育雏要保证地面干爽和垫草柔软。育雏舍要有加温设施，进雏鹅前 7 天将育雏室清扫干净并用消毒药液进行彻底消毒，墙壁可用 20％石灰乳涂刷，地面用 5％漂白粉混悬液喷洒消毒，饲料盆、饮水器等先用 2％氢氧化钠溶液喷洒或洗涤，然后用清水冲洗干净；垫料（草）等使用前在阳光下暴晒 1～2 天。所有育雏设施安装摆放到位后，对育雏室进行熏蒸消毒（每立方米空间用高锰酸钾 15 克、福尔马林 30 毫升，密闭门窗熏蒸 48 小时）；进雏前 3 天进行育雏舍升温，使地面与雏鹅背部等高处的温度达 28℃，并保持恒温。

图 4-3　正在育鹅雏

图 4-4　雏鹅

二、选择健康雏鹅

健康正常的小鹅表现为重量适中，卵黄吸收好，脐部收缩良好，毛干后能站立，叫声洪亮，毛色光亮，活泼，眼睛明亮有神且灵活。将雏鹅仰翻能很快站起的，应选留；发育不良者表现为重量较轻或过重，脐部收缩不良，卵黄吸收欠佳，呈现大肚脐或钉脐并带有血污，软弱无力，叫声尖而低，毛干燥，眼睛无神的弱雏，以及跛脚、瞎眼、歪头等身体有残疾雏鹅。这些小鹅难以饲养，应予淘汰。

三、适宜的温度

适宜的温度是提高育雏成活率的关键因素之一。鹅是恒温动物，要求温度适宜而均衡，育雏期间切忌温度忽高忽低，以免雏鹅患病。育雏保温应遵循以下原则：群小稍高，群大稍低；夜间稍高，白天稍低；弱雏稍高，壮雏稍低；冬季稍高，夏季稍低。0～7日龄鹅的育雏温度以28℃为宜，7日龄后，每周下降2℃。昼夜24小时保持均衡，高低温差不能超过2～3℃，尤其是凌晨时间、寒潮、雨雪天更要保持均衡。雏鹅在26℃以下的低温环境中会相互拥挤扎堆，扎入堆里面的雏鹅容易出汗窒息死亡，即使人工拨散挤堆的雏鹅，出汗雏鹅在低温环境中会因为着凉感冒，并且人走后又扎堆，反复多次后，不仅容易感冒，而且多次出汗后易引起叨毛形成僵鹅。0～7日龄尤其是3日龄的雏鹅因低温造成的伤亡最多。低温危害大，但高温的危害也不能轻视，鹅体温达到32℃以上，雏鹅精神不振，吃食少，喝水多，体温升高，体热散发受阻，影响生长发育，诱发疾病，长期高温可引起大批死亡。造成高温的主要原因是管理疏忽和忽视温度的调节。所以，只有及时调整室温才是解决问题的根本，育雏温度是否合适，可根据雏鹅的活动及表现来判断。温度过低时，雏鹅靠近热源，集中成堆，挤在一起，不时发出尖锐的叫声；温度过高时，雏鹅远离热源，张口喘气，行动不安，饮水频繁，食欲下降；温度适宜时，雏鹅分布均匀，安静无声，食欲旺盛。

四、适宜的湿度

育雏室要保持干燥清洁，相对湿度控制在60%～70%之间。高湿是育雏大忌，高温和高湿环境病原微生物和寄生虫易滋生繁殖，饲料和垫料容易发霉，鹅群发病率也增加，尤其是霉菌毒素中毒可引起很大的伤亡；低温高湿环境鹅体热损失增加，易患感冒和大肠炎等病。为防育雏室湿度过高，要经常更换垫料，喂水切勿外溢，加强通风。

五、精心饲喂

雏鹅在出壳24小时内，要先先饮水然后再喂食。应将加入少量葡萄糖或0.1%高锰酸钾的温水盛入水盆或者器具内，将鹅头压下调教几次，其就会自由饮水。饮水后即可开食，料槽或料盘大小、高低适宜，摆放位置适当，分布均匀。应采用定时、定量、少喂勤添、八成饱的喂法。开食的饲料为切碎的青绿菜叶拌米饭或开水浸过的碎米，让其啄食。1～3日龄每天饲喂6～10次。喂料时，要注意观察鹅群的采食情况，按采食能力强弱进行分群饲养。喂料时间以半小时为宜，喂至7～8成饱；4日龄后每天饲喂6～8次，日粮中精料应占20%～30%，切碎的青菜应占70%～80%，并在日粮中掺入少量的沙砾；10～20日龄，每昼夜饲喂5～6次，青饲料占80%～90%，精料占10%～20%；21～28日龄，随着放牧时间的延长，雏鹅能采食到大量的青草，饲喂次数可减少到3～4次，青饲料占90%以上，精料控制在10%以内。

六、分群管理

及时合理的分群，能使雏鹅生长均匀，可提高其成活率。雏鹅合理的饲养密度以每平方米饲养8～10只为宜，每群40～50只；网上饲养密度可适当增加，每群以100～150只为佳。群内再分若干小栏。

育雏阶段要定期按强弱、大小分群，及时淘汰病雏。第1次分群，给予不同的保温制度和开水开食时间。开食后第2天，根据雏鹅采食情况，第2次分群，将不吃食或吃食量很少的雏鹅分出来另外喂食，以后根据生长发育状况随时调整。雏鹅喜欢聚集成群，温度低时会挤堆，易发生压伤、压死现象。要做到白天、黑夜逐群检查，出现挤堆时，饲养人员要及时赶堆分散鹅群，防止有雏鹅堆叠而造成上面冻、中间热、下面压的现象。

七、雏鹅的光照

要根据不同日龄控制光照，鹅舍每10平方米安装1个10瓦白炽灯泡，1～7日龄保证23～24小时的光照时间；8日龄后逐渐过渡到采用自然光照。

八、适时放水

路要近。开始放水时间要根据室外温度决定，以水温 22～30℃为宜，通常在 7 日龄后，选择在晴朗无风天气，可在鹅舍附近清洁的浅水池（塘）内进行放水锻炼，开始时间要短。天气冷时可在 15 日龄后进行放水，夏季炎热季节在 3 日龄后即可放水。放水时间应在下午 3～4 时进行。放水也可结合放牧一起进行。

九、适时放牧

7日龄后即可进行适应性放牧锻炼，开始时间要短，路要近。第 1 次放牧，要选择温暖晴朗无风的天气，给小鹅喂完食，就把它们赶到附近草地上，让其自由活动，活动 1 小时后，就让鹅群回棚休息。以后慢慢延长放牧时间和距离。放牧场地应由近到远，放牧时间由短到长。3 周龄后，白天可以完全放牧，只在晚上喂 1 次料。4 周龄以后，晚上也不用补料，一般 250～300 只鹅为一鹅群，最好把鹅群赶成长方形，让它们慢慢前行，不能太快太散，要让所有的鹅都吃上草料。早晨天一亮，就可以把鹅群赶出棚，让它们吃露水草，中午赶回棚休息，下午再出去，日落回棚。如整天在田野放牧，中午要把鹅群赶到树荫下休息。如遇阴雨天，则不要放牧。

十、做好卫生防疫工作

育雏室要建立严格的卫生防疫制度。育雏室进出口处要建消毒池和消毒房（内设紫外线灯）；外来人员不得入内。要注意经常清扫地面，料槽每周用碱水刷 1 次，勤换勤晒垫料，粪便可采用堆积发酵法进行处理，病死鹅应深埋或烧毁。

育雏阶段重点防治小鹅流感和小鹅瘟。雏鹅出壳后 2～3 天，每羽注射小鹅瘟高免血清 0.5 毫升，5 日后注射 1∶100 倍稀释的小鹅瘟疫苗 1 毫升，2 周后再注射 1∶50 倍稀释的小鹅瘟疫苗 0.5 毫升，以预防鹅瘟发生。

十一、防止鼠害

造成雏鹅鼠害伤亡是育雏过程中常见的问题。鼠害对 3 周龄以下雏鹅伤害很大，不仅直接咬死咬伤和吓死雏鹅，还会传染疾病，危害其他畜禽，必须堵塞育雏室的鼠洞，砸实地基，注意关闭门窗，严防老鼠进入。一旦发现老鼠必须及时消灭。

经验之十五：从鹅羽毛着生看鹅的饲养管理水平

大多数禽类都进行周期性的换羽，幼鹅在20～35日龄将出生时的胎毛换为雏羽，这是第一次换羽，第一次换羽率先开始于鹅的胸部和腹部，与此同时，翅膀也开始换羽。鹅20日龄左右，尾部和翅膀的羽毛开始密集地生长。到35日龄时，鹅背中部也开始换羽。一旦鹅全身羽毛完全成熟后，鹅将在接下来的几天开始第二次换羽。雏羽会在鹅60～80日龄开始换羽，也有研究认为此过程在鹅70～80日龄进行。春季孵化的鹅（如果营养条件适宜）羽毛会在60～70日龄完全成熟，然后开始换羽。秋季孵化的鹅（出生于第2个产蛋周期）到80日龄时，毛才完全成熟，然后从85日龄开始换羽。

雏鹅和仔鹅的换羽除与其品种相关外，还与其日龄和饲养管理好坏有密切关系。凡长羽速度较快的雏鹅，其生长速度也快。机体营养不良时，羽毛生长缓慢。因此，根据鹅羽毛生长情况，可以判断出鹅的饲养管理是否适宜。实践证明，除品种原因外，如大群鹅着羽较迟，表明现行的饲养管理没有跟上。

养鹅实践中为了了解和掌握鹅群的生长发育状况，人们总结了鹅的羽毛着生规律用来判断饲养管理是否得当，对养鹅生产具有一定的指导作用，见表4-1雏鹅和仔鹅的羽毛着生情况。

表4-1 雏鹅和仔鹅的羽毛着生情况

俗称	大致日龄	羽毛生长情况	体重
小翻白	15	胎毛由黄翻白	约0.5千克
大翻白	25～30	胎毛全部翻白	约1.25千克
四搭毛或浮点	35～40	尾部、体侧、翼、腹部长大毛	
头顶光	50	头面换好羽毛	2千克以上
斜凿头	50～55	翅毛长出似凿子状羽管	
两段头	55～60	背腰部羽毛尚未长齐	
半斧头	60～65	翅羽继续生长	2.25～2.5千克
毛足肉足或剪刀翅	70～80	已无血管毛	2.5千克以上

经验之十六：春季养鹅需要注意哪些问题

一年之计在于春，春季是养鹅的关键时期，此时种鹅陆续开始产蛋，孵化的雏鹅陆续出壳，按照生产习惯绝大多数的养殖户都是从春季养雏鹅到秋季出售，因此，春天养鹅的管理重点是促进种鹅早产蛋、多产蛋、孵化雏鹅和育雏鹅等。

一、种鹅公、母比例适当

公、母比例要适当，公鹅既不能多，也不能少，一般小型鹅种1∶(6～7)，中型鹅种1∶(4～5)，大型鹅种1∶(3～4)。要有水面运动场所，种鹅在水中交配率高，每天放水2～4次。放水时间与配种时间相吻合，尽量在早晨、傍晚的交配高潮期进行。将母鹅群中不符合产蛋母鹅特征的过于瘦小、体态虚弱、交配困难、腿脚残疾的母鹅淘汰。

二、调整日粮

鹅的日粮应掌握以“青绿多汁饲料为主，精粮为辅”的原则，这样既可以利用鹅的生理特点来达到其最佳的生产性能又能降低饲养成本。即使以舍饲为主的鹅日粮中也应有相应的草粉配比。南方地区的种鹅已产蛋孵化，寒冷地区休产期的种鹅应及时补料催产和做好孵化准备。养殖户要注意，随时观察鹅群状况，小群分栏的要根据母鹅产蛋的数量、重量和蛋形指数变化，及时补充能量饲料和蛋白质饲料；大群饲养的要注意掌握总体状况，如发现种鹅群产蛋量减少、小型蛋和畸形蛋增多，即是膘情下降的预兆，应及时补料保膘。日粮应注意添加骨粉、砂粒，以保持产蛋母鹅产蛋后期的生产性能，对于种公鹅要及时补充足够的蛋白质饲料，才能保证其配种能力。

三、补充光照

光能刺激脑垂体前叶分泌促性腺激素，对繁殖力影响较大，适宜补充光照能使产蛋率增加20%左右。光照标准：每天自然光照＋人工光照达到16～17小时，一直维持到产蛋结束。

四、防寒防潮

鹅要有固定防寒保温的鹅舍，没有固定鹅舍的至少要搭建简易棚舍。特别最怕东风或西风的刺激，春夏之交东风和西风往往相继交叉而来，雏鹅如受风雨袭击，容易患因气压剧烈变化而导致的“黄疯病”造成伤亡。

五、合理放牧

春天野生杂草萌生，可以充分地利用以降低饲料成本。种鹅群放牧时应掌握“空腹快赶、饱腹慢赶、上午多赶、上坡下坡不能过急”的原则。雏鹅放牧要做到“迟放早收”，雏鹅最怕雨淋，如受风雨袭击容易造成伤亡。雏鹅腿部和腹下部的绒毛沾湿后不易弄干，沾湿绒毛易使雏鹅受凉而导致腹泻、感冒、风湿性关节炎，如雏鹅将腹部沾湿或不慎跌入水中，绒毛沾在身上，如不及时处置便会受冻致病，应及时将湿毛的雏鹅放到背风向阳或者暖和的室内，用电褥子、红外线灯或在干燥的地面上铺柔软干草。千万不可用火烤，因用火烤干不但效果不佳，反而会造成“湿毒攻心”，这也是造成雏鹅40左右日龄时死亡，而不易被人们觉察的原因。可根据气温变化掌握外出放牧时间，并注意收听天气预报。

六、种植牧草

春天是种植养鹅牧草的好时节，养殖场（户）要根据养鹅的数量、饲养周期，合理地安排牧草种植。对于规模养鹅场（户）来讲，在目前放牧场地日益减少的情况下，种草是养鹅生产中必不可少的重要环节，若忽视种草环节，一旦鹅养到仔鹅阶段，其食草量增加，待肉鹅养到一月之后至出栏之前，若青绿饲料供应不足，势必多喂精料，必将增加养殖成本。这样的事例，年年都出现，各地都存在。所以说，种植人工牧草千万不可忽视。

七、养好早春鹅

立春至惊蛰前后出壳的雏鹅俗称早春鹅，养到发育期45日龄时正是气候渐暖青草萌发时节，光照充足，鹅室外活动和放牧时间增多，鹅生长发育迅速健壮结实，抗病力强，故养鹅地区群众多把早春鹅留作种鹅。

八、做好常规消毒

要经常对鹅舍、育雏室及用具消毒，饲料要清洁，饮水要卫生，垫草要勤晒勤换。用常规的消毒药品，如百毒杀、生石灰等交叉使用，对种鹅活动场所及产蛋舍均要定期清扫消毒。做好各种日常生产、防疫、消毒记录，工作人员不要相互串门，防止交叉感染，若发现疫情要及时按程序上报。

九、做好防疫

春季雏鹅易感疫病，要注意防疫。严格按照适宜的免疫程序操作，防止禽流感、副黏病、小鹅瘟、蛋子瘟等疾病发生。购入的雏鹅要确认是否用了小鹅瘟疫苗免疫，如没有应尽快进行免疫接种。饲料中添加土霉素可防治肠炎、白痢等细菌性疾病，添加钙片防止软骨症。如发生流感，可用磺胺嘧啶 0.2 克/只拌入饲料中连喂 2～3 天，或用青霉素 3 万～5 万国际单位肌注，每日 2 次，连用 2～3 天。要防重于治，发现雏鹅发病及时隔离治疗，保证群体健康。

经验之十七：夏季养鹅需要注意哪些问题

进入夏季以后，气候适宜，饲草丰富，饲养成本降低，是雏鹅生长发育的黄金时期。母鹅产蛋期已近尾声，应及时观察掌握鹅群及个体产蛋情况，为休产期做好前期准备。此时的饲养管理重点是防暑降温，饲喂上尽可能多地利用青绿饲料。

一、降温防暑

鹅舍温保持在 26℃以内，降温防暑的方法主要有：一是通风降温，在鹅舍的向阳面、门、窗口和外活动场所搭盖遮阳挡风的凉棚，在圈舍四周种植葡萄、丝瓜、南瓜等藤蔓攀援植物，让藤蔓爬满墙壁、房顶和凉棚，以减少太阳辐射热和反射热；二是控制湿度，夏季鹅舍内不仅温度高，且湿度也很大，往往影响鹅体热的散发，造成病菌大量繁殖，鹅舍适宜的相对湿度为 55%～60%，如相对湿度大于 75%，则雏鹅关节炎病会增多，夏季日夜都要打开所有鹅舍的门窗，让空气畅通，有条件可安装电扇，加快鹅舍内空气流动；三是降低密度，夏季肉用鹅的饲养密度以每平方米 5～6 只为宜，以防因拥挤而造成中暑；四是每天高温时，用凉水喷洒地面、墙壁和鹅体。

二、加强放牧

实行放牧养鹅的，要充分利用夏季青绿饲料丰富的特点，加大放牧力度。应充分利用夏季早、晚气温较低的时间，选在草质好、草量足的地方放牧。

三、饲喂管理

饲料应以青绿饲料为主，可充分利用放牧采食或者人工种植牧草等。适当补饲稻谷、玉米等精饲料。放牧养肉鹅的，要在肉鹅背部、腹部绒毛开始换羽时，补喂优质精饲料。每天补饲 2～3 次，每次以其吃八九成饱为宜；实行圈养肉鹅的，在 35～50 日龄时要将鹅圈养，减少运动，每天按每只 100～150 克配合饲料与切细的青饲料混匀饲喂，配合饲料与青饲料按 3∶7 的比例混合成半干半湿状饲料喂给，供足饮水。对少数不贪食的肉鹅，可用精青混合料填喂，每天填喂3～5 次，并供给充足饮水。51～60 日龄时，每天用 800 克配合饲料喂 5～6 次。

四、加强休产期种鹅管理

及时淘汰高龄（4 年以上）及低产母鹅，降低成本费用。有放牧条件的，以放牧为主，实行舍饲或圈养的休产母鹅应调整饲料配方，加大青草及糠麸类饲料的比重，做好人工强制换羽工作，也可采用活拔鹅绒的方法，增加收入。

五、防兽害

夏鹅育雏期间鹅舍内最怕兽害，特别是鼠害。应堵塞鹅舍内的鼠洞，门窗要装防鼠网。

六、做好防疫

肉鹅夏季易发病，要搞好防疫。刚出壳的雏鹅，每只肌内注射抗血清 0.5～1 毫升，预防小鹅瘟。30 日龄时，每只肌注禽霍乱菌苗 1.5 毫升。

七、做好消毒

圈舍每天清扫 1 次，3 天垫 1 次沙，料槽、水槽每天清洗 1 次。饲养用具每隔 3～5 天消毒 1 次，圈舍和活动场地每隔 7～10 天，消毒药有1%漂白粉、2%烧碱、石灰水等，要注意交叉使用。

经验之十八：秋季养鹅需要注意哪些问题？

秋季天气凉爽，青草旺盛，再加秋收后副产品多，是肉鹅育肥的最佳季节。但是秋季因气温逐渐下降和热量不足，如遇冷空气入侵气温突降，北方容易形成大范围的降温，而南方则易出现较长时间连阴雨的“秋霖”天气，另外，虽说全国江河湖海的主汛期已过，但局部地方可能发生的灾害性天气对养鹅业也会有危害。所以，饲养管理的重点是促进肉鹅增重、加强种鹅管理、做好越冬青饲料贮备和鹅舍维护等。

一、加强肉鹅的饲养管理

放牧育肥的肉鹅，白天将鹅群赶到收获后的田块中让其采食遗穗、草籽等，晚上回舍后再喂1～2次精料，并喂给清洁的饮用水。

圈养时要求圈舍安静，不要放牧，限制活动，减少能量消耗，上棚育肥和圈养育肥的饲料要多样化，精青搭配，可以米糠、碎米、玉米、秕谷、菜叶等为主，另加6%左右的饼类，0.3%的食盐及精料磨细后，拌成湿料投喂，每日喂5～7次，晚上加喂1～2次。另外，在精料中加入一定的矿物质和维生素，可促进增重。注意在拌料时一定要混合均匀，防止个别鹅因采食过多而中毒。

也可以采用强制育肥。用玉米、山芋、米糠、豆饼等粉状饲料和适量食盐及微量元素混合后用水拌匀制成条状后，实行人工填喂。

二、加强种鹅的饲养管理

一些产蛋周期较长的鹅品种如四川白鹅、天府肉鹅、扬州鹅的经产母鹅将结束休产期，而逐步进入新一轮的产蛋期，在这个阶段的经产母鹅和后备母鹅都要供给足够的富含蛋白质、维生素、矿物质的饲料，其日粮中精料比例为35%、青饲料为65%，每天每只饲喂量应达到250克左右，并保证有清洁的饮水供其自由饮用。

而对于来年春节才进入新一轮产蛋期的母鹅，9月份仍是休产期的中期，在饲养管理上可采用多喂青饲料、少喂精饲料或多放牧、省补饲的方法，减少成本投入。

三、控制好公、母鹅比例

在母鹅临产期到来的阶段，作好公、母鹅配比，是日后发挥种鹅群生产性能，提高配种率、产蛋率的重要环节和基础保证，一般大型鹅品种公、母比例是1∶4，中型1∶5，小型1∶7。

四、种植饲草

秋季也是种植冬牧70黑麦草的最佳时期，应掌握土地墒情及时播种，亩用种子量5～6千克，施足底肥，播种技术与种小麦相同，初冬早春可青割喂鹅。

五、做好过冬青饲料储备

冬节饲草匮乏，尤其是北方。因此，要保证冬季养鹅生产的正常进行，要在秋季做好越冬青饲料的贮备工作。要根据养鹅的规模和生产计划，利用秋季秸秆饲料和牧草丰富的特点，贮备充足的主要是青贮饲料和干牧草两类。对玉米秸秆，在籽实收获后，应及时做好青贮工作；对花生秧、豆秆、豆叶及各类牧草，应做好采集、晾干、保存工作；对块根、块茎类饲料，要做好贮存工作。秋季要抓紧收割牧草并加工草粉，在牧草结籽前收割快速晾晒，粉碎。这样基本可以保持草料在青绿时期的特性，营养价值高，且便于贮藏。

六、做好防疫

母鹅产蛋前应按防疫程序进行抗小鹅瘟、副黏病毒病、蛋子瘟、大肠杆菌的疫苗注射。

七、做好越冬舍维护

越冬鹅舍是保障冬季养鹅生产的主要设施，也是种鹅安全越冬的重要保证，因此，简易鹅舍要加固和封堵四周，达到防风、防雨雪、鹅不受冷风侵扰的目的。同时对饮水和喂料设施做好越冬保护，保证冬季不受冻。固定鹅舍要做好保温工作。

经验之十九：冬季养鹅需要注意哪些问题

做好冬季养鹅的饲养与管理工作，对提高种鹅的体质，产蛋量，种蛋的受精率、孵化率及肉鹅育肥的效果和雏鹅的成活率至关重要，具体应注意以下几方面。

一、做好种鹅的选择

对育成鹅在冬季种鹅产蛋前一个月应进一步做好种鹅，特别是种公鹅的选择工作，淘汰不符合品种要求的、体质发育不良的，重点检查公鹅的生殖性能，把阴茎过小、畸形、精液量少或精子活力不够的公鹅淘汰，保证选择后公、母比例达到1∶4至1∶5之间，为第一个产蛋年结束后进一步选择留有余地。

二、种鹅要充分利用粗饲料

种鹅冬季所需饲料主要包括粗料和精料。在冬季种鹅产蛋前，应充分利用鹅是草食动物的特性，大量饲喂粗饲料，在产蛋前适当增加精料，以提高养鹅的经济效益。鹅所利用的粗饲料种类较多，范围较广，包括各种农作物秸秆，如玉米秆、花生秧、豆秆、地瓜秧等；各种豆科、禾本科牧草，如紫花苜蓿、苦荬菜等；各种块根块茎类饲料，如大萝卜、胡萝卜、地瓜等；各种树叶等。

后备种鹅在100日龄左右，羽毛完全长齐后转入粗饲。粗饲可以抑制种鹅的性成熟，不使母鹅过早产蛋；同时还可以防止母鹅过肥，降低母鹅开产后的产蛋率。

三、实行分群管理

不同日龄的鹅群应分开饲养，相同日龄，根据其大小、强弱也应分开饲养，公、母鹅在产蛋前一个月也应分开饲养。这样可以减少鹅在采食过程中互相争抢，使鹅只增大更加均匀。在鹅舍内应每隔一定长度隔成一些小格，以每小格饲养30～50只为宜，防止过于拥挤而挤压致死。

四、以舍饲为主

从11月中下旬开始，鹅要全部转入全舍饲。在鹅舍内要准备好充足的食槽和水槽，每只鹅占5～6厘米长。舍饲期要以粗饲料为主，每天饲喂要定时定量，开产前一个月可日喂三次，开产后日喂四次，其中包括在夜间饲喂一次。使每次饲喂时，鹅都能把食槽内的饲料吃净，而鹅只又刚好吃饱。饮水应保持清洁。2 月份以后天气逐渐转暖，日照渐长，此时开始加料，给熟食和夜食。

五、做好鹅舍保温通风

鹅舍内要保持干燥，温度应保持在 0～12℃，湿度应在 65％以下，做好鹅舍的通风换气工作，通风应在每天天气晴朗时中午 12 时到下午 14 时进行，保证舍内无不良刺激性气味。在冬季当外界气温低于零 20℃时，舍内最好用火炉或烟道供暖，以确保舍内温度不低于 0℃。冬季天气寒冷时，用稻草等堵严通风孔。

六、做好育雏工作

冬育雏鹅的成败关键取决于育雏温度。冬季天气寒冷，育雏难度大，实行冬季育雏的，重点做好育雏舍的温度、湿度调节。雏鹅保温要做到：弱雏高，强雏低；小雏高，大雏低；数少高，数大低；初期高，后期低；阴雨高，晴暖低；应晚高，白昼低。室温以 30～28℃为宜，以后每两日降低 1℃，降到常温随常温饲养。并随时做到：观察情况，调节温度，育好雏鹅。

七、做好卫生防疫

入冬前鹅舍应彻底清扫、冲洗、消毒，地面、食槽、水槽用火碱消毒后，再用高锰酸钾、甲醛熏蒸消毒。冬季在饲养过程中，定期清除粪便，一般每周彻底清理一次，清理后喷雾消毒，食槽、水槽每 2～3 天消毒一次，垫草每 2～3 天更换一次。冬季饲养管理过程中，应根据鹅只上次免疫时间，做好禽霍乱、鹅副黏病毒、禽流感及小鹅瘟的预防注射工作，特别是在开产前一个月一定要注射种鹅小鹅瘟疫苗。发现重大疫情时，应及时上报，同时做好隔离、消毒及加强免疫工作。冬季种鹅入舍前要做好驱虫工作，可用左旋咪唑或伊维菌素驱虫，同时应保持鹅舍周围环境卫生。

八、光照管理

在种鹅开产前 6 周，应人工补充光照，逐渐增加每日的光照时间，到开产时达到每日 15～16 小时。补充人工光照应在下半夜进行，以减少鹅群骚动和鸣叫。

经验之二十：饲养蛋鹅有窍门

一是留好公鹅。公鹅好斗，为减轻竞斗争雄造成的心理障碍，不宜大群饲养。规模养鹅场（户）要从产蛋前1个月开始，按20～30只种鹅组建1个小群，分开饲养管理，鹅群的公、母比例为1∶(3～5)。以免临时编群造成鹅群混乱，影响产蛋鹅的受精率。

二是供给足够的饲料。从母鹅产蛋前4周开始，应给其喂谷物占25%～30%、青草或菜叶占30%的混合饲料，每天每只喂250～300克，并全面供应足量的优质粗饲料，如秕谷、干草粉等。有放牧条件的，应以放牧为主，适当喂少量精料。并注意饲料的质量，不能喂给发霉变质的饲料。

三是加喂夜食。夜里喂食是提高母鹅产蛋率的重要措施，特别是产蛋前期和产蛋中期一定要加喂夜食，每夜喂1～2次，可使每只母鹅年产蛋40～80枚。

四是放牧不要太远。鹅是草食水禽，而且有回巢产蛋的习惯，因此不要将产蛋鹅放牧太远。母鹅不吃草、头颈伸长、鸣叫等是其恋巢的表现，这时要将母鹅及时赶回棚内产蛋。

五是采用人工辅助交配和人工授精技术。有些品种的公、母鹅体格相差悬殊，自然交配困难，受精率自然也低。如果采用人工辅助交配和人工授精技术，可提高受精率。通过人工辅助交配和人工授精技术，还可以将最优秀的公鹅筛选出来，对生产极为有利。

六是在生产中及时淘汰过老的公、母鹅，补充生产力高的公、母鹅。一般母鹅使用超过3年和公鹅使用超过4年的都要淘汰。

七是活体拔毛。当母鹅的产蛋逐渐减少或要停产时，将公、母鹅分别饲养，然后对母鹅进行活体拔毛。一般在种鹅换毛后进行第一次拔毛，间隔40天左右进行第二次拔毛，第三次拔毛时间一般在每年的9月底之前，到11月份种鹅的羽毛就会自然长齐，进入生产时期。休产期拔毛增即可增加养鹅收入，又可以使母鹅尽快进入下一个繁殖周期。

八是保证光照时间。种鹅从产前1个月开始，每天要保持14～

16 小时的光照，冬末春初入夜后要补充人工光照 4 小时，强度为 10～15 勒克斯（每平方米 2～3 瓦），光源距离地面 1.75 米。可促进母鹅的产量。

九是放水拆偶交配。公鹅有较强的择偶性，母鹅中一般有五分之一不能受配。为此，可将受偏爱的母鹅挑出来，将未受配的母鹅单独放入水中，让公鹅进行追逐交配。这样几次后，可拆散原固定配偶，提高种蛋的受精率。另外母鹅刚产蛋后，泄殖腔还开放着，此时配种受精率很高。

经验之二十一：种蛋的保存有学问

种蛋保存的好坏，直接影响到孵化率和雏鹅的成活率，因此，保存种蛋要注意以下几点。

（1）种蛋不能用水洗。种蛋产出后，蛋壳表面有一层胶质膜覆盖着蛋壳的气孔，这种胶质膜既有防止水分蒸发的作用，又可以防止细菌等微生物从蛋壳气孔侵入。一旦经水洗过，种蛋的表面胶质就会脱落，微生物容易侵入内部，易导致种蛋变质，蛋内水分也易蒸发。

（2）保存温度。据研究，24℃是胚胎发育的临界温度，又叫生理零度。超过这个温度，蛋内胚胎就会开始发育。温度过低，如种蛋保存在零度的气温下，蛋白就会凝固，乃至胚胎死亡不能孵化。

种蛋保存最佳温度是 13～16℃。室温如高于 24℃时，要将种蛋放在阴凉通风的地下室内，以免影响孵化率。

（3）保存湿度：保存种蛋室内适宜的相对湿度是 75％～85％，如果保存的地方潮湿，而通风良好，相对湿度可以稍低些，如保存的地方干燥，则相对湿度可以稍高些。

（4）保存时间：种蛋保存的时间越短对提高孵化率越有利，随着保存时间的延长，孵化率会逐步下降。种蛋一般保存 3～7 天较好，保存 3 天以内的种蛋孵化率最高。即使在最合适的温度条件下保存的种蛋，若时间超过 10 天，孵化率也会下降。

（5）通风换气：通风换气是保存种蛋的重要条件之一。因此，在放种蛋的地方必须通风良好，否则，在梅雨季节霉菌很容易在蛋壳上繁殖。

(6) 正确摆放。要把种蛋放在蛋盘里和蛋架上，蛋的大头（气室）向上，小头向下，这样既可以通风，又可以防止胚胎与内壳粘连。

(7) 翻蛋。蛋黄密度较轻，总是浮在蛋白的偏上部。为防止胚盘与蛋壳粘连，避免胚胎早期死亡和影响种蛋品质。保存时间在7天内可以不翻蛋，超过7天的应定时翻蛋，每天翻1～2次，而且翻的角度最好在90°以上。

经验之二十二：掌握鹅的产蛋规律，减少鹅蛋损失

母鹅的产蛋时间大多数集中在下半夜至上午10时这段时间内，个别的鹅在下午产蛋。鹅产蛋的持续期不够一致，有隔天产蛋的，有2天连产的，也有隔1～2天再连产2个的。因此，产蛋鹅的放牧时间宜在每天的上午10点以后，放牧的距离也不宜太远，放牧的场地应尽量靠近鹅舍，以便部分母鹅回窝产蛋，从而减少鹅蛋的丢失和破损。

母鹅有择窝产蛋的习惯，多数窝被占用时，有些鹅会推迟产蛋时间，这样就影响了鹅的正常产蛋，因此产蛋箱或产蛋窝要设置在鹅舍内或运动场的一侧的固定地方，鹅舍内窝位要足，每2～3只母鹅备1个，窝内垫草要勤换，保持清洁干爽。还要在鹅开产前期对鹅进行产蛋训练，发现母鹅不在窝内产蛋时，则将母鹅连同所产的蛋一同带回放到产蛋窝内，并用竹篾盖住。经过1～2次训练，鹅便习惯回窝内产蛋了。还可以在鹅的开产前用假蛋调教母鹅习惯产蛋箱。放牧前要进行检查，发现个别母鹅鸣叫不安、腹部饱满、尾羽平伸、泄殖腔膨大、行动迟缓、有觅窝的表现时，饲养员可用手指伸入母鹅的泄殖腔内，触摸腹中是否有蛋，如有蛋，就要将母鹅放到产蛋窝内，让母鹅产蛋，待产蛋结束后就近放牧。放牧过程中，如果发现母鹅出现神态不安，有急欲找窝的表现，或向草丛及其他隐蔽的地方走去时，饲养员应将该鹅捉住检查，如腹中有蛋，应立即将其送回鹅舍的产蛋窝

内产蛋。

经验之二十三：分群管理很重要

鹅的合理分群管理是改变落后的粗放式养鹅生产方式，实现养鹅精细化管理的主要措施，同时也是提高工作效率的需要。分群的依据是管理人员能够管理的数量，以及鹅的种类、公母鹅、强弱病残等。

管理人员能够管理的数量是养殖人员的管理承受能力。根据经验，一般一个饲养员管理200只，饲养管理经验丰富的可管理500只，以此类推，如1000只的鹅群，如果是饲养管理经验丰富的需要2人管理，饲养管理经验稍差的就要3人。

根据鹅的种类、公母鹅、强弱病残等分群的方法：一是根据种蛋的来源、雏鹅出壳的时间及体重来分群；二是根据雏鹅强弱来分群，强弱可通过采食能力和个体大小来区分，凡采食快、食管膨大部明显者为强者，凡采食慢、食管膨大部不明显者为弱者，同一批鹅中，个体大的为强群，个体小的为弱群，将它们分为强群和弱群；三是根据雏鹅性别分群，在出雏后几小时内可用捏肛法鉴别出雌雄，在3日龄后也可用翻肛法来区别雌雄，将鉴别出的雌雄分群饲喂。

分群要从雏鹅开始，及时合理的分群，能使雏鹅生长均匀，可提高雏鹅的成活率。雏鹅出壳后就有大有小、有强有弱，如不及时分群，则会造成生长发育不均匀或造成弱小雏鹅被挤死、压死、饿死的现象发生。雏鹅在开水、开食之前，应根据出雏时间的早迟和雏鹅的强弱，进行第一次分群，给予不同的保温制度和开水、开食时间。开食后的第二天，可以根据雏鹅采食情况，进行第二次分群，将那些不吃食，或吃食量很少的雏鹅，分出来另外喂食。此外，在日常管理工作中，要定期按强弱、大小分群，及时拣出病雏淘汰。经常注意检查鹅群健康状况，一旦发现体质瘦弱，行动迟缓，食欲不振，粪便异常者，应及时剔出，隔离饲养。

为了方便辨别，不同的鹅群要有不同的记号和标志，特别是鹅的体形和颜色不易区分的，可以在鹅的身上系布条、塑料或金属肩号等办法加以区分。

经验之二十四：哪些表现说明鹅要产蛋了

注意母鹅临产征兆，一般的会出现腹部饱胀松软，用手触摸会感觉富有弹性，耻骨间距增宽，行动迟缓，且采食量明显增多，有主动接近公鹅和采食贝壳、炉渣等现象。

在放牧前应细心观察鹅群状况，发现有个别母鹅鸣叫不安，尾羽平伸，腹部饱满，可捉住检查，如泄殖腔膨大，肯定是即将产蛋，这种鹅不要让其随鹅群出牧，而应留在圈中让其产蛋（图 4-5）。

图 4-5 鹅正在产蛋

在鹅群放牧途中，如有的母鹅不愿采食，频频回头张望，不停鸣叫，或在四周寻找草窝，这都是临产蛋征兆，这些鹅应及时捉回圈内产蛋，如有的母鹅已在野外放牧场地产蛋，应将鹅和其产的蛋一并带回圈内，用筐或笼扣住鹅，将在圈外产的蛋置其身下 1 小时左右时间，以促其养成在圈内产蛋的习惯。

经验之二十五：肉鹅饲养实行“全进全出”制度的优点

“全进全出”是指在同一栋鹅舍或在同一鹅场只饲养同一批次、同一日龄的肉鹅，同时进场、同时出栏的管理制度。

“全进全出”分三个级别：一是在同一栋鹅舍内“全进全出”；二是在鹅场内的一个区域范围内实行“全进全出”；三是整个鹅鸭场实行“全进全出”。

实行“全进全出”的好处如下。

一是能有效控制鹅病，提高肉鹅的出栏率。全场肉鹅饲养施行“全进全出”，在肉鹅出场后，能彻底打扫卫生、清洗、消毒，切断病原的循环感染，保证下一批鹅群健康。

二是便于饲养管理。整栋或整场都饲养相同日龄的肉鹅，雏鹅同时进场，温度控制、饲料配制与使用、免疫接种等工作都变得单一，容易操作。

经验之二十六：怎样减少鹅的应激

所谓应激是机体在各种内外环境因素刺激下所出现的全身性非特异性适应反应，又称为应激反应。这些刺激因素称为应激原。应激是在出乎意料的紧迫与危险情况下引起的高速而高度紧张的情绪状态。对养鹅来说，使鹅感到不适的刺激统归为应激。应激是鹅对外界刺激的一种应答。

为了减少鹅的应激，要从养鹅日常管理的细节入手，做到日常管理有规律，建立鹅的条件反射、减少各种应激反映。包括适宜的温度、湿度、密度、光照、喂食、清扫圈舍、关、放鹅、下水洗浴、刷洗饮食用具、卫生消毒、分群级拣蛋等操作时间顺序，要规律化、制度化，程序一旦定下来不可随意改动，但可随季节昼夜长短变化逐渐调整。

（1）温度　各日龄鹅的适宜温度：1～5日龄为28～26℃，6～10日龄为26～25℃，11～15日龄为24～22℃，16～20日龄为21～19℃，21～30日龄为18～15℃，30～49日龄为15～10℃，49日龄以上为5～30℃（适宜产蛋最佳温度），或最低保持0℃以上。夏天注意防暑，冬季注意防寒。

（2）湿度　鹅的适宜相对湿度为60%～65%。

（3）密度　各周龄适宜密度是：1周龄为25～20只/平方米，2

周龄为20～15只/平方米，3周龄为15～11只/平方米，4～8周龄为10～4只/平方米，8～20周龄为4～3只/平方米，20周龄以后2只/平方米。如密度过大则影响生长速度和群体整齐度及产蛋量。

（4）光照　1～3日龄雏鹅采用昼夜弱光照明，3日龄后利用夜间喂食间隙关灯1～2小时，30日龄后夜间只有喂食时开灯，逐渐过渡到自然光照。从种鹅产蛋前光照13小时逐渐延长到16小时。

（5）饲喂次数　1月龄内应吃多少给多少，随时给饲料，或每天从喂12次逐渐减少到3～4次。产蛋鹅每天定时喂3次，晚上22时最好再少喂点，各阶段鹅只均应保证经常有足够的清洁饮水。

（6）清扫圈舍和洗刷饲喂用具　圈舍要始终保持清洁卫生，每天在放鹅出舍以后、入舍之前这段时间清扫、更换垫草和洗刷食槽、水槽等饲喂用具，定期对鹅舍进行消毒。

（7）设置充足产蛋箱　开产前两周按母鹅数2～3只设一产蛋箱或根据母鹅群数量统一设一个产蛋棚。保证鹅的正常产蛋。

（8）下水洗浴　圈养种鹅应每天上午9时左右、下午16时左右各下水洗浴配种1次，约半小时。严禁打鹅和快速轰赶。

（9）合理分群管理　要注意各龄鹅群体大小，尤其1～10日龄阶段，群体越小越好，每群30～50只为宜，最多不超过100只，而且要随时驱赶，防止集堆压死。

（10）拣蛋　每天清晨及时拣蛋。

经验之二十七：提高种母鹅受精率的方法

种鹅的配种是否良好，直接影响到种蛋受精率的高低，也影响到种蛋孵化率与雏鹅品质、鹅群的更新和产肉率以及养鹅的经济效益。因此，在母鹅产蛋期间应做好以下几方面的工作。

一、选好种鹅

选择种鹅必须严格，要求种鹅体格健壮、觅食力强、体重达到标准者方可入选。并在生产过程中及时淘汰和补充种鹅，使种鹅群始终保持较高的生产水平。

二、公母比例

公母鹅的比例要适宜，若公鹅搭配过多，容易因争雌咬斗而发生伤亡，或因争配而致母鹅淹死于水中。为保证种鹅群的公母鹅都能正常进行交配，种用公母鹅的比例应根据品种、气温、公鹅品质与受精率等来确定。一般情况下，每100只青年种母鹅搭配种公鹅17只，即公母鹅比例1∶7；开产后配种比例为100∶(13～14)，即公母鹅比例1∶(6～7)；清明后则为100∶10。

三、要注意做好公母鹅的年龄搭配

养鹅的常说："雄要少，雌要老"，指的是年轻公鹅性欲旺盛，配种能力强，母鹅受精率高，反之，老公鹅性欲不旺，交配能力差，母鹅的受精率低。

四、水上交配

种母鹅的交配多在水中进行，故俗称"打水"。水上交配既符合鹅的交配习性，又可提高种蛋的受精率。理想水域场所为水质清新、水面宽阔、灌排方便、有一定深度。水面宽阔鹅群散得开，能减少公鹅争雌相斗机会，增加公母鹅接触交配的频率。水深要求1米左右，便于公母鹅交配，鹅在水中嘻游、求偶，并能"扎猛子"(潜水)。

五、掌握好配种时间

种鹅交配的时间应掌握在母鹅产蛋之后进行，此时受精率最高。一般种公鹅早晨性欲最为旺盛，品质优良的种公鹅一个上午可交配3～5次。应抓好每天头次开棚放鹅下水的有利时间配种和采取每天多次放水方法，尽可能地使母鹅获得复配的机会。每天至少放鹅下水配种4次，但务必要注意掌握鹅群的动态，不让过度集中与分散，任其自由交配，然后在运动场上理干毛回棚休息。在关棚饲养时，主要采取多次人工控制放水配种，可以克服受精率不高的缺陷。

六、加强饲养管理

尤其是要加强对种公鹅的饲养管理。在饲料丰富和充分放牧运动的条件下，种公鹅的配种能力旺盛，母鹅的性活动也很活跃，受精率极高。但在关棚饲养的条件下，要增加种鹅的运动量，加强鹅群的放水配种，注意青饲料供应，搭配好精、粗饲料，添加适量的矿物质或某些微量元素，为提高种蛋受精率，公、母鹅在产蛋周期内，每只每天可喂谷物发芽饲料100克，胡萝卜、甜菜250～300克，优质青干草粉35～50克。在春夏季节应供给足够的青绿饲料。

经验之二十八：提高种鹅产蛋量的方法

一、注意青绿饲料和精饲料的比例

产蛋期的种鹅对青绿饲料很敏感，若青绿饲料缺乏，就会因维生素摄入量不足，导致鹅产蛋量减少。所以，日粮中要保证青绿饲料所占的比例。鹅一天能采食青饲料2～3千克。

二、实行人工强制换羽

正常情况下，每年种鹅进入停产期以后，身上的羽毛要脱换。自然换羽的母鹅从开始脱羽到新羽长齐需较长的时间，受鹅的营养状况和体质的影响，换羽有早有迟，其后的产蛋也有先有后。为了缩短换羽的时间，保证换羽后产蛋整齐一致，可采用人工强制换羽。同时实行人工强制换羽的母鹅比自然换羽的母鹅可提前20～30天产蛋，第2个产蛋期的产蛋量要高10%左右。

三、水源要充足

养鹅不能没有水，也不能缺水和断水，母鹅经常缺水，或1天以上的断水，会使种鹅的产蛋量降低20%～30%，且几周后才恢复。鹅具有水中觅食、嬉戏、交配的习性，如没有自然水源，要设置水槽，提供充足的水源。

四、加强饲喂管理

缺料或蛋白质不足，会降低产蛋量。缺乏钙、磷，以及钙、磷比例不合适，会影响蛋壳形成，出现软壳蛋，并降低产蛋量。日粮营养要满足产蛋种鹅的营养需要，日粮的营养水平：粗蛋白质16%～17.5%、粗纤维5%～6%、钙2.20%～2.60%、磷0.6%～0.7%、赖氨酸0.69%、蛋氨酸0.32%、食盐0.3%。每天饲喂3次，每只鹅日喂量150～200克，夜间11时左右喂一次料效果更好。另外，要经常供给20%～25%的青绿饲料，在鹅舍内和运动场上设置料盆，并添加干净的贝壳粒让鹅自由采食，以满足种鹅对矿物质的需要。种鹅产蛋前1个月开始补料。根据鹅粪形状来判断日粮中精料、粗料含量是否恰当，如果鹅粪粗大松散，用脚轻轻一拨即分几段，说明精料、粗料、青料搭配适当；如果鹅粪细小结实，说明精料多青料少，应进行调整。

五、补充光照

增加光照时间能刺激公鹅性欲，刺激母鹅多产蛋。光照过多或过少，或者在繁殖期用与所饲养品种要求不同的光照程序，使种鹅的产蛋量降低20%～30%。光照强度以每12～15平方米面积开一盏40瓦的普通灯泡为宜，灯泡离地面2米。光照强度切忌忽强忽弱。

六、保持节律性

每天出牧—游水—交配—采食—休息—收牧相对稳定，循环出现，切忌没规律，影响产蛋量。

七、做好免疫防病

勤扫鹅舍，勤换垫草，定期对饲槽饮水器具清洗消毒。严禁采用农药污染的农作物秸秆、草、菜喂鹅，严防农药中毒。要经常观察鹅群状态，发现异常及时处理。开产前30天对鹅群逐只注射小鹅瘟疫苗、副黏病毒病疫苗和雏鹅病毒性肠炎疫苗等，并进行1～2次药物驱虫。

八、不让母鹅抱窝

有的母鹅产10枚蛋以后就出现抱窝的生理反应，此时应及时驱赶，不让它占窝，同时停止给料，迫使它外出觅食活动，一般5天左右即可消除其恋巢性，而后再补喂饲料，促其早日恢复产蛋。

九、减少应激因素

饲养环境要好，种鹅舍一般选搭在避风朝阳的地方，要准备足够的干稻草，舍内一般垫铺3～5厘米厚的干稻草，每隔四周更换一次，有条件的可在鹅舍附近挖一个简易的小水池，供种鹅饮水用。严禁饮用冰水或雪水。冬春季节种鹅棚要注意保温，产蛋窝要干净、干燥、通风良好，加强饲养管理。鹅怕惊吓，若惊扰则鹅群产蛋量明显下降，所以产蛋期要保持环境安静，减少鹅应激。

经验之二十九：高效饲养优质肉鹅的技术要点

肉用雏鹅从出壳经过1个月的育雏以后进入中鹅饲养阶段，然后经过中鹅阶段饲养40～50天后转入育肥阶段经短期育肥后出售。

一、中鹅阶段的饲养管理

中鹅阶段的鹅，俗称仔鹅，又称生长鹅、青年鹅或育成鹅。是肉鹅养殖环节中最关键的阶段，此阶段是肉鹅骨骼、肌肉和羽毛生长最快时期，需要的营养物质也逐渐增加，对饲料的消化吸收力和对外界环境的适应性及抵抗力都较强。这一阶段鹅的觅食能力增强，消化道容积增大，采食量日益增加。为适应这些特点，应加强仔鹅的放牧和补给，满足生长发育所需要的各种营养物质，尤其要注意给予鹅只较多的青饲料，使其增大肠胃容量和骨架，已培育出适应性强、耐粗饲、增重快的鹅群，为转入育肥期或为选留后备种鹅打下良好的基础。

（一）饲养方式

中鹅的饲养大体有三种方式，即放牧饲养、放牧与舍饲相结合、舍饲。舍饲还可分为地面平养和网上平养两种。舍饲适合于规模批量生产，但设备、饲料、人工等费用相对增高。放牧方式则可灵活经营，并充分利用天然牧地以节省成本，但饲养规模受到限制。舍饲仔鹅如饲养管理水平达不到要求，往往不及放牧仔鹅增重效果好。一般放牧仔鹅9周龄体重可达到3千克以上。同时，放牧鹅的胸腿肉率高于舍饲鹅，而皮脂率则相反。从我国当前养鹅业的社会经济条件和技术水平来看，采用放牧补饲方式，小群多批次生产肉用仔鹅更为可行。

1. 放牧饲养

主要适用于有较多的青绿饲料和谷实类饲料可供放牧的情况，放牧场地要有足够的青绿饲料，草质要求比中鹅低些（图4-6）。鹅喜

图 4-6 鹅群正在放牧

爱采食的草类很多，一般只要无毒、无刺激、无特殊气味的草都可供鹅采食。牧地要开阔，可划分成若干小区，有计划地轮牧。牧地附近应有湖泊、小河或池塘，给鹅有清洁的饮水和洗浴清洗羽毛的水源。牧地附近应有蔽荫休息的树林或其他蔽荫物（如搭临时遮阳棚）。谷实类饲料如野草的种子、收获后的稻田或麦田内的落谷数量要多等。农作物收割后的茬地也是极好的放牧场地。1 只仔鹅育肥 10 天约需 667 平方米大麦茬田。

放牧场地条件好，有丰富的牧草和收割的遗谷可吃，采食的食物能满足生长的营养需要，则可不补饲或少补饲。放牧场地条件较差，牧草贫乏，又不在收获季节放牧，营养跟不上生长发育的需要，就要做好补饲工作。补饲时加喂青料和精料，每天加喂的数量及饲喂次数可根据体重增长和羽毛生长来决定。

中鹅常以野营为主，故而要用竹、木搭架作为临时性鹅棚，能避风遮雨即可，一般建在水边高燥处，采用活动形式，便于经常搬迁。如天气炎热，中午应让鹅在树荫下休息，防止中暑。50 日龄以下的中鹅羽毛尚未长全，要避免雨淋。由于水草上常有剑水蚤，将驱虫药拌在饲料内晚上喂给（用硫双二氯酚驱虫，每千克体重 200 毫克）。

中鹅的放牧时间越长越好，早放晚宿，以适应鹅多吃快拉的特点。放牧时鹅呈狭长方阵队形，出牧和回棚时赶鹅速度宜慢，特别是吃饱以后的鹅。

放牧时注意事项如下。

（1）放牧群一般以 250～300 只为宜，由 2 人放牧，放牧地开阔时可增至 500 只左右，甚至高达 1000 只。由 3～4 人管理。

（2）放牧时应注意观察采食情况，待大多数鹅吃到 7～8 成饱时应将鹅群赶入池塘或河中，让其自由饮水、洗浴。

（3）防惊群，防止其他动物及有鲜艳颜色的物品、喇叭声的突然出现引起的惊群。

（4）放牧时驱赶鹅群速度要慢，防止践踏致伤。鹅群所走的道路应比较平坦。

（5）避免在夏天炎热的中午、大暴雨等恶劣天气放牧。

（6）选择放牧场地时应注意了解牧场附近的农田有否喷过农药，若使用过农药，一般要 1 周后才能在附近放牧。

2. 放牧与舍饲

通常是早出晚归，即白天赶出去放牧，晚上赶回鹅舍过夜，并根据放牧采食情况在放牧前后 2 小时及夜间补充一定数量的精饲料。

放牧时间的掌握原则是：天热时上午要早出早归，下午要晚出晚归；天冷时则上午晚出晚归，下午早出早归。

其他要求与放牧饲养一样。

3. 舍饲

采用专用鹅舍，应用全价配合饲料饲养，日粮中代谢能 11.7 兆焦/千克，粗蛋白质 18%，粗纤维 6%，钙 1.2%，磷 0.8%。制作或购买颗粒料饲喂肉用仔鹅能取得良好效果，在日粮营养水平相同的条件下，采用颗粒料的增重效果明显优于粉料，值得推广。单一的谷物类饲料增重较差。全舍饲鹅生长速度较快，但饲养成本较高。

（1）地面平养　采用舍内地面平养时，地面要铺 3 厘米左右的垫料，垫料要轻松柔软、长度适中、吸湿、快干、低廉、容易取得。常用的垫料有稻草扎段、木屑、木刨花、花生壳、枯树叶、谷壳等（图 4-7）。

（2）网上平养　网上平养是在距离地面 60 厘米左右，用角铁、钢管、木杆、竹竿等材料搭设网架，在网架上铺设塑料网、铁丝网或者竹片等成为网床，网床上四周用胶合板、尼龙网或塑料网等材料分隔成若干个小栏。食槽、饮水槽等至于网床上。

（二）实行全进全出

不论何种方式养鹅，最好都要坚持实行“全进全出”，这是成功

图 4-7 舍饲鹅

养鹅的主要经验之一。“全进全出”是指在同一栋鹅舍或在同一鹅场只饲养同一批次、同一日龄的肉鹅，同时进场、同时出栏的管理制度。“全进全出”分三个级别：一是在同一栋鹅舍内“全进全出”；二是在鹅场内的一个区域范围内实行“全进全出”；三是整个鹅鸭场实行“全进全出”。

（三）合理分群饲养

为保证鹅群的生长发育平衡，应按公母、大小、强弱等及时进行分群。分群先按照公母分开，然后在同一公、母群内，再按大小、强弱进行第二次分群。依据不同的鹅群，在饲养管理上分别对待，精心管理。

肉鹅公母分开饲养，除了具有节约饲料和上市体重整齐两大优点外，还可以根据公母鹅对粗蛋白质和氨基酸需要的不同，而有针对性的分别提供，从而保证了公母鹅的快速生长发育。

（四）合理的饲养密度

饲养密度是否合理，与养好肉鹅、充分利用鹅舍饲养空间有密切关系。平养时每平方米饲养数量为 10 只，散养的密度可较低，每平方米 5 只左右。

二、育肥阶段的饲养管理

中鹅养成后，应短期育肥。特别是以放牧为主饲养的中鹅，骨架较大，但胸部肌肉不丰满、膘度不够、出肉率低、稍带些青草味，经短期肥育，可改善肉质，增加肥度，提高产肉量。

（一）饲养方式

1. 放牧育肥

一般可利用收割后的麦地、稻田放牧肥育。利用稻麦收获季节放牧是广泛使用的一种育肥方法，此法应用时应特别注意饲养期的安排，一旦稻麦茬田结束，要及时出售，以免掉膘。

2. 舍饲肥育

在光线较暗的鹅舍内舍饲肥育，给育肥仔鹅创造安静、少光的环境，并限制其活动，让其尽量多休息。一般育肥密度为每平方米4只，让其自由采食、饮水。每天喂以玉米、稻谷、大麦等精料，一般每羽鹅每天喂400克左右，适当供给青饲料。经8～10天肥育后出售。

3. 育肥还可采用强制育肥的办法

强制育肥又称填饲育肥，分人工填饲和机器填饲两种，具体方法见肥肝生产。

（二）鹅膘检查

根据鹅的尾椎骨盆部连接的凹陷处（俗称敏子）的丰满程度来确定。其方法是用手触摸该处，如没有凹陷感并感到肌肉丰满，说明膘情良好；如凹陷处摸到肌肉，说明膘情较差。还可以根据体况的丰满程度来判断，膘情好的仔鹅胸部平满，胸骨不突出，摸不到肋骨，从胸部到尾部上下一般粗，摸不到趾骨。膘情好的鹅可直接上市出售，膘情不好的应继续育肥。

经验之三十：肉鹅养殖60天出栏技术

一、品种选择

可充分利用当地品种，但以狮头鹅、溆浦鹅、浙东白鹅等前期生长优势明显的鹅种为佳，也可以采用我国地方品种之间杂交或国外引进的品种与我国地方品种杂交生产肉用仔鹅，效果也非常好，如以四川白鹅、皖西白鹅、太湖鹅为父本与豁眼鹅为母本杂交生产肉用仔鹅，其杂交后代 60 日龄活重都达到 3.5 千克。以莱茵鹅为父本、以四川白鹅为母本进行经济杂交，杂交后代表现出强大的杂种优势。

二、养殖方式

以圈养为主，要求最好有正规的鹅舍，简易圈栏要具备遮风挡雨的功能。育雏要有增温设施的保温条件好的育雏舍，实行网上或育雏笼育雏，以提高雏鹅的成活率。

三、生产日程安排

根据雏鹅的生理特点，可分为育雏、育成和育肥三个阶段。

育雏阶段（1～20 天）：此阶段的饲养管理重点是保温、开食、开水，做好雏鹅的培育工作。刚出壳的雏鹅要求有 28℃的生长温度，随日龄的增长，到 20 天时逐渐降到 20℃左右。出壳 3 天内就应使雏鹅学会吃食、喝水，饲料要求高粗蛋白质、高能量的全价配合饲料，切忌饲喂单一的饲料。饲喂颗粒饲料比粉料好，可节约 15%～30% 的饲料。饲喂原则是“先饮后喂、定时定量、少给勤添、防止暴食”。配方百分比是：鱼粉 5%、酵母 5%、花生饼 20%、玉米 52.6%、麸皮 10%、草粉 5%、贝母粉 1%、骨粉 1%、微量元素添加剂 0.1%、食盐 0.3%。饲喂时搭配 20%～40%的青绿饲料。若当地有小鹅瘟等流行病，要做好预防工作。

育成阶段（21～40 天）：此阶段的饲养管理重点是抓好鹅的体格培育，每天都要有一定的外出放牧、放水时间，拉伸骨架、增强体质。骨架大的鹅，育肥效果好，载肉多。与第一阶段相比，饲料的营养浓度可降低，但要增加贝壳粉的比例，可占 6%～8%，以利增加鹅的体格。

育肥阶段（41～60 天）：此阶段的饲养管理重点是抓育肥，饲料以玉米、薯类为主，最好将饲料煮成半熟。根据个体大小，将强、弱鹅分开饲养，每天饲喂 4～6 次，其中夜间加喂 1 次。鹅吃完精料后，再喂少许青饲料，有利于消化。

经 60 天快速育肥，大型鹅体重可达 5.5～6 千克，中小型鹅可达 3～4 千克，可食部分占胴体重量的 60%以上。

经验之三十一：狮头鹅的规模化饲养技术

狮头鹅是国内外最大的肉用型鹅种之一，也是世界上体型最大的鹅种之一。原产于我国广东的东饶县溪楼村。羽毛灰褐色或银灰色，腹部羽毛白色。体躯硕大，头深广，额和脸侧有较大的肉瘤，从头的正面观之如雄狮状，故称“狮头鹅”（图 4-8）。

图 4-8　狮头鹅

该鹅耐粗饲，食量大，生长快，行动迟钝，觅食能力较差，有就巢性。成年公鹅体重 10～12 千克，母鹅体重 9～10 千克。在以放牧为主的饲养条件下，70～90 日龄上市未经肥育的仔鹅，平均体重为 5.84 千克，半净膛屠宰率为 82.9%，全净膛屠宰率为 72.3%。开产日龄 170～180 天，第一产蛋年产 24 个，蛋重 176 克，两岁以上年产 28 个，平均蛋重 217 克。在改善饲料条件及不让母鹅孵蛋的情况下，个体平均产蛋量可达 35～40 个。母鹅可使用 5～6 年，盛产期在 2～4 岁。

一、鹅舍建设

鹅舍一般应建在地势高、平坦或稍有坡度的地方，排水良好；附近应有清洁的沟渠或池塘等水源，方便鹅游水。鹅舍一般分为育雏舍、育成（小、中鹅）舍、种鹅舍和运动场。如条件许可，可将运动场内建造水池，或者将运动场延伸至水面。

（一）育雏舍的建设

育雏舍采用一般密闭禽舍，大小视饲养规模而定，以利于保温、通风、防漏、防鼠害。规模饲养雏鹅育雏一般采用网上育雏法，即在育雏舍内搭建网床进行育雏。网床可以建成单层，也可建成品字形双层结构。网床用角铁焊成网架，用1.7厘米×1.7厘米的铁丝网或塑料网铺设。网床高40～50厘米，宽120厘米，长度按饲养规模而定，但应用铁丝网分隔成长度150厘米一个的单元，减少雏鹅堆积挤压，便于饲养管理。网床离地50～70厘米。育雏舍地面采用略为倾斜的水泥地面，利于清洁卫生。条件简陋的，也可在地面铺一个大网床，在大网床上育雏鹅。

育雏保温一般采用红外线灯或炭火。可在网床间拼接处距网面50厘米上方挂红外线灯，灯顶装伞形灯罩，或在网床一侧通道安设炭灶。这样设置热源可让雏鹅感到冷时靠近热源，感到热时远离热源。安设炭灶应同时安装烟囱，以利燃烧产出的废气能及时排出舍外。

每个网床可放1～2个自动饮水器、1～2个精料槽。7日龄内的雏鹅可在网床上铺织塑布，利于雏鹅喂食。

（二）育成舍的建设

采用开放式的简易禽舍，坐北朝南，一般与运动场相连。土质以沙质为好，禽舍建筑面积视饲养规模而定，但须用60厘米高的竹栅将鹅舍横向隔成约10平方米的小隔，减少鹅只随处跑动或发生挤压。鹅舍建成水泥地面。运动场内要建设水池，面积根据饲养数量决定，但高度一定要达到50厘米以上，水池做好用水泥地面，且要排水方便，有利于及时换水。运动场可部分用遮光网遮光或种树，利于防暑降温。料槽和水槽做好用活动的，便于清洗，料槽安放的数量与位置以鹅群同时进食不发生拥挤踩踏为度（图4-9）。

（三）种鹅舍的建设

种鹅舍跟育成舍的格局都是大同小异的，主要的区别在于要规范建设，因为种鹅的饲养时间比较长，而且环境的好坏会影响它们的产蛋率，所以最好按照标准来建造，根据养殖规模将鹅舍分成若干个格，按照每平方米2只种鹅的密度来饲养，每间栏舍都要单独配一个运动场和一个水池，如果将种鹅舍建在有流动水的地方就更为理想，

图 4-9 舍饲

另外在每间栏舍的角落都要铺设稻草，方便种鹅产蛋。

二、繁殖技术

（一）种蛋的挑选

高品质的种蛋是获得良好孵化率的内在因素和先决条件，所以要对入孵的种蛋进行认真的挑选。选择无裂缝、无异味、干净、壳厚、无变质的鹅蛋作为种蛋。通常选择种鹅开产 2 周后的蛋，而且重量达到 170 克以上。

（二）种蛋消毒

将挑选好的种蛋摆放在蛋盘上，注意一定要平放在蛋盘上，摆放好后统一放到托架上再进行消毒工作，消毒可以选用百毒杀溶剂调配成1：500 溶液后直接喷洒在种蛋上，消毒完成后直接将托架推到孵化机内，将孵化机的门关好，即可进行孵化。

（三）孵化温度、湿度控制

种蛋要在孵化机内待 28 天，鹅种蛋的孵化温度要保持在 37.5～37.7℃。在孵化的前 15 天时间内，要将孵化的相对湿度保持在55%～60%，16～25 天将相对湿度保持在 60%～65%，26～28 天将相对湿度保持在 70%～75%。

（四）翻蛋

孵化的 1～25 天，每天每 2 小时翻蛋一次，翻蛋角度为 100°～120°。

（五）照蛋

整个孵化期间需要照蛋 5 次，及时将无精蛋、死胚蛋拣出。

正常胚胎的形状为第1天胚盘明显扩大，明区呈梨形或圆形，器官原基出现，胚盘出现原条；第2天出现血管，心脏形成并开始搏动；第3天羊膜覆盖胚胎头部，可见到卵黄囊血管区，似樱桃状；第4天头部明显向左侧方向弯曲，与身体垂直，尾芽形成；第5天喙、四肢、内脏和尿囊原基出现；第6天肉眼可见到尿囊出现；第7天胚体极度弯曲，初具鸟形；第8天眼球大量沉积黑色素；第9天出现口腔，尿囊明显增大；第10天羽毛原基遍及头、背、胸、腹等部，尾部明显。胚胎的肋骨、肝、肺、胃明显，四肢成形，趾间有蹼；第11天胸腔愈合；第12天背部出现绒毛，喙形成；第13天喙开始角质化；第14天尿囊在锐端合拢；第15天前肢形成翼，外耳道形成；第16天腹腔愈合；第18天全身覆盖绒毛，但头部尚不明显；第20天眼睑合闭，头开始移向右下翼；第23天蛋白基本吞食完毕；第25天蛋黄开始吸入腹腔，开始睁眼；第28天蛋黄吸收完毕。开始啄壳；第29天开始出雏；第30天大量出雏；第31天出雏完毕。

（六）出雏

到了第28天，就要将种蛋从孵化机中移出，直接将种蛋摆放到摊床上，然后用毛毯将种蛋盖住，做好管理，经常检查，发现表皮颜色灰暗，手摸蛋感到冰凉或者蛋的尖端发黑的，变味发臭，就是死胚，要及时拣出。温度保持在37℃左右，通常用人的眼皮测试种蛋的温度是否合适，将种蛋放贴在眼皮上，感觉一下温度是否接近人体的温度，如果觉得舒服，就说明种蛋的温度和人体温度接近，此时种蛋的温度最合适。调节温度可以采用换位置的方法，做法是将中间种蛋和周围的种蛋互换位置，这样可以均衡温度，只要温度控制好，大约3天内就可以全部出壳。

出雏前应准备好装雏鹅的竹匡，筐内应垫上垫草或草纸，一般每隔3～4小时捡雏1次。捡雏动作要求轻、快。先将绒毛已干的雏鹅迅速检出再将空蛋壳捡出，以防蛋壳套在其他胚蛋上，使胚胎闷死。少数出壳困难的可进行人工助产，出雏期间，不应频繁打开出雏机，以免影响机内的温、湿度。

三、雏鹅的饲养管理

（一）雏鹅的选择

出壳健壮雏鹅的卵黄和脐带吸收好，毛干后能站稳，活泼，眼大有神，反应敏感，叫声有力，毛色光亮，用手握住颈部向上提时，双脚迅速收缩。对腹部较大、血脐、瞎眼等弱雏都要淘汰。

（二）潮口与开食

雏鹅出壳后24～36小时开食为宜，开食前饮水称为“潮口”。用潮口的水要清洁卫生，并加入0.1%高锰酸钾，可预防肠道疾病。潮口后即可喂料，第一次喂料称为“开食”。一般用小米蒸八分熟，并搭配适量切成细丝的青菜叶或嫩草叶，撒在塑料布上引诱雏鹅啄食。

（三）饲喂管理

（1）2～3天用同样的方法调教，经几次后鹅就会自动吃食，前3天主要是米饭，以后逐渐掺进配合饲料，1周后全喂配合饲料，1～3天内，白天喂4～5次，夜间喂2次，每次喂到七八成饱。

（2）5～10日龄的雏鹅，消化能力增强，可逐渐增喂次数，白天喂6次，夜间喂2次。其中米饭与配合饲料20%～30%，青料70%～80%。另外，饲料配方为玉米60%、麦麸16.7%、豆粕21%、骨粉1.2%、稻谷壳0.3%、磷酸氢钙0.6%、食盐0.2%，适量添加多种维生素、蛋氨酸、赖氨酸添加剂。

（3）11～20日龄的雏鹅，以喂青料为主，精料与青料的搭配比例为1∶(4～8)。此时雏鹅已能放牧吃草，饲喂次数可减少至白天4～5次，夜间1次。

（4）21～30日龄的雏鹅，体质增强，消化能力提高，精料与青料的搭配比例为1∶(9～12)，白天喂2～3次，夜间喂1次，并可逐渐延长放牧时间。

（四）雏鹅的管理

由于雏鹅适当外界环境的能力不强，因此除应精心喂养外，还要特别注意加强保温、保湿等方面的管理。具体要求如下。

（1）保温：一般出壳后要保温2～3周。农村多用自体供温与人工供温相结合的方法。不同日龄的雏鹅所需的温度不同，1～5日龄时要求维持在27～28℃；6～10日龄时为23～24℃；11～17日龄时为19～20℃；18～24日龄时为15～16℃。

（2）防湿：育雏室的窗门不宜密闭，要注意通风透光，室内相对湿度以维持在60%～65%为宜。室内不宜放置湿物，水槽中的水切勿外溢，以保持地面干燥。

(3) 分群：雏鹅可采用地面分格垫草圈养，将育雏室分为若干小间，每小间饲养30～50只。1～5日龄25只/平方米，6～10日龄20只/平方米，11～15日龄15只/平方米，16～20日龄12只/平方米，21日龄8～10只/平方米，22日龄以上8只/平方米。

(4) 清洁卫生和防鼠：经常打扫地面和更换垫草。水槽和料槽要每天清洗，保持干净，每隔3天整个育雏室用高效消毒药（如戊二醛）消毒。育雏室晚上要点灯，以便观察雏鹅的动静和防止鼠害。

(5) 隔离：在日常管理中如发现体质瘦弱、行动迟缓、食欲不振、排粪异常的雏鹅应马上隔离饲养和治疗。

四、育成鹅的饲养管理

育成鹅是指30日龄到70日龄的鹅。

（一）日常管理

小鹅可全天在户外活动，如果阳光充足，则让鹅自由下水游泳，晚上赶回舍内休息，池水要保持清洁，最好每天更换。若遇冬春气温较低，对25～35日龄的小鹅需用红外线灯保温，使舍内温度控制在20℃左右。35天后小鹅体温调节能力增强，夜间控制好门窗，保持通风良好，气流不宜过速。经常查巡鹅舍，使鹅只均匀分布，避免出现挤压。5～8周龄仔鹅舍内饲养密度10只/平方米，9～10周龄仔鹅舍内饲养密度6～8只/平方米。做好消毒。

（二）饲养管理

为方便管理和减少鹅只堆挤，一般可按400只一群，分开管理。30日龄后鹅生长发育还是很快，消化器官发达，青粗饲料利用力强，可加大青粗饲料的投饲量，降低饲料成本。30～50日龄又是鹅长骨骼的时期，通过粗饲，使鹅躯体增大，为后期肥育打好基础。饲料配方为玉米63%、麦麸21.2%、豆粕13.5%、骨粉1.2%、稻谷壳0.4%、磷酸氢钙0.5%、食盐0.2%，适量添加多种维生素、蛋氨酸、赖氨酸添加剂。30～55日龄日喂3次，以每次基本吃完为宜。

实行放牧的，以放牧为主，依放牧地或青饲料条件适当补喂混合饲料，饲料配方可参考舍饲鹅配方，每只成鹅每日约采青料2～2.5千克，依培育种鹅与育肥鹅酌情补喂混合精料300～400克，30～50日龄的鹅每昼夜喂4～6次。51～80日龄每昼夜喂3～4次。放牧时鹅群应分 40～60 只为一群，将鹅群赶到牧地慢慢行走，不可聚集成堆、烈日曝晒或雨林。

饲养应该达到：鹅只健壮，体形适中，下腹空盈，体格大，食欲旺盛，羽毛干净有光泽。如果下腹充实、脂肪沉积多，就应增大粗料投放量，减缓脂肪沉积；食欲减退则应增加青料量，促进食欲。

55 日龄时，如果是饲养肉用仔鹅的，此时进入育肥期，这个时期应增大饲料中能量比例，使鹅迅速沉积脂肪，体重增加，提高饲养经济效益，同时也提高肉质风味（肌纤维间脂肪含量多，肉质滑嫩，味道鲜美）。饲料配方为玉米 75%、麦麸 10.2%、豆粕 13%、骨粉 1%、稻谷壳 0.2%、磷酸氢钙 0.4%、食盐 0.2%，适量添加多种维生素、蛋氨酸、赖氨酸添加剂。青料的用量以能维持鹅的食欲即可。到了 70 日龄的时候，狮头鹅的平均体重可以达到 6.5 千克左右，即可出栏上市了。

如果要留作种鹅，此时就要进行选留，公母比例按照 1∶4 留取，要头大、颈长、体形大而健壮、羽翼丰满的狮头鹅作为选种的条件，选种完成后即进入后备种鹅饲养阶段。

五、后备种鹅的饲养

后备期是指 70 日龄到 140 日龄的鹅。这一时期狮头鹅主要是进行换羽，体重及生长发育不明显，饲料量逐渐减少，70～120 日龄的鹅每天喂 2 次即可，有放牧条件的，以放牧采食为主，视采食情况不补或少量补充精饲料。120～140 日龄，此时换羽基本完成，还要根据第一次同样的标准进行第二次选种，将弱小、不健康的淘汰。

（一）限饲期的饲养管理

第二次选种以后，要在饲粮中加入适量的谷壳做填充量，为的是逐渐降低饲料营养水平，为进入限制饲期做好过过渡准备，一年以上的种鹅的休产期也属于限饲期，通过限制饲养，控制生长并促使生殖系统发育完善，对种鹅进入产蛋期的产蛋量和种蛋的受精率都有较大的影响。

可以通过饲料的饲喂量来调节限制饲养，可以按照每只鹅每天投喂统糠 200 克、稻谷壳 150 克的数量分两次饲喂，时间可以选择在每天的上午 7～8 时和下午 15～16 时。

(二) 日常管理

根据羽毛的生长和体质情况，到190～200天的时候，要进行拔羽，拔羽可以使狮头鹅整齐进入产蛋期，如果任种鹅的羽毛自行退换，鹅与鹅之间的产蛋期就会相差15天左右，所以拔羽有利于产蛋期的管理。这时正好是每年的芒种至夏至这段时间，拔出时毛根干枯，不带血，要拔去主副翼羽和尾羽，然后再开始加强饲养管理，以促进群体的正常发育。

六、种鹅的饲养管理

种鹅的饲料营养要求不高，采用配合日粮或全价配合日粮，具体的饲料配方如下：玉米54%、麦麸17%、豆粕22%、骨粉1.5%、稻谷壳4%、磷酸氢钙1.3%、食盐0.2%，还要添加1000克的蛋氨酸、200克的多种维生素、15克的粗蛋白质。每只鹅每天投喂300～350克，分两次投喂，投喂时间可以选择在上午7～8时和下午16～17时。种群的公母比例为1∶4。但是在大群饲养时，为了防止因公鹅伤病而影响鹅蛋的受精率，可以在第二次选留种时，按照每群留取公鹅2～3只作为备用，以保证受精率，这几只鹅要隔离饲养。

鹅的自然交配是在水上完成的，所以，养殖者要掌握鹅的每天下水规律，鹅的产蛋时间不一，一般在每天的下半夜至上午居多，要求饲养员每天要拣蛋3～4次，及时将蛋拣出，防止鹅蛋因母鹅抱孵或者受污染而影响孵化率。另外，拣完蛋后还要更换鹅舍内的垫草，更换垫草时要彻底清除干净，通常每隔3天更换一次，以保持鹅舍的干净卫生。

鹅蛋拣出后不要随便放，要将鹅蛋摆放到专门的支架上，保持鹅蛋的通风干燥。

七、疫病防治

狮头鹅较其他禽类抗病力强，在平时做好鹅舍的消毒工作，做好常见的病的预防工作。主要有小鹅瘟、大肠杆菌病、鸭瘟、巴氏杆菌病等。常用的免疫程序为：第1日龄注射小鹅瘟蛋黄抗体1毫升（母源抗体高可不注）；7～10日龄注射小鹅瘟弱毒活疫苗1～2羽份；15～20日龄注射大肠杆菌、巴氏杆菌二联灭活菌苗；28～30日龄注射鸭瘟弱毒活疫苗20～25羽份。

经验之三十二：鹅层叠式网上育雏技术

雏鹅的饲养管理是养好鹅的基础，决定着鹅的生长发育和成活率的高低，一旦育雏管理出差错，将会造成鹅大小不均，生产周期延长，生产成本加大，直接影响经济效益。

一、网床结构

网床主体框架多采用木头结构，底层距地面65～70厘米，每张框架上下可设3层硬质塑料网（多者4～5层），每层长285厘米、宽70厘米、高55厘米，每层塑料网又隔成3小格，周围用20厘米高的竹条作围栏，每层硬质塑料网的底部用木条增强塑料网的承重力，同时缩小塑料网的网眼，以防挤伤雏鹅的脚。除底层外，每层下面设置倾斜的承粪板，及时排掉上层排下的粪便和水。网床宜靠墙放置，中间留有过道，便于饲养人员操作。

煤炉放置在网床之间，排烟散热管道高度应略低于网床的底层，烟道采用散热快的薄金属材料，烟道与煤炉接口处要衔接好，防止废气泄漏。烟道在室内的长度应尽可能长，以保证充分散热。

二、网上育雏的优点

（1）设备简单　层叠式网床的主体框架采用木结构，内部铺设塑料网，网下加木托。材料成本低，资金投入少，拆建容易，移动方便，便于清洗消毒。

（2）节约空间　采用此法育雏可充分利用育雏舍空间，按每张网床3层9格计，每张网床可育雏鹅180只，如为4层或5层，则每张网床可育240只或300只。一间20平方米的育雏舍至少可放置4张网床，最少可育雏鹅720只。如采用地面网上育雏，同样的数量则需40平方米左右的育雏舍。

（3）给温成本低　层叠式网上育雏占地少，与其他育雏方式相比减少了育雏空间，育雏舍内升温快，保温效果好，减少了能源消耗，降低了给温成本。

（4）容易管理　采用层叠式网上育雏易管理，有利于粪便的清理，避免了使用垫料不卫生、操作强度大的缺点，减少了雏鹅与粪便接触的机会，降低了发病率和用药成本。同时，由于及时清理粪便，有效降低了育雏舍内的湿度及有害气体浓度。

三、注意事项

（1）定期翻鹅　通过调查发现，网床最上层与最下层有一定温差，一般为2～3℃，层数越多，温差越大。因此，在生产中，上下层雏鹅需定期调换，防止上下层温差过大。一般10日龄以内的雏鹅2天调换1次，10日龄后可3天换1次。具体操作为：如网床设计的是四层，可将最上层（第4层）翻到最下层（第1层），2层和3层互翻。或循环调换，将底层翻到2层，2层翻到3层，以次类推。在生产中发现，有些养殖户长期不翻层，影响了雏鹅的整齐度和成活率。

（2）增加底层光照　由于育雏架高，底层光线往往不足，影响底层雏鹅采食，因此生产中需增加底层光线，但不宜过亮，以柔和白炽灯为宜，保证雏鹅能够看到饲料和饮水。

（3）加强通风换气　由于鹅舍空间小，养鹅密度大，同时鹅粪中含水量较大，因此鹅舍内湿度较大，要在保证鹅舍适宜温度的基础上，加强通风换气，做到每天清粪一次，使育雏舍内相对湿度在65%左右。

第五章 防病与治病

经验之一：隔离制度很重要

鹅传染病的发生是由传染源、传染媒介和易感鹅群三个环节构成的。患传染病的病鹅，是重要的传染源。不明显的带病原体的鹅，虽然本身不致病，但排出的病原体可引起敏感的鹅发生疾病，造成流行；传播途径分为直接接触和间接接触两种。多数鹅传染病的传播是通过间接接触，即病鹅或其排出的病原污染饲料、饮水、空气、土壤等，使健康的鹅吃入或接触而感染发病，并把病传染开来；鹅群的易感性，决定于鹅饲养管理水平和免疫程度。饲养管理合理，及时进行免疫接种，就可以提高鹅群抵抗力和特殊免疫力，降低易感性。可见，三者之中，只要控制其中一个环节，就可控制疾病的流行。因此，实行隔离制度是切断传染病流行的最重要措施。

隔离制度通常有鹅场及鹅舍的隔离、实行全进全出和鹅群的隔离。

一、鹅场及鹅舍的隔离

鹅场应远离交通要道和居民点，最少要相隔1公里；鹅场内的工作区和生活区要分开，注意鹅群的卫生防疫。鹅场布局要就地势的高低和主导风向，按防疫需要合理安排免疫程序。依次为职工生活管理区—鹅饲养区—粪污处理区。鹅场有2栋以上的鹅舍时，鹅舍之间最少要相隔10米；种鹅场应设在上风向，与商品鹅场、屠宰场或其他养禽场保持间距在500米以上；孵化室应设在种鹅场附近，位于上风向，并与商品鹅场隔开一定距离；鹅场的周围应栽树，鹅舍的外面要有围墙。

养鹅场要制定严格的生物安全制度。如新引进的鹅（雏鹅、幼鹅和小母鹅）移动时要用消毒过的运输工具（如箱、篓和车辆等）；每栋鹅舍要有单独的饲养员，各舍饲养员禁止串场、串岗，以防交叉感染；服务人员做疫苗接种或因其他原因需要进入鹅舍时，需要穿消毒过的服装、帽子和靴子；病、死鹅必须做无害化处理（最好烧掉或埋掉）；运送垫料或其他物品的车要消毒；无关人员不准进入场区和鹅舍，要控制和消灭鹅舍附近的昆虫；饲养员和其家庭成员应避免同养禽业有关的行业相接触，如屠宰场、孵化场，不要参观其他的鹅场和鸟类养殖场；养鹅场有防止野鸟进入鹅舍内的防护网；鹅舍内不许养观赏鸟、猫和犬；鹅舍内的垫草、鹅粪和其他废料应送往远离鹅舍 1 公里以外的地方，发酵后作为肥料等。

二、养鹅生产实行全进全出

鹅需要按群（不同批次的雏鹅不能混养）、年龄（每一栋鹅舍甚至鹅场只养同龄的鹅）和品种分隔开。

三、鹅群的隔离

鹅群隔离就是在检疫的基础上，将发病禽、可以感染禽和假定健康禽分开饲养。目的是控制传染源，保护易感动物，防止疫情扩大，以便将疫情限制在最小的范围内就地扑灭。同时也便于对发病禽的治疗、对可疑感染禽和假定健康水禽进行紧急免疫接种等防疫措施。隔离的方法分为以下三类。

（一）发病禽

包括有典型症状、前驱症状以及感染群中非典型症状特殊检查（微生物学或分子生物学检测）为阳性的禽等都是危险的传染源。若是烈性传染病，应依据国家相关法律法规中的有关规定进行处理。若是一般性疾病可进行隔离，病禽少时，将其从大群中剔除处理或直接淘汰。病禽数量多时或没有隔离舍，则将其留在原舍隔离治疗。

（二）可疑感染禽

指未发现任何症状，但与病禽同群、同舍或有果明显接触者，可能已经处于潜伏期，因此，也要隔离，进行药物防治或其他紧急防疫。

（三）假定健康禽

除上述两类外，场内其他禽均属于假定健康禽。也要注意隔离，加强消毒，进行各种紧急防疫。

经验之二：养鹅场消毒绝不是可有可无

消毒是养鹅场最常见的工作之一。保证养鹅场消毒效果可以节省大量用于疾病免疫、治疗方面的费用。随着养鹅业发展趋于集约化、规模化，养鹅人必须充分认识到养鹅场消毒的重要性。

但是很多养鹅场经营者，还对此认识不足，主要存在以下几个方面的问题：一是认为消毒可有可无。有的做消毒时应付了事，鹅舍没有彻底清扫、冲洗干净，就急忙喷洒消毒药液，使消毒剂先与环境中存在的有机物结合，以致对微生物的杀灭作用大为降低，很难达到消毒效果；有的嫌麻烦不愿意做，有的隔三差五做一次。听说周围养鹅场有疫情了，就做一做，没有疫情就不做。本场发生传染病了，就集中做几次，时间一长又不坚持做了；有的干脆就不做。有的虽然做了消毒，但结果鹅还是得病了，所以就认为消毒没什么作用。二是不知道消毒方法。在消毒方法上，不懂得消毒程序，不知道怎样消毒，以为水冲干净、粪清干净就是消毒。有的养鹅场配制消毒剂时任意增减浓度。消毒剂的配比浓度过低，不能杀灭病原微生物。虽然浓度越大对病原微生物杀灭作用越强，但是浓度增大的范围是有限的，不是所有的消毒剂超出限度就能提高消毒效力。因为各种化学消毒剂的化学特性和化学结构不同，对病原微生物的作用也是各不相同。三是不会选择消毒药品。消毒药品单一，不知道根据消毒对象选择合适的消毒药品。有的养鹅场长期使用1～2种消毒剂，没有定期更换，致使病原体产生耐药性，影响消毒效果。有的贪图便宜，哪个便宜买哪个，从市场上购进无生产批号、无生产厂家、无生产日期的“三无消毒药”，使用后不但没达到消毒目的，反而影响生产，造成经济损失。

消毒的目的是消灭病原微生物，如果存在病原微生物就有传播的可能，最常见的疾病传播方式是鹅与鹅之间的直接接触，引入疾病的最大风险总是来自于感染的家禽。其他能够传播疾病的方式包括：空气传播，例如来自相邻鹅场的风媒传播；机械传播，例如通过车辆、机械和设备传播；人员传播，通过鞋和衣物；鸟、鼠、昆虫以及其他动物（家养、农场和野生）；污染的饲料、水、垫料等。

疾病要想传播，首先必须有足够的活体病原微生物接触到鹅只。生物安全就是要尽可能减少或稀释这种风险。因此，卫生、清洗消毒就成了生物安全计划不可分割的部分。

因此，一贯的、高水准的清洗消毒是打破某些传染性疾病在场内再度感染的有效方式。所以，养鹅场必须高度重视消毒工作。

经验之三：鹅舍消毒马虎不得

鹅舍的彻底消毒对防止疾病传播起到至关重要的作用，是实现全进全出制度的重要步骤。鹅舍消毒是在一批鹅淘汰或转群后，在鹅舍空栏的情况下而进行的消毒。包括舍内门窗、墙壁、地面、笼具和工具等，要求先顶棚后地面、先移出设备后清洗、先室内后环境等顺序，消毒要彻底，不留死角。清扫出来的杂物要集中运到制定垃圾处理处填埋或焚烧处理，不能随便堆置在鹅舍附近。冲洗出的污水要排到下水道内，不应任其自由漫流，以至于对鹅舍周围环境造成新的人为污染。

鹅舍消毒的程序：清扫—冲洗—干燥—火焰消毒—第一次化学消毒—10%石灰乳粉刷墙壁和天棚—移入已洗净的笼具等设备并维修—第二次化学消毒—干燥—高锰酸钾和甲醛熏蒸消毒。

消毒前必须经过彻底的清洗，因为彻底的清洁是有效消毒的前提。同时进行清洗和消毒是没有作用的。除了高活性的碱液（如氢氧化钠）和某些特殊组方的复方消毒剂外，一般消毒剂哪怕是接触到最微量的有机物（污物、粪便）也会失去杀菌力，达不到杀灭病原微生物的效果。靠提高浓度来消毒的想法是荒谬的，即使提高2～4倍也不会有任何加强效果，只会加大成本；另一方面，过高浓度的消毒液会严重腐蚀鹅舍设备。

清扫对于淘汰或转群后的鹅舍，要将舍内的垫草垃圾、粪便、羽毛等废弃物清除掉，将地面、门窗、屋顶、笼架、蛋箱、用具、灯泡等的灰尘清扫干净。

冲刷用水冲刷舍内的墙壁、地面、笼架、用具等。有条件的用高压水枪冲洗效果更好（图 5-1）。墙角、笼架下、粪道、风道、烟道等都要冲刷干净。

火焰消毒用火焰枪对墙壁、地面、笼架及不怕烧的用具表面进行消毒，速度为每分钟 2 平方米。

第一次化学消毒用消毒药喷洒或浸泡消毒用消毒药喷洒墙壁、门窗、顶棚、笼架等，料水槽能拿的可放到大容器内用 1% 苛性钠液或百毒杀液浸泡 1 天，刷净，用清水冲洗干净，晾干备用；要用消毒液反复擦洗料槽。

第二次化学消毒选择常规的氯制剂、表面活性剂、酚类消毒剂、氧化剂等用高压喷雾器按顺序喷洒。

高锰酸钾和甲醛熏蒸消毒（图 5-2）：熏蒸用药量根据实际情况分为三级消毒。一级消毒适用于发生过一般性疾病或未养过鹅的鹅舍；二级消毒适用于发生过较重传染病的鹅舍，如球虫病、大肠杆菌病等；三级消毒适用于发生过烈性传染病的鹅舍，如小鹅瘟、鹅禽流感等。

图 5-1 正在进行消毒作业

图 5-2 正在喷雾消毒作业

每立方米用药量：一级，高锰酸钾 7 克、福尔马林 14 毫升；二级，高锰酸钾 14 克、福尔马林 28 毫升；三级，高锰酸钾 21 克、福尔马林 42 毫升。

有条件的鹅场在熏蒸消毒前将灯线或灯泡更换新的，以防消毒不严或漏电。还要注意通风孔及风扇处的消毒清洗。鹅场用于周转的饲料袋最好一批鹅一次更新，或将用过的料袋放入来苏尔水中浸泡 24 小时，再用清水冲洗，晾干后再熏蒸，定点使用效果更好。

鹅舍一旦消毒完毕，任何人不能随意进入。

经验之四：养鹅场消毒时机的把握

一是进鹅前消毒。

购买雏鹅或者育成鹅进入育肥舍或种鹅舍的至少提前一周时间，对育雏舍或者育肥舍及其周边环境进行一次彻底消毒，杀灭所有病源微生物。

二是定期消毒。

病源微生物的繁殖能力很强，无论养禽还是养畜，都要对畜禽圈舍及其周围环境进行定期消毒。规模养殖场都要有严格的消毒制度和措施，一般每月至少消毒1～2次。

三是鹅转群或者淘汰出栏后。

鹅转群或者淘汰出栏后，舍内外病源微生物较多，必须来一次彻底清洗和消毒。消毒鹅舍的地面、墙壁及其周边，所有的清理出的垃圾和粪便要集中处理，鹅粪和垫料可堆积发酵，垃圾可单独焚烧或者深埋，所有养殖工具要清洗和药物消毒。

四是高温季节。

加强消毒夏季气温高，病原微生物极易繁殖，是畜禽疾病的高发季节。因此，必须加大消毒强度，选用广谱高效消毒药物，增加消毒频率，一般每周消毒不得少于1次。

五是发生疫情紧急消毒。

如果畜禽发生疫病，往往引起传染，应立即隔离治疗，同时迅速清理所有饲料、饮水和粪便，并实施紧急消毒，必要时还要对饲料和饮水进行消毒。当附近有畜禽发生传染病时，还要加强免疫和消毒工作。

经验之五：影响消毒效果的主要因素

一、消毒剂的选择是否正确

要选择对重点预防的疫病有高效消毒作用的消毒剂，而且要适合消毒的对象，不同的部位适合不同的消毒剂，地面和金属笼具最适合氢氧化钠，空间消毒最适合甲醛和高锰酸钾。

不同的消毒液对不同的病原体敏感性是不一样的，一般病毒对含碘、溴、过氧乙酸的消毒液比较敏感，细菌对含双链季铵盐类的消毒液比较敏感。所以，在病毒多发的季节或鹅生长阶段（如冬春）应多用含碘、含溴的消毒液，而细菌病高发时（如夏季）应多用含双链季铵盐类的消毒液。对于球虫类的卵囊，则用杀卵囊药剂。

各种病原体只用一种消毒剂消毒不行，总用一种消毒液容易使病菌产生耐药性，同一批鹅应交替使用2～3种消毒液。消毒液选择还要注意应选择不同成分而不是不同商品名的消毒液。因为市面上销售的消毒液很多是同药异名。

二、稀释浓度是否合适

药液浓度是决定消毒剂对病原体杀伤力的第一要素，浓度过大或者过小都达不到消毒的效果，消毒液浓度并不是越高越好，浓度过高一是浪费，二会腐蚀设备，三还可能对鹅造成危害。另外，有些消毒药浓度过高反而会使消毒效果下降，如酒精在75%时消毒效果最好。对粘度大，难溶于水的药剂要充分稀释，做到浓度均匀。

三、药液量是否足够

要达到消毒效果，不用一定量的药液将消毒对象充分湿润是不行的，通常每立方米至少需要配制200～300毫升的药液。太大会导致舍内过湿，用量小又达不到消毒效果。一般应灵活掌握，在鹅群发病、育雏前期、温暖天气等情况下应适当加大用量，而天气冷、鹅育雏后期用量应减少。只有浓度正确才能充分发挥其消毒作用。

四、消毒前的清洁是否彻底

有机物的存在会降低消毒效果。对欲消毒的地面、门窗、用具、设备、屋顶等均须事先彻底消除有机物，不留死角，并冲洗干净。污物或灰尘、残料（如蛋白质）等都会影响消毒液的消毒效果，尤其在进雏前消毒育雏用具时，一定要先清洗再消毒，不能清洗消毒一步完成，否则污物或残料会严重影响消毒效果，使消毒不彻底。用高压加高温水，容易使床面黏着的脏物和油污脱落，而且干得快，从而缩短了工作时间。此外，在水洗前喷洗净剂，不仅容易使床面黏着的鹅粪剥落，同时也能防止尘埃的飞散。再则，在洗净时用铁刷擦洗，能有效地减少细菌数。

五、消毒的时间是否足够

消毒药与病原体的接触时间。任何消毒剂都需要同病原体接触一定的时间，才能将其杀死，一般为30分钟。

六、消毒的环境温度和湿度是否满足

消毒剂的消毒效果与温度和湿度都有关。一般情况下，消毒液温度高，消毒效果可加大，温度低则杀毒作用弱、速度慢。实验证明，消毒液温度每提高10℃，杀菌效力增加1倍，但配制消毒液的水温不超过45℃为好。另外，在熏蒸消毒时，需将舍温提高到20℃以上，才有较好的效果，否则效果不佳（舍温低于16℃时无效）；很多消毒措施对湿度的要求较高，如熏蒸消毒时需将舍内湿度提高到60%～70%，才有效果；生石灰单独用于消毒是无效的，须洒上水或制成石灰乳等。所以消毒时应尽可能提高药液或环境的温度，以及满足消毒剂对湿度的要求。

七、pH值是否吻合

由于冲洗不干净，鹅舍内的pH值偏高（pH8～9）呈碱性，而在酸性条件下才有效的消毒药物此时其效果将受到影响。

八、水的质量是否达标

所有的消毒剂性能在硬水中都会受到不同程度的影响，如苯制剂、煤酚制剂会发生分解，降低其消毒效力。

九、消毒是否全面

一般情况下对鹅的消毒方法有三种，即带鹅（喷雾）消毒、饮水消毒和环境消毒。这三种消毒方法可分别切断不同病原的传播途径，相互不能代替。带鹅消毒可杀灭空气中、禽体表、地面及屋顶墙壁等处的病原体，对预防鹅呼吸道疾病很有意义，还具有降低舍内氨气浓度和防暑降温的作用；饮水消毒可杀灭鹅饮用水中的病原体并净化肠道，对预防鹅肠道病很有意义；环境消毒包括对禽场地面、门口过道及运输车（料车、粪车）等的消毒。很多养殖户认为，经常给鹅饮消毒液，鹅就不会得病。这是错误的认识，饮水消毒操作方法科学合理，可减少鹅肠道病的发生，但对呼吸道疾病无预防作用，必须通过带鹅消毒来实现。因此，只有用上述3种方法共同给鹅消毒，才能达到消毒目的。

经验之六：养鹅场常用的消毒方法

一、紫外线消毒

紫外线杀菌消毒是利用适当波长的紫外线能够破坏微生物机体细胞中的DNA（脱氧核糖核酸）或RNA（核糖核酸）的分子结构，造成生长性细胞死亡和（或）再生性细胞死亡，达到杀菌消毒的效果。鹅场的大门、人行通道可安装紫外线灯消毒，工作服、鞋、帽也可用紫外线灯照射消毒（图5-3）。紫外线对人的眼睛有损害，要注意保护。

图5-3 养殖人员更衣室紫外线消毒

二、火焰消毒

地面火焰消毒是直接用火焰杀死微生物，适用于一些耐高温的器械（金属、搪瓷类）及不易燃的圈舍地面、墙壁和金属笼具的消毒。在急用或无条件用其他方法消毒时可采用此法，将器械放在火焰上烧灼1～2分钟。烧灼效果可靠，但对消毒对象有一定的破坏性。应用火焰消毒时必须注意房舍物品和周围环境的安全。对金属笼具（图

5-4)、地面（图 5-5)、墙面可用喷灯进行火焰消毒。

图 5-4　笼具火焰消毒操作

图 5-5　地面火焰消毒操作

三、煮沸消毒

煮沸消毒是一种简单消毒方法。用煮沸消毒器（图 5-6）将水煮沸至 100℃，保持 5～15 分钟可杀灭一般细菌的繁殖体，许多芽孢需经煮沸 5～6 小时才死亡。在水中加入碳酸氢钠至 1%～2%浓度时，沸点可达 105℃，既可促进芽孢的杀灭，又能防止金属器皿生锈。在高原地区气压低、沸点低的情况下，要延长消毒时间（海拔每增高 300 米，需延长消毒时间 2 分钟）。此法适用于饮水和不怕潮湿耐高温的搪瓷、金属、玻璃、橡胶类物品的消毒。

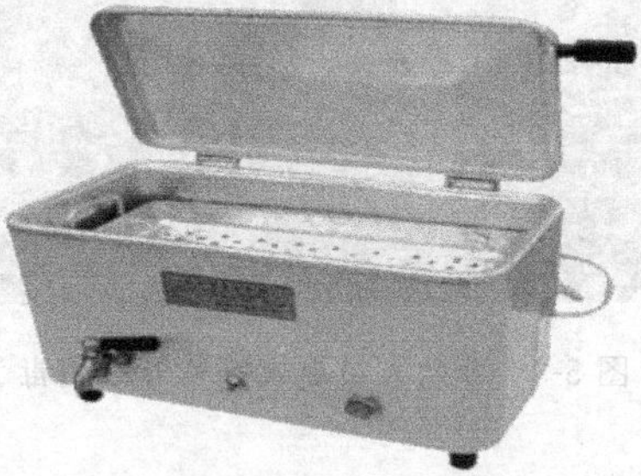

图 5-6　煮沸消毒器

煮沸前应将物品刷洗干净，打开轴节或盖子，将其全部浸入水中。锐利、细小、易损物品用纱布包裹，以免撞击或散落。玻璃、搪瓷类放入冷水或温水中煮；金属橡胶类则待水沸后放入。消毒时间均从水沸后开始计时。若中途再加入物品，则重新计时，消毒后及时取出物品。

四、熏蒸消毒

熏蒸消毒是用消毒剂气体对物品进行消毒或灭菌的处理方法（图5-7），是禽舍常用和有效的一种消毒方法。其最大优点是熏蒸药物能均匀地分布到禽舍的各个角落，消毒全面彻底、省事省力，特别适用于禽舍内空气污染的消毒。常用福尔马林气体熏蒸，一般每立方米空间用福尔马林 25 毫升，加入高锰酸钾 12.5 克产生福尔马林气体。过氧乙酸亦可用于熏蒸，按每立方米空间用 1～3 克纯品，配成 3%～5%溶液，加热产生气体熏蒸。密闭的房舍、孵化器等可用熏蒸消毒法。

图 5-7 熏蒸消毒操作

五、喷洒消毒

喷洒消毒此法最常用，将消毒药配制成一定浓度的溶液，用喷雾器对消毒对象表面进行喷洒，要求喷洒消毒之前应把污物清除干净，因为有机物特别是蛋白质的存在，能减弱消毒药的作用（图5-8，图 5-9）。顺序为从上至下，从里至外。适用于鹅舍、场地等环境。

六、生物热消毒

生物热消毒指利用嗜热微生物生长繁殖过程中产生的高热来杀灭或清除病原微生物的消毒方法。将收集的粪便堆积起来后，粪便中便形成了缺氧环境，粪中的嗜热厌氧微生物在缺氧环境中大量生长并产生热量，能使粪中温度达 60～75℃，这样就可以杀死粪便中病毒、

图 5-8 喷洒消毒操作（一）

图 5-9 喷洒消毒操作（二）

细菌（不能杀死芽孢）、寄生虫卵等病原体（图 5-10）。适用于污染的粪便、饲料及污水、污染场地的消毒净化。

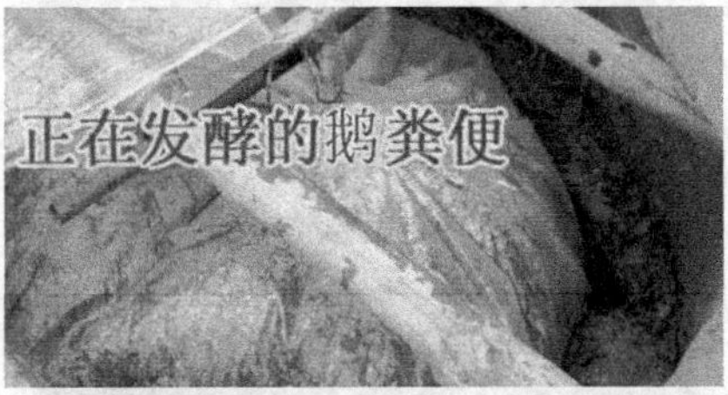

图 5-10 堆肥发酵

七、焚烧法

焚烧法是一种简单、迅速、彻底的消毒方法，是消灭一切病原微生物最有效的方法，因对物品的破坏性大，故只限于处理传染病动物尸体、污染的垫料、垃圾等。焚烧应在深坑焚烧后填埋（图 5-11）或在专用的焚烧炉（图 5-12）内进行。焚烧时要注意安全，须远离易燃易爆物品，如氧气、汽油、乙醇等。燃烧过程中不得添加乙醇，以免引起火焰上窜而致灼伤或火灾。对鹅舍垫料、病鹅死尸可进行焚烧处理。

八、深埋法

深埋法是将病死禽、污染物、粪便等与漂白粉或新鲜的生石灰混合，然后深埋在地下 2 米左右处（图 5-13，图 5-14）。

图 5-11　深坑焚烧后填埋

图 5-12　焚烧炉焚烧

图 5-13　深埋操作（一）

图 5-14　深埋操作（二）

九、高压蒸汽灭菌法

高压蒸汽灭菌是在专门的高压蒸汽灭菌器（图 5-15）中进行的，是利用高压和高热释放的潜热进行灭菌，是热力灭菌中使用最普遍、效果最可靠边的一种方法。其优点是穿透力强、灭菌效果可靠、能杀

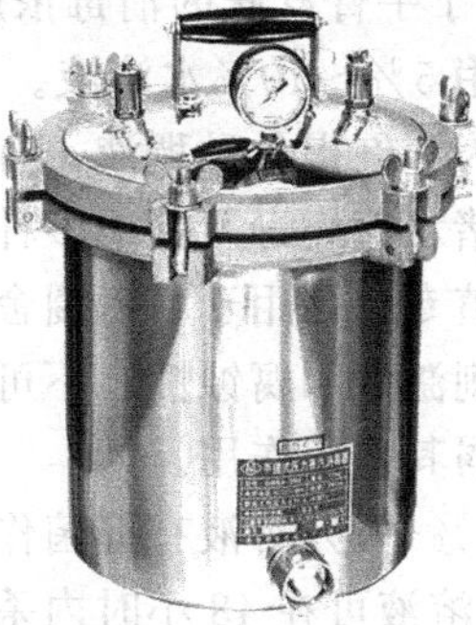
图 5-15　高压蒸汽灭菌器

灭所有微生物。高压蒸汽灭菌法适用于敷料、手术器械、药品、玻璃器皿、橡胶制品及细菌培养基等的灭菌。

十、发泡消毒

发泡消毒法是把高浓度的消毒药用专用发泡机制成泡沫散布鹅舍内面及设施表面。主要用于水资源贫乏地区或为了避免消毒后的污水进入污水处理系统破坏活性污泥的活性以及自动环境控制鹅舍，一般用水量仅为常规消毒法的1/10。

经验之七：养鹅常用的消毒剂及选择

一、养鹅常用的消毒剂种类

(1) 来苏尔：又称煤酚皂液、甲酚皂液。为黄棕色至红棕色的黏稠澄清液体，有甲酚的臭味，能溶于水和甲醇中，含甲酚50%。甲酚是邻、间、对甲苯酚的混合物。杀菌力强于苯酚2倍，对大多数病原菌有强大的杀灭作用，也能杀死某些病毒及寄生虫，但对细菌的芽孢无效。对机体毒性比苯酚小。与苯酚相比，甲酚杀菌作用较强，毒性较低，价格便宜，应用广泛。但来苏尔有特异臭味，不宜用于肉、蛋或肉、蛋库的消毒；有颜色，不宜用于棉毛织品的消毒。

可用于畜禽舍、用具与排泄物及饲养人员手臂的消毒。用于畜禽舍、用具的喷洒或擦抹污染物体表面，使用浓度为3%～5%，作用时间为30～60分钟。用于手臂皮肤的消毒浓度为1%～2%。消毒敷料、器械及处理排泄物用5%～10%水溶液。

(2) 复合酚：本品为深红褐色黏稠液，有特臭。消毒防腐药，能有效杀灭口蹄疫病毒、猪水疱病毒及其他多种细菌、真菌、病毒等致病微生物。用于畜禽养殖专用，用于畜禽圈舍、器具、场地排泄物等消毒。对皮肤、黏膜有刺激性和腐蚀性；不可与碘制剂合用；碱性环境、脂类、皂类等能减弱其杀菌作用。

苯酚为原浆毒，0.1%～1%溶液有抑菌作用，1%～2%溶液有杀灭细菌和真菌作用，5%溶液可在48小时内杀死炭疽芽孢。该品一般配成2%～5%溶液用于用具、器械和环境等的消毒。

(3) 复方煤焦油酸溶液：商品名农福、农富，为淡色或淡黑色黏性液体。具有煤焦油和醋酸的特异酸臭味。为广谱、高效、新型消毒剂。可杀灭细菌、霉菌和病毒，对多种寄生虫卵也有杀灭作用。还能抑制蚊、蝇等昆虫和鼠害的滋生。主要用于畜禽舍、笼具、饲养场地、运输工具及排泄物的消毒。喷雾消毒时，应注意保护人体皮肤，勿与消毒液接触。

使用时多以喷雾法和浸洗法。1%～1.5%的水溶液用于喷洒畜禽舍的墙壁、地面，1.5%～2%的水溶液用于器具的浸泡及车辆的浸洗或用于种蛋的消毒。

(4) 过氧乙酸：又名过醋酸，无色透明，有强烈的刺激性醋酸气味的液体。溶于水、乙醇、甘油、乙醚。水溶液呈弱酸性。热至110℃强烈爆炸。产品通常为32%～40%乙酸溶液。过氧乙酸是强氧化剂，易挥发，并有强腐蚀性。

为高效、速效、低毒、广谱杀菌剂，对细菌繁殖体、芽孢、病毒、霉菌均有杀灭作用。作为消毒防腐剂，其作用范围广，使用方便，对畜禽刺激性小，除金属外，可用于大多数器具和物品的消毒，常用作带畜禽消毒，也可用于饲养人员手臂的消毒。市售消毒用过氧乙酸多为20%浓度的制剂。

浸泡消毒：0.04%～0.2%溶液用于饲养用具和饲养人员手臂消毒。

空气消毒：可直接用20%成品，每立方米空间1～3毫升。最好将20成品稀释成4%～5%溶液后，加热熏蒸。

喷雾消毒：5%浓度，对室内和墙壁、地面、门窗、笼具等表面进行喷洒消毒。

带鹅消毒：0.3%浓度用于带鹅消毒，每立方米30毫升。

饮水消毒：每升水加20%过氧乙酸溶液1毫升，让畜禽饮服，30分钟用完。

(5) 氢氧化钠：俗称烧碱、火碱、片碱、苛性钠，为一种具有高腐蚀性的强碱一般为片状或颗粒形态，易溶于水并形成碱性溶液，另有潮解性，易吸取空气中的水蒸气。能使蛋白质溶解，并形成蛋白化合物。可杀灭病毒、细菌和芽孢，加温为热溶液杀菌作用增加。但对皮肤、纺织品和铝制品腐蚀作用很大。配成2%热溶液，可喷洒消毒圈舍、场所、用具及车辆等。配成3～5%热溶液，可喷洒消毒被炭疽芽孢污染的地面。消毒圈舍时，应先将畜禽赶（牵）出圈外，以半天时间消毒后，将消毒过的饲槽、水槽、水泥或木板圈地用清水冲洗后，再让畜禽进入。

（6）生石灰：又称氧化钙，为白色或灰白色块状或粉末，无臭，主要成分为氧化钙，易吸水，遇水生成氢氧化钙起消毒作用。氢氧根离子对微生物蛋白质具有破坏作用，钙离子也使细菌蛋白质变性而起到抑制或杀灭病原微生物的作用。生石灰加水生成的氢氧化钙对大多数细菌的繁殖体有效，但对细菌的芽孢和抵抗力较强的细菌如结核杆菌无效。因此常用于地面、墙壁、粪池和粪堆以及人行通道或污水沟的消毒。10%～20%石灰乳可用于涂刷墙壁、消毒地面。10%～20%的石灰乳配制方法是：取生石灰 5 千克加水 5 千克，待其化为糊状后，再加入 40～45 千克水搅拌均匀后使用。需现配现用。

（7）酒精：又称乙醇，为无色透明的液体，易挥发、易燃烧，应在冷暗处避火保存。乙醇主要通过使细菌菌体蛋白质凝固并脱水而发挥杀菌或抑菌作用。以70%～75%乙醇杀菌力最强，可杀死一般病原菌的繁殖体，但对细菌芽孢无效。浓度超过75%时，由于菌体表层蛋白迅速凝固而妨碍乙醇向内渗透，杀菌作用反而降低。

乙醇对组织有刺激作用，浓度越大刺激性越强。因此，用本品涂擦皮肤，能扩张局部毛细血管，增强血液循环，促进炎性渗出物的吸收，减轻疼痛。常用70%～75%乙醇用于皮肤、手臂、注射部位、注射针头及小件医疗器械的消毒，不仅能迅速杀灭细菌，还具有清洁局部皮肤、溶解皮脂的作用。

（8）甲醛：又称福尔马林，无色水溶液或气体。有刺激性气味。能与水、乙醇、丙酮等有机溶剂按任意比例混溶。液体在较冷时久贮易混浊，在低温时则形成三聚甲醛沉淀。蒸发时有一部分甲醛逸出，但多数变成三聚甲醛。该品为强还原剂，在微量碱性时还原性更强。在空气中能缓慢氧化成甲酸。甲醛能使菌体蛋白质变性凝固和溶解菌体类脂，可以杀灭物体表面和空气中的细菌繁殖体、芽胞下真菌和病毒。杀菌谱广泛且作用强，主要用于畜禽舍、孵化器、种蛋、仓库及器械的消毒。应用上主要与高锰酸钾配合做熏蒸消毒。

(9) 高锰酸钾：为紫红色结晶体，易溶于水，溶液呈紫红色。由于容易氧化，不能久置不用，最好临用前配制成1∶5000溶液。它是一种强氧化剂，对有机物的氧化作用、抗菌作用均是表浅而短暂的。低浓度高锰酸钾溶液（0.1%）可杀死多数细菌的繁殖体，高浓度时（2%～5%）在24小时内可杀死细菌芽孢。在酸性条件下可明显提高杀菌作用，如在1%的高锰酸钾溶液中加入1%盐酸，30秒即可杀死许多细菌芽孢。常用于饮水消毒（0.1%），与甲醛配合熏蒸消毒，化脓性皮肤病、慢性溃疡，浸泡或湿敷。注意如果配制的溶液太浓，呈深紫色，或未充分溶解，仍有小颗粒状的高锰酸钾，用在皮肤或创面上，常造成皮肤灼伤，呈点状坏死性棕黑色点状斑。因此应用时，必须稀释至浅紫色，且不能久存。

预防感染用0.05%～0.2%的高锰酸钾溶液冲洗鹅体表面的啄伤、扎伤、溃疡的伤口，可促进愈合；鹅在断喙前后饮用0.01%～0.02%的高锰酸钾水，可以消炎、止血。

饲具消毒用0.05%的高锰酸钾溶液，既可对饮水器、食槽等饲具进行浸泡消毒，也可用作青绿饲料、入孵种蛋的浸泡消毒。

(10) 碘伏：别名强力碘。碘伏是单质碘与聚乙烯吡咯烷酮的不定形结合物。聚乙烯吡咯烷酮可溶解分散9%～12%的碘，此时呈现紫黑色液体。但医用碘伏通常浓度较低（1%或以下），呈现浅棕色。碘伏具有广谱杀菌作用，可杀灭细菌繁殖体、真菌、原虫和部分病毒。可用于畜禽舍、饲槽、饮水等的消毒。也可用于手术前和其他皮肤的消毒、各种注射部位皮肤消毒、器械浸泡消毒等。

(11) 漂白粉：漂白粉是氢氧化钙、氯化钙和次氯酸钙的混合物，其主要成分是次氯酸钙，有效氯含量为30%～38%。漂白粉为白色或灰白色粉末或颗粒，有显著的氯臭味，很不稳定，吸湿性强，易受光、热、水和乙醇等作用而分解。漂白粉溶解于水，其水溶液可以使石蕊试纸变蓝，随后逐渐褪色而变白。遇空气中的二氧化碳可游离出次氯酸，遇稀盐酸则产生大量的氯气。国家规定漂白粉中有效氯的含量不得少于25%。

广泛使用漂白粉作为杀菌消毒剂，价格低廉、杀菌力强、消毒效果好。如用于饮用水和果蔬的杀菌消毒，还常用于游泳池、浴室、家具等设施及物品的消毒，还可用于废水脱臭、脱色处理上。在畜禽生产上一般用于饮水、用具、墙壁、地面、运输车辆、工作胶鞋等消毒。

(12) 新洁尔灭：新洁尔灭（溴苄烷铵）为无色或淡黄色澄清液体，易溶于水，水溶液稳定，耐热，可长期保存而效力不变，对金属、橡胶和塑料制品无腐蚀作用。抗菌谱较广，对多种革兰氏阳性和阴性细菌有杀灭作用。但对阳性细菌的杀菌效果显著强于阴性菌，对多种真菌也有一定作用，但对芽孢作用很弱。也不能杀死结核杆菌。本品杀菌作用快而强，毒性低，对组织刺激性小，较广泛用于皮肤、黏膜的消毒，也可用于鹅用具和种蛋的消毒。

0.1%水溶液用于蛋的喷雾消毒和种蛋的浸涤消毒（浸涤时间不超过3分钟）。0.1%水溶液还可用于皮肤黏膜消毒。0.15%～2%水溶液可用于鹅舍内空间喷雾消毒。

避免使用铝制器皿，以防降低本品的抗菌活性，忌与肥皂、洗衣粉等正离子表面活性剂同用，以防对抗或减弱本品的抗菌效力。由于本品有脱脂作用，故也不适用于饮水的消毒。

(13) 百毒杀：主要成分为双链季铵盐化合物，通常含量为10%，是一种高效表面活性剂。无色、无味液体，性质稳定。本品无毒、无刺激性，低浓度瞬间能杀灭各种病毒、细菌、真菌等致病微生物，具有除臭和清洁作用。主要用于舍、用具及环境的消毒。也用于孵化室、饮水槽及饮水消毒。

疾病感染消毒时，通常用0.05%溶液进行浸泡、洗涤、喷洒等。平时定期消毒及环境、器具、种蛋消毒，通常按1∶600倍水稀释，进行喷雾、洗涤、浸泡。饮水消毒，改善水质时，通常按1∶(2000～4000) 倍稀释。

二、消毒剂的选择

鹅舍常用消毒药品的选择与其他药物一样，化学消毒药对微生物有一定选择性，即使是广谱消毒药也存在这方面问题。因为不同种类的微生物（如细菌、病毒、真菌、霉形体等），或同类微生物中的不同菌株（毒株），或同种微生物的不同生物状态（如芽孢体和繁殖体等），对同种消毒药的敏感性并不完全相同。如细菌芽孢对各种消毒措施的耐受力最强，必须用杀菌力强的灭菌剂、热力或辐射处理，才能取得较好效果。故一般将其作为最难消毒的代表。其他如结核杆菌对热力消毒敏感，而对一般消毒剂的耐受力却比其他细菌为强。真菌孢子对紫外线抵抗力很强，但较易被电离辐射所杀灭。肠道病毒对过氧乙酸的耐受力与细菌繁殖体相近，但季铵盐类对之无效。肉毒杆菌素易被碱破坏，但对酸耐受力强。至于其他细菌繁殖体和病毒、螺旋体、支原体、衣原体、立克次体对一般消毒处理耐受力均差。常见消毒方法一般均能取得较好效果。所以，在选择消毒药时应根据消毒对象和具体情况而定。

选用的原则是首先要考虑该药对病原微生物的杀灭效力，其次是对鹅和人的安全性，同时还应具有来源广泛、价格低廉和使用方便等优点，才能选择使用。

经验之八：鹅舍熏蒸消毒方法及注意事项

一、适用

利用福尔马林与高锰酸钾发生反应快速释出甲醛气体杀死病原微生物。对于杀灭墙缝、地板缝中残余的病原微生物和虫卵效果好。熏蒸消毒法适合密闭条件好的空鹅舍的彻底消毒，简易鹅舍、开放式鹅舍或密闭条件不好的鹅舍不适用。

二、实施方法

熏蒸消毒之前，先要对鹅舍的所有门窗、墙壁及其缝隙等进行密封，可将鹅笼、网床、水槽、料槽等用具移进同时进行消毒。

按每立方米空间使用福尔马林溶液 28 毫升、高锰酸钾 14 克的标准（刚发生过疫病的鹅舍，要用 3 倍的消毒浓度，即每立方米空间用福尔马林溶液 42 毫升、高锰酸钾 21 克）准备整个鹅舍所需要的高锰酸钾和福尔马林溶液，然后将高锰酸钾放入消毒容器内置于鹅舍内，如果鹅舍面积过大，可以分成若干个消毒容器，分别放置在鹅舍内不同的部位，并将与高锰酸钾放入量相当的福尔马林溶液放在装有高锰酸钾的消毒容器旁边。

操作时，将福尔马林溶液全部倒入盛有高锰酸钾的消毒容器内，然后迅速撤离，把鹅舍门关严并进行密封，2～3 天后打开通风即可。

三、注意事项

（1）甲醛气体的穿透能力弱，只有表面的消毒作用。故进行熏蒸消毒之前，先要对鹅舍地面、墙壁和天花板等处的粪便、灰尘、蜘蛛网、鹅羽毛、饲料残渣等污渍和杂物进行彻底清扫，然后用高压喷雾式水枪对其进行冲洗，确保鹅舍内任何地方皆一尘不染，以便使甲醛气体能够和病毒、芽孢、细菌及细菌繁殖体等病原微生物充分接触。

（2）能够对鹅舍进行熏蒸消毒的有效药物是甲醛气体，它在鹅舍内的浓度越高、停留时间越长，消毒的效果就越好。因此，熏蒸消毒之前，一定要用塑料薄膜或胶带将鹅舍的所有门窗、墙壁及其缝隙等密封好。

（3）盛消毒液的容器要比消毒液体积大5～10倍，以免剧烈反应时溢出容器外，因为福尔马林和高锰酸钾均有腐蚀性，持续时间达10～30分钟，并释放出大量的热。最好用耐腐蚀的耐热的陶瓷或搪瓷容器。

（4）用于熏蒸消毒的福尔马林浓度不得低于35%，它与高锰酸钾的混合比例要求达到2：1。福尔马林和高锰酸钾的混合比例是否合适，可根据其反应结束后的残渣颜色和干湿程度进行判断：若是一些微湿的褐色粉末，说明比例合适；若呈紫色，说明高锰酸钾用量过大；若太湿，说明福尔马林用量过大。

（5）消毒容器应均匀地置于鹅舍内，且尽量离舍门口近一些，以便使甲醛气体能够更好地弥漫于整个鹅舍空间和有利于工作人员操作结束后迅速撤离。操作时，工作人员应先将高锰酸钾放入消毒容器内，然后按比例倒入福尔马林，绝对禁止向福尔马林中放入高锰酸钾。

（6）为防止甲醛聚合沉淀，舍温应保持18℃以上，温度越高消毒效果越好，相对湿度也应在65%以上。达到上述要求，可通过在鹅舍内用火炉加热的方法使温度保持在18～26℃，用喷雾器喷洒清水或按每立方米空间用清水6～9毫升加入高锰酸钾6～9克的办法，使相对湿度上升到65%以上。

（7）在进行熏蒸消毒鹅舍之前，要打开所有门窗通风换气2天以上，排净其中的甲醛气体。如果急需使用，先按每立方米空间使用碳酸氢铵（或者氯化氨）5克、生石灰10克、75℃的热水10毫升的标准，将它们放入消毒容器内混合均匀，用其产生的氨气中和甲醛气体30分钟，最后打开鹅舍门窗通风换气30～60分钟。

经验之九：做好饲养管理工作就是最好的防病办法

按照疾病学的概念，动物疾病的发生，是由于机体正常生理代谢机能失衡或体内外环境失调，引起异常状态的反应。

就养鹅的饲养管理来说，若不能按照鹅的生物学特性和生理特点，进行科学的饲养与管理，即养鹅者所提供的饲养管理条件和措施，背离了鹅的实际需要，就会引起生理活动失衡，从而引发疾病。

比如鹅具有喜吃素厌吃荤，尤其是雏鹅。鹅既爱戏水洗毛，又喜干厌湿，耐寒怕热，喜净怕脏，喜静怕闹，喜群居怕孤独，喜松散怕拥挤，生活比较规律等特性和特点。在平时喂全价配合饲料和优质青绿饲料，饮清洁卫生的水，禁止喂发霉变质的饲料、青草，不饮污水；加强鹅的运动和游泳，保证足够的运动和充足的光照。搞好环境卫生。鹅舍要通风良好，防潮、防冻、防暑，饲槽、饮水器要每天清洗1次，垫革要经常更换，不用潮湿、变质的垫草。鹅舍、运动场要一天一打扫，粪便堆积发酵；做好消毒。饲槽、饮水器、鹅舍、运动场等都要定期消毒，种蛋、孵化器都要搞好消毒；做好预防注射。雏鹅、种鹅要根据疫病的流行情况，做好免疫注射工作，避免传染病的发生；禁止狗、猫、鼠进入鹅群，防止兽害；每天都要观察鹅群，发现异常，要及时处理；发生鹅病时，病鹅要隔离，用具、场地、鹅舍都要清扫、消毒，病死鹅要深埋或焚烧。引进新鹅，要到无疫情的地区去引鹅，引入后隔离观察2周以上，确认健康，方可允许进入鹅场。

只有按照这些固有的特性和特点，实行有针对性的饲养和管理，才能使其健康地成长。反之，必然导致生长发育受阻，生活力、抗病力降低，引发疾病和死亡。

经验之十：别小看中药在防病中的作用

中草药是我国中医药中的国宝，有几千年的历史。中草药具有资源丰富、品种多、无耐药性、经济性、实用性、绿色性、低毒和低残留性等主要特点。具有促进动物生长发育、提高动物生产性能、增强动物体质、防病和治病等作用。禽用中草药制剂，有单方和复制剂，复方中有多味草药配伍，也有中西药配伍。通过加工或提取有效部分，制成散剂、丸剂、水剂、冲剂、酊剂、针剂等剂型。

科学研究证明：中草药防治鹅疾病的优势主要表现在以下几个方面。一是中草药具有抗感染作用，许多清热药对多种病毒、细菌、真菌、螺旋体及原虫等有不同程度的抗性，若配伍或组成复方，其抗性范围可以互补、扩大并显示协同增效作用；二是中西药能相互取长补短，兼顾整体与局部，起到立体化协同治疗，减轻西药的毒副作用，增强免疫作用，许多中药对免疫器官的发育、白细胞及单核巨噬细胞系统细胞免疫、体液免疫、细胞因子的产生等有促进作用，由此提高机体的非特异性和特异性免疫力；三是抗应激和使机体在恶劣环境中的生理功能得到调节，并使之朝着有利方向发展，增强适应能力的作用；四是可起到一定的营养作用和可成为动物机体所需的物质；五是激素样作用和调整新陈代谢等。

中草药取自天然植物，所含成分保持了天然性及生物活性，经精制和科学配伍可长期使用，可起到防治疾病和改善生长的效果。中草药没有传统所用抗生素和化学合成类药物引起抗药性和药物残留等弊病，非常适合我国养殖业饲养模式和生产发展水平的需要。在我国养鹅的历史上，中草药在防治鹅病上也起到了重要的作用。

据张国香等介绍，用中药治疗鹅大肠杆菌病效果好，根据中兽医辨证施治鹅的大肠杆菌属于病毒内侵血瘀气滞。治宜清热解毒活血散瘀。方用五味消毒饮加减黄芩、连翘、金银花、菊花、紫花地丁、蒲公英各100克，100只雏鹅用量水煎饮用1次/天连用3天。重症雏鹅可灌服3～5毫升/只，2次/天，一般1天即愈。

小鹅瘟是雏鹅的一种高度接触性传染病，主要侵害4～30日龄的雏鹅，发病率及死亡率随日龄增加而降低，20日龄内病鹅死亡率高达60%～95%。目前对该病尚无有效治疗药物。丰城市周明宇2005年报道，选用中药复方板蓝根、金银花、黄栀子、黄连、黄柏、黄芩、连翘、官桂、赤石脂、生地、赤芍等12味药，按一定比例将药混合，加水浸泡后，煎煮2次，煎液合并，浓缩为每毫升含生药液1克，于4℃冰箱保存备用。临床试验发现，该中药方用于防治小鹅瘟取得满意的效果，存活率为91.5%。

江苏许卯生、沈培庆2002年报道，针对种鹅剖检出现典型的禽出败症状，即心冠状沟有密集的针尖状出血点，心包内积有渗出液；肝脏表面有灰黄色或白色针尖状或粟粒大的坏死灶；皮下组织、腹腔脂肪、肠系膜、浆膜、生殖器官等处有大小不等的出血斑点；卵巢出血，卵黄囊破裂，腹腔脏器表面附着干酪样卵黄样物质。使用中药方剂黄连150克、黄柏150克、秦皮150克、健曲100克、谷芽100克、山楂100克、乌梅100克、甘草100克。防治鹅的禽出血性败血病，第2天大便开始呈形，食欲明显好转，服第二剂药后，大便、食欲恢复正常，种鹅死亡得到控制，半个月后产蛋率明显提高，以后每隔15天服药一剂，在服药期间，控制了该病的再度发生，产蛋率也始终正常。

山东党金鼎2005年报道，运用中西药结合防治鹅病毒性肝炎并发沙门氏菌病取得显著疗效。经过对死亡的36例雏鹅进行剖检发现，主要病变在肝脏和肠管。肝脏肿大，外观呈浅红色或花斑状，表面布满灰白或灰黄色的坏死小点，肝脏被膜下有点状、条状、片状出血点或出血斑；胆囊肿大，充满胆汁；肾脏充血、肿胀。肠管黏膜充血出血，小肠后段和盲肠明显肿胀，比正常肠管大2倍左右，可见干酪样的“盲肠心”，直肠黏膜发炎、肿胀，胸腔内多数含有灰白的液体。此外，肾脏充血、肿胀；有11例肺脏充血，有炎症变化，气囊中有微黄色的渗出液和纤维素絮片；脾脏肿大，外观有斑驳状花纹；有神经症状的脑膜出现充血现象。在病鹅的饮水中加入5%的葡萄糖、200毫克/千克强力霉素，同时每千克水中加入30毫克维生素C，用到痊愈为止。饲料中加多维素、病毒灵，用到痊愈为止。对严重病例，用5%葡萄糖50毫克，维生素B_1、维生素B_2、维生素B_6、维生素B_{12}各10毫克，用能量合剂1～2支混合药液，每只病鹅肌内注射1毫升，2次/天，连用3～5天；同时肌内注射强力霉素2～5毫升/只，2次/天，连用3～5天。配合中药治疗，使用板蓝根30克、茵陈30克、黄连30克、黄柏30克、黄芩30克、连翘20克、金银花20克、枳壳25克、甘草25克，混合水煎拌料供300～500只病鹅1天内服，病情严重者用煎液5～10毫升灌服，1剂/天，连用3～5天。通过综合防治，3天后病情得到控制，1周左右逐渐恢复正常。

在日常喂养时给肉鹅添加包含松针、苦木、野菊、黄芩、板蓝根、石膏、甘草等十几种中药复方制剂，可以起到清热解毒、消食健胃、平衡机体的作用，对肉鹅肠胃病、呼吸道病以及肝胆病等常发疾病有很好的防治作用。经常用五花茶熬水拌料或让鹅自饮，还可用雷公根、路边菌、车前草等熬水喂饮防病。

由于添加中草药有效避免了肉鹅滥用抗生素等激素类药品，减少了肉鹅体内的药物残留，从而实现了健康养殖，维护了食品安全。据养殖户介绍，添加了中草药饲养出来的肉鹅，平均日增重比添加西药养殖的肉鹅高5克，发病率则降低22.7%，成活率提高5.6%。

很多鹅场的实践证明，在兽医临床上使用中草药防治鹅病可以取得非常好的效果，为鹅病的防控创出了一条新的思路。尤其是实行绿色无公害养鹅的养殖场不妨一试。

经验之十一：怎样制定科学的免疫程序

从目前生产实践看，多数养鹅场（户）饲养肉鹅或蛋鹅所采用的免疫程序大都是参照疫苗厂家或由鹅雏供应商直接提供的免疫程序，这些免疫程序具有一定的普遍性，但是由于每个地方疫病的流行情况不同，免疫程序也不尽相似，养鹅场（户）必须根据本地的实际疫病流行情况和需要，科学地制定和设计一个适合于本场的免疫程序。制定免疫程序应该考虑的因素如下。

一、鹅场及周边疫病流行情况

根据本场、本地区疾病的流行情况、危害程度，鹅场疫病的流行病史、发病特点、多发日龄、流行季节，鹅场及禽类养殖场间的安全距离等都是制定和设计免疫程序时应该综合考虑的因素。

二、疫苗的选择

（一）疫苗毒力

疫苗有多种分类方法，就同一种疫苗来说，根据疫苗的毒力强弱可分为强毒、中毒、弱毒疫苗；根据血清型同时又有单价和多价之别。疫苗免疫后产生免疫保护所需的时间、免疫保护期长短、对机体的免疫应答作用是不同的，一般而言，活疫苗比灭活疫苗抗体产生快，病毒疫苗比细菌疫苗的保护率高。毒力越强免疫原性越强，对机体应激越大，免疫后产生免疫保护需要的时间短；毒力弱则情况相反。灭活苗免疫后产生免疫保护需要的时间最长，但免疫后能获得高而整齐的抗体滴度。现在市场中经常见到使用毒力强的法氏囊活苗，毒力越强对法氏囊的损伤就越大，易造成机体免疫器官的损坏，引起严重的自身免疫抑制，同时也影响其他疫苗的免疫效果。

（二）疫苗免疫后产生保护所需时间（即免疫空白期）

免疫后因疫苗种类、毒株类型、免疫途径、毒力、免疫次数、鹅群的应激状态等不同而产生免疫保护所需时间及免疫保护期长短差异很大，一般的小鹅瘟雏鹅疫苗注射后需 7 天才具有保护力。禽霍乱氢氧化铝菌苗注射后 14 天左右产生免疫力，第 1 次注射后 8～10 天进行第 2 次注射，可增加免疫力。抗体的衰减速度因管理水平、环境污染程度差异而不同，但盲目过频的免疫或仅免疫一次都是很危险的。

三、疫苗之间的干扰

一般不要多种疫苗同时接种，也不能多种疫苗随便混用，以免产生疫苗间的相互干扰或失去免疫作用。一般初免时要用毒力弱的疫苗，二免、三免时可用毒力较强的疫苗。

四、免疫途径的选择

不同的疫苗有不同的免疫途径，疫苗生产厂家提供的产品均附有说明书。肌内注射免疫，家禽在胸肌或大腿肌、翅膀根部肌肉，适用于接种灭活疫苗和弱毒活疫苗。禽腿部肌内注射时忌打内侧，因禽类腿部的主要血管、神经都在内侧，在此注射易造成血管、神经的损伤，特别是油苗刺激性强，吸收慢，注入腿肌后长时间疼痛而行走不便，影响采食和生长，并可能出现针眼出血、瘸腿、瘫痪等不良后果。

合理的免疫途径可以刺激机体尽快产生免疫力，不合理的免疫途径则可能导致免疫失败甚至是严重的免疫反应。如油乳剂灭活苗不能饮水、喷雾；同一种疫苗用不同的免疫途径所获得的免疫效果也不一样。

五、免疫抑制性疾病的影响

临床上免疫抑制性疾病感染是很普遍的，如鹅网状内皮增生症。免疫抑制性疾病会造成家禽机体整个防御系统（非特异性免疫、特异性免疫）受损，导致免疫抑制或免疫力低下，增加了其他病毒性、细菌性病发生的概率。

六、母源抗体的干扰

母源抗体在保护机体免受病毒侵害的同时也影响疫苗免疫应答，从而影响免疫程序的制定。母源抗体（MAT）水平在较高的情况下，应推迟首免日龄。当母源抗体（MAT）水平逐渐降低时，有少量母源抗体的缓冲作用，鹅群对疫苗的应答将会很好。

七、鹅群健康

在饲养过程中，预先制定好的免疫程序也不是一成不变的，而是要根据抗体监测结果和鹅群健康状况及用药情况随时进行调整；抗体监测可以查明鹅群的免疫状况，指导免疫程序的设计和调整。

八、鹅正常生产的影响

在疫苗使用时还要考虑尽量不影响鹅的正常生产，比如禽霍乱氢氧化铝菌苗。该菌苗供 2 月龄以上的鹅预防禽霍乱之用。一般无不良反应，但对产蛋鹅可能短期内影响产蛋，10 天左右可恢复正常。使用该疫苗时就要考虑到这个问题，鹅的产蛋期本来就不长，如果在正式产蛋期注射该疫苗，势必会影响鹅的产蛋，所以，除非不得已，否则就要错开产蛋期再进行注射免疫。

九、免疫程序（仅供参考）

商品鹅及种鹅参考免疫程序见表 5-1。

表 5-1 商品鹅及种鹅参考免疫程序（仅供参考）

免疫日龄	疫苗名称	免疫剂量/毫升	免疫途径	备注
1～3	小鹅瘟、鹅副黏病毒二联血清	0.5～1	皮下注射	疫苗内最好加入一些抗生素、维生素C药物，以防止注射污染，降低注射应激
18	鹅副黏病毒灭活苗	0.5	肌内注射	
23	禽流感(H5，H9)二价灭活苗	0.5	皮下注射	各品种鹅
30	鹅霍乱、大肠杆菌病灭活苗	1	皮下注射	各品种鹅
35	鹅副黏病毒病灭活苗	1	皮下注射	各品种鹅
40	禽流感(H5，H9)二价灭活苗	1	皮下注射	各品种鹅
45	鹅霍乱、大肠杆菌病灭活苗	1	皮下注射	蛋鹅、种鹅休产期加强免疫1次
60	鹅副黏病毒病、禽流感二联灭活疫苗	1.5	皮下注射	蛋鹅、种鹅休产期加强免疫1次
开产前20日	禽流感(H5，H9)二价灭活苗	1	皮下注射	蛋鹅、种鹅休产期加强免疫1次
开产前15日	小鹅瘟、鹅副黏病毒病二联血清	1	皮下注射	种鹅每年开产前均需进行加强免疫1次，蛋鹅6个月免疫鹅副黏病毒病疫苗1次

注：来源于牛淑玲，高效养鹅及鹅病防治（第2版）。

经验之十二：疫苗使用注意事项

（1）疫苗的保存。兽用生物制品的正确保存是保证免疫效果的最重要环节，保存不当极易造成免疫失败。生物制品的保存应严格按照使用说明书规定的条件保存，切不可因条件所限擅自变通。一般情况下大多数的活疫苗如小鹅瘟雏鹅疫苗必须在－15℃以下保存。而大多数灭活苗如禽流感苗、禽霍乱氢氧化铝菌苗必须冷藏保存，不得冻结。

（2）严格检查疫苗质量。要逐瓶检查其性状、冻干苗真空度、有无破损、标签是否清晰、疫苗有无变色及干缩、加稀释液摇晃后能否及时溶解等情况，凡失真空、疫苗瓶破损、无标签、干缩、溶解不好、油苗油水分层变色、出现沉淀等的疫苗均不能使用。

（3）油乳佐剂灭活疫苗注射前一定要预温。油苗从冰箱取出后如果立即进行注射，会导致油苗吸收不良，在注射部位形成大小不等的疙瘩，不但影响免疫效果，而且在群众中造成负面影响，增加防疫注射的难度。预温方法是在注苗前4～5小时，把从冰箱中取出的油苗放到37～40℃的温水中，使油苗的温度接近家禽的正常体温时再进行注射，注射时还要经常摇动疫苗。

（4）正确选择稀释剂。稀释疫苗前要仔细阅读说明书并用规定的稀释剂进行稀释。如鹅瘟、肝炎苗疫苗需用生理盐水稀释。

（5）免疫剂量。免疫接种后在体内有个繁殖过程，接种到体内的疫苗必须含有足量的有活力的病原，才能激发机体产生相应抗体而获得免疫，若免疫的剂量不足将导致免疫力低下或诱导免疫力耐受，而免疫的剂量过大也会产生强烈应激，使免疫应答减弱甚至出现免疫麻痹现象。因此，正确的免疫剂量是保证免疫效果的重要因素之一，一般按照说明书的推荐剂量就足以产生较高的免疫力，不必擅自增加或减少剂量。

（6）保证疫苗均匀和尽可能短时间完成。免疫中应不断摇匀疫苗，使每只鹅都能获得等量有效的抗原免疫。接种组织弱毒苗时，免疫全程时间最好控制在1.5小时内完成，以防止疫苗在温度过高的鹅舍中长时间暴露而影响病毒的免疫活性。

（7）废弃疫苗和疫苗空瓶的处理。凡失真空、破损、无标签、疫苗变色、油乳剂灭活苗不慎被冻结等问题的疫苗不能使用，均应废弃。废弃的活疫苗必须高温或用火烧，将细菌或病毒杀死后集中处理，死疫苗可采取深埋的办法，用完后的疫苗空瓶也必须集中消毒处理，切不可随意到处乱扔。

（8）必须是健康的家禽才能接种疫苗。应避开转群、开产、产蛋高峰等敏感时期，为避免同时接种两种或多种疫苗产生的干扰现象，两种病毒性活苗的接种时间要严格按照疫苗使用说明书保持接种间隔。夏季气候炎热，疫苗接种时，首先要保证充足的饮水，并且尽量将免疫时间安排在清晨凉爽的时候。

(9) 针头和注射器必须煮沸20～30分钟才能达到灭菌效果，每注射20～30只换一根针头，防止交叉感染。

(10) 注意免疫反应。家禽颈部注射油苗时太靠近头部时可能造成肿胀出血，甚至死亡。肌内注射时注射部位过深而刺破了肝脏，腿部注射时刺破了大血管也可导致大出血死亡。此外，注射器污染、动物正处于疫病潜伏期时也可能造成动物死亡。为防止和减轻免疫反应，免疫期间可添加一些抗应激药物，如水溶性多维等。

经验之十三：常用的免疫方法

免疫是一项技术性很强的细致工作，每一种疫苗都有一定的免疫方法，只有正确地使用才能获得预期的效果。常用的免疫方法有饮水、皮下注射、肌内注射和喷雾等。在生产中采用哪一种方法，应根据疫苗的种类、性质及本场的具体情况决定。

一、饮水法

饮水免疫法是将弱毒疫苗混入饮水中，让鹅群在1～2小时内饮完的免疫接种方法（图5-16)。在饮水免疫前3小时（夏季最好夜间停水，清晨饮水免疫）给鹅停水，将饮水器反复洗刷干净，再用凉开水冲洗一遍，确保无残留消毒剂或异物。用凉开水稀释或蒸馏水稀释疫苗，不宜使用含有漂白粉的水，盐碱含量高的水应当煮沸、冷却，待杂质沉淀后应用。水量严格控制，可在水中加0.1%～0.3%的脱

图5-16 饮水免疫

脂奶粉，疫苗应在1小时内饮完，同时应避免强光照射疫苗溶液。再过半小时方可喂料。在饮水免疫期间，饲料中也不应含有能灭活疫苗病毒和细菌的药物，如抗生素等。2小时内不准饮高锰酸钾及其他消毒药水。饮水器应数量充足，保证鹅群2/3以上的鹅同时有饮水的位置。饮水器不得置于直射阳光下，如风沙较大时，饮水器应全部放在室内。此法适合禽霍乱活菌苗。

该法的优点是省时、省力，免疫接种后反应温和、安全可靠，避免了逐只抓捉，可减少劳动力，减少鹅群的应激反应。其缺点一是由于每只鹅的饮水量不同，导致整个鹅群免疫水平高低不齐；二是水中的盐碱杂质影响了疫苗的效力。

二、肌内注射法

肌内注射法是用注射针注射在鹅腿、胸或翅膀肌肉内（图5-17）。注射腿部应选在腿外侧无血管处，顺着腿骨方向刺入，避免刺伤血管神经；注射胸部应将针头顺着胸骨方向，选中部并倾斜30°刺入，防止垂直刺入伤及内脏；2月龄以上的鹅可以注射翅膀肌肉，要选在翅膀根部肌肉多的地方注射。此法适合鹅瘟鹅胚化弱毒疫苗、鹅传染性浆膜炎疫苗、鹅巴氏杆菌疫苗、油苗及禽霍乱弱毒苗或灭活苗。

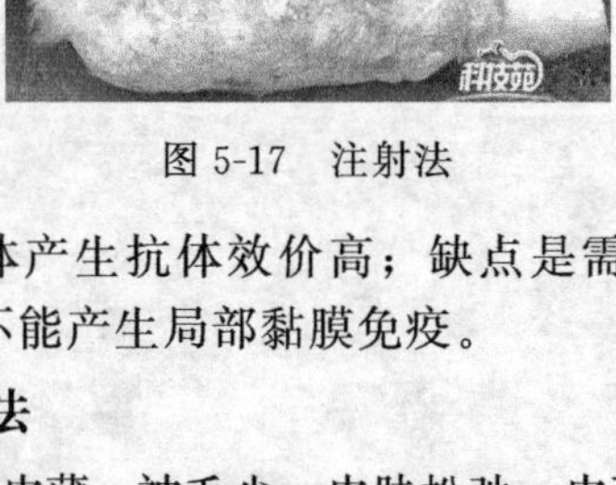

图5-17 注射法

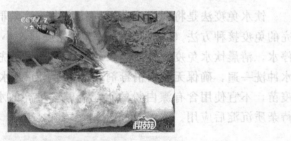

优点是诱导机体产生抗体效价高；缺点是需要捉鹅只，操作不便，应激反应大，不能产生局部黏膜免疫。

三、皮下注射法

皮下注射宜选择皮薄、被毛少、皮肤松弛、皮下血管少的部位。宜在鹅颈背中部或低下处远离头部、翅下或胸部（图5-18，图5-19）。

注射部位消毒后，注射者右手食指与拇指将皮肤提起呈三角形，

图 5-18 皮下注射（一）

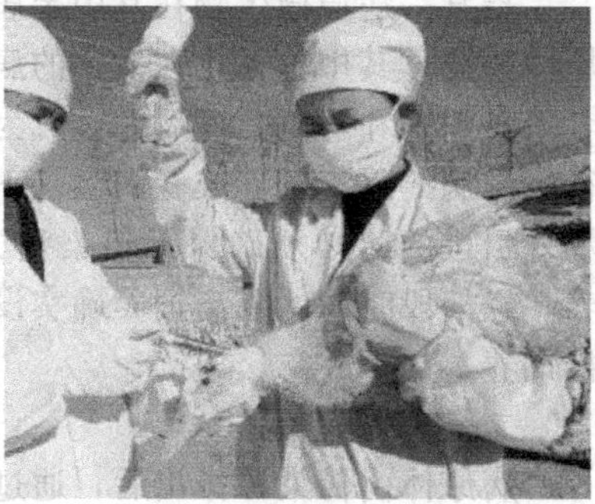

图 5-19 皮下注射（二）

注意一定捏住皮肤，而不能只捏住羽毛，确保针头插入皮下，以防疫苗注射到体外。沿三角形基部刺入皮下约注射针头的 2/3，将左手放开后，再推动注射器活塞将疫苗慢慢注入。然后用碘伏棉球按住注射部位，将针头拔出。

此法适合禽流感（H5，H9）二价灭活苗、鹅霍乱、大肠杆菌病灭活苗、鹅副黏病毒病灭活苗等免疫。

四、滴鼻滴眼法

雏鹅早期免疫的活毒疫苗用此法。用滴瓶向眼内或鼻腔滴入 0.1 毫升活毒疫苗。滴鼻时，为了使疫苗很好地吸入，可用手将对侧的鼻孔堵住，让其吸进去。滴眼时，握住鹅的头部，面朝上，将一滴疫苗滴入面朝上的眼内，不能让其流掉。一只一只免疫，防止漏免。适合小鹅出雏后 18 小时内免疫小鹅瘟疫苗。

经验之十四：鹅传染病发生和流行的必要条件

凡是传染病在鹅群中发生或流行，都必须同时具备传染源、传染途径和人群易感性等三个环节，缺一不可。养鹅生产中，为了避免或减少鹅传染病造成的损失，一定要搞清楚鹅传染病发生和流行的必要条件。

一是传染源。

指某一病原微生物在其中定居、生长繁殖并能不断向外界排出病原体的鹅，其中包括正在发病的病鹅、病愈后仍带菌（毒）的鹅，前者较易识别和防范，而后者会成为危险的传染来源，应予以重视。实行场内病鹅隔离饲养或者淘汰，不能因为一只鹅而影响整个鹅群。从场外引进的鹅必须确保无传染病方可引进，引进后后要实行隔离饲养，经一段时间的隔离饲养确实没有传染病的，方可同本场的鹅群混群饲养。

二是传播途径。

病原体由传染源排出后，通过一定的传播方式再侵入其他易感鹅群所经过的途径称为传播途径。不同的病原体进入易感动物体内都有一定的传染途径，它们通过不同的传染途径直接或间接接触传播疫病，如鹅曲霉菌病、禽霉形体病、鹅流行性感冒等疫病，主要通过呼吸道传染；禽副伤寒、鹅球虫病、小鹅瘟等主要经消化道传染；葡萄球菌病主要通过皮肤创伤感染。母鹅蛋子瘟主要与公鹅生殖器带菌交配传染。鹅传染病有两种传播方式，即水平传播和垂直传播。大多数鹅传染小鹅瘟、禽副伤寒、禽霉形体病、淋巴白血病等，都具有双重的传播方式，既能够通过水平传播，又能通过带菌、带毒的蛋垂直传播。

需要注意的是由病鹅污染的饲料、饮水、空气、土壤、垫料等传播病原。此外，饲养人员、兽医工作者、参观访问人员、车辆、狗、猫、老鼠、野鸟等也可传播病原，是防疫工作中不可忽视的。

三是易感鹅群。

指对某一病原微生物具有易感性的鹅群。由于这些鹅对某种疫病缺乏免疫力，一旦病原体侵入鹅群，就能引起某疫病在鹅群中感染传播，如尚未接种鹅副黏病毒苗的鹅群对鹅副黏病毒就具有易感性，当病毒侵入到鹅群就可使鹅副黏病毒病在鹅群中传播流行。而鹅的易感性又取决于年龄、品种、饲养管理条件和免疫状态等。如尚未免疫的雏鹅对小鹅瘟病毒易感；饲养管理不善，环环境卫生差的幼龄鹅则容易感染大肠杆菌病、曲霉菌病和球虫病等。

因此，在饲养过程中，必须加强饲养管理，搞好环境卫生，提高鹅机体的抗病能力，同时应选择抗病力强的鹅种。养鹅生产中，在不同的时期，接种不同类型的疫苗，通过给鹅群注射疫苗、免疫血清或高免蛋黄液等方法，使鹅群对某一疫病由易感状态变为不感受状态，达到预防该疫病的目的。

经验之十五：怎样给鹅群体用药

鹅群体用药的方法有饮水给药、拌料给药、气雾给药、注射给药、口服给药等五种方法，不同的给药途径不仅影响药物吸收的速度和数量，与药理作用的快慢和强弱有关。要根据鹅病防治的需要，采用合适的给药方法，达到防治的目的。

一、饮水给药

饮水给药是将药物溶于水中，让家禽自由饮用。此法是目前养鹅场最常用的方法，用于禽病的预防和治疗。饮水方法利用禽群发病时往往出现采食量下降，甚至不采食，而饮水量增加的现象，采用饮水给药，一举两得，既保证了病禽对水的需求，又达到了用药治病的目的。是禽用药物的最适宜、最方便的途径，这一方法适用于短期投药和紧急治疗投药。

饮水给药时，首先要了解药物在水中的溶解度。易溶于水的药物，能够迅速达到规定的浓度，难溶于水的药物，或经加温、搅拌、加助溶剂后，能达到规定浓度，也可混水给药。其次，要注意饮水给药的浓度，并要根据饮水量计算药液用量。一般情况下，按 24 小时 2/3 需水量加药，任其自由饮用，药液饮用完毕，再添加 1/3 新鲜饮水。若使用水中稳定性差的药物或治疗的需要，可采用“口渴服药法”，即用药前让整个禽群停止饮水一段时间，具体时间视气温而定，一般寒冷季节停水 4 小时左右，气温较高季节停水 2～3 小时。然后以 24 小时需水量 1/5 加药供饮，令其在 1 小时内饮毕。此外，禁止在流水中给药，以避免药液浓度不均匀。家禽的饮水量受舍温、饲料、饲养方式等因素的影响，计算饮水量时应予考虑。

注意事项：

一是对油剂及难溶于水的药物不能用此法给药。

二是不知道哪些制剂中有不溶于水或难溶于水的药物成分，为保证起见，建议在投药时先把药品溶于水盆中，并充分搅拌后再倒入水箱或大的盛水容器中。

三是对微溶于水且又易引起中毒的药物片剂，要充分研磨，再用纱布包好浸泡在水中给饮。

四是在水溶液中不容易破坏的药物，可让鹅长时间的自由的饮用。但有些药物在水中是不稳定的，例如氨苄西林很快水解是其不稳定的原因，当选用含有氨苄西林药物成分的制剂时，应采用口渴法给药，即在给鹅群饮用药物溶液前停止饮水，夏季约 2 小时，冬季约 3 小时。

五是使用水槽饮水的，水槽摆放要均匀。使用饮水器的要做好检查，因为水中添加药物易堵塞或破损漏缝。应保证使每只鹅都能饮到。

二、拌料给药

拌料给药是将药物均匀地混入饲料中，供家禽自由采食。拌料给药是常用的一种给药途径。拌料给药的药物拌料给药的药物一般是难溶于水或不溶于水的药物。此外，如一般的抗球虫药及抗组织滴虫药，只有在一定时间内连续使用才有效，因此多采用拌料给药。抗生素用于控制某些传染病时，也可混于饲料中给药。

拌料给药简便易行，节省人力，减少应激，效果可靠，主要适用于预防性用药，尤其适用于几天、几周，甚至几个月的长期性、大群畜禽给药、投药。其缺点是如果药物搅拌不匀，就可能发生部分鹅采食药物不足，而另一些鹅则会采食药物过量而发生药物中毒。

拌料时首先要准确掌握混料浓度，准确、认真计算所用药物的剂量和称量药物。若按禽只体重给药，应严格按照禽只体重，计算总体重；折算出需要的药物添加量。药物的用量要准确称量，切不可估计大约，以免造成药量过小起不到作用，或过大引起中毒等不良反应。混于饲料中的药物浓度以百万分之几（毫克/千克）表示，例如百万分之一百（100 毫克/千克），等于每吨饲料中加入 100 克药物，或每千克饲料加入药物 100 毫克。然后进行搅拌，常用递增稀释法进行混料，因为直接将药加入大批饲料中是很难混匀的，以避免因混合不均匀而造成个别鹅中毒的发生。拌料时先将药物加入少量饲料中混匀，再与 10 倍量饲料混合，以次类推，直至与全部饲料混匀。

注意事项：

一是要保证有充足的料位，让所有鹅能同时采食，从而使每只鹅都吃到合适的药量。

二是用药后密切注意有无不良反应。有些药物混入饲料后，可与饲料中的某些成分发生拮抗反应，这时应密切注意不良作用。如饲料中长期混合磺胺类药物，就易引起B族维生素和维生素K的缺乏，这时应适当补充这些维生素。另外还要注意中毒等反应，发现问题及时加以补救。

三是对于用药量少、毒副作用较大的药物不宜拌料投用。

三、气雾给药

气雾给药是利用机械或化学方法，将药物雾化成微滴或微粒弥散到空间，通过鹅呼吸道吸入体内或作用于鹅体表的一种给药方法。也可用于鹅舍、鹅舍周围环境、养鹅用具、孵化器及种蛋等的消毒。

注意事项：

一是恰当选择气雾用药，充分发挥药物效能。要选择对鹅呼吸道无刺激性，且能溶解于呼吸道分泌物中的药物，否则不宜使用。

二是准确掌握气雾剂量，确保用药效果。气雾给药的剂量与其他给药途径不同，一般以每立方米空间用多少药物来表示。为准确掌握气雾用药量，首先应计算鹅舍的体积，再计算出总用药量。

三是严格控制雾粒大小，防止不良反应发生。微粒愈细，越容易进入肺泡，但与肺泡表面的黏着力小，容易随呼气排出；微粒越大，则大部分落在空间或停留在上呼吸道的黏膜表面上，不易进入肺的深部，则吸收较差。通常治疗深部呼吸道或全身感染，气雾微粒宜控制在0.5～5微米；治疗上呼吸道炎症或使药物作用于上呼吸道。

四、注射给药

注射用药主要是肌内注射和皮下注射，药物不经肠道就直接进入血液，适用于个体治疗，尤其是紧急治疗，但必须每日2～3次（油剂和长效药剂除外）。除给大群鹅注射疫苗外，一般适用于小群体发病或发病严重的个体。因为大群注射比较费时费工。注射部位一般在鹅的胸部和腿部肌肉。由于是群体饲养，频繁抓鹅易造成应激或损伤，影响其生长。

注意事项：

一是腿部打针不要打内侧。因为鹅腿上的主要血管神经都在内侧，在这里打针易造成血管、神经的损伤，出现针眼出血、瘸腿、瘫痪等现象。

二是皮下打针不要用粗针头。粗针头打针因深度小、针眼大，药水注入后容易流出，且容易发炎流血。因此，皮下注射特别是给雏鹅注射要用细针头（人用针头），注射油苗可以用略粗一点的针头。

三是胸部打针不能竖刺。给雏鹅打针时，因其肌肉薄，竖刺容易穿透胸膛，将药液打入胸腔，引起死亡，所以，应顺着胸骨方向，在胸骨旁边刺入之后，回抽针芯以抽不动为准（说明针头在肌肉中），这时再用力推动针管注入药液。

四是药液多时不要在一点注射。因鹅的肌肉比猪、牛等的薄，在一点打入多量药液，易引起局部肌肉损伤，也不利于药物快速吸收。应将药液分次多点注入肌肉。

五是刺激性强的药液别在腿部注射。鹅的主要活动器官是腿部，有些药物刺激性强、吸收慢，如青霉素、油苗等，这些药物打入腿部肌肉，使鹅腿长期疼痛而行走不便，影响饮食和生长发育。所以应选翅膀或胸部肌肉多的地方打针。

六是捉拿鹅只要掌握力度。打针时捉拿鹅只应既牢固又不伤禽。如力度过大，轻则容易造成针眼扩大、撕裂、出血或流出药液，影响药效，重则造成刺入心肺等重要部位而导致内出血死亡。

五、口服给药

适用于个别病禽的用药，优点是针对性强，节约药费，收效较快，主要是片剂剂型。此法多用于用药量较少或用药量要求较精确的鹅群。

经验之十六：如何避免肉鹅药物残留

药物残留直接危害人的健康，现已发现许多药物具有致畸、致突变或致癌作用，如雌激素、硝基呋喃类、砷制剂等都已证明具有致癌作用。许多抗菌药会引起人的过敏反应，如四环素类、青霉素、磺胺类等均具有抗原性，可引起人的过敏反应。药物残留是鹅肉安全的最大隐患。

目前非法使用违禁药物、滥用抗菌药和药物性添加剂、不遵守停药期的规定等是造成肉鹅药物残留超标的主要原因。肉鹅饲养者对所使用药物及化学物质在肉鹅体内产生的药物残留知之甚少，有的养殖者知道，但出于经济利益的考虑，不按标准添加药物或没有执行停药期的规定。肉鹅使用药物性添加剂预防或治疗疾病后，药物的原型或其代谢产物可能蓄积、贮存在肉鹅的细胞、组织、器官中，有的药物以游离的形式残留于组织、器官，也有部分以结合形式存留于组织、器官，这种与组织蛋白结合的残留可能更长。因此，必须高度重视鹅肉药物残留问题。

一是严格用药管理是控制药物残留的关键措施。要根据鹅只健康状况和抗体监测制定合理的免疫程序，从而控制各种疾病的发生，减少用药量。对选用的一切药品都必须经化验室进行药物残留分析。加强药品采购和用药管理，购买合格兽药，杜绝滥用药物。

二是饲料中添加剂的添加标准要严格按照农业部有关饲料和添加剂标准添加。不得含有禁止使用的药物，如β-兴奋剂、己烯雌酚、氯丙嗪、利血平、敌百虫等。

三是使用药物的在肉鹅生产末期要有停药期，并要注意料桶、料槽的污染。另外不要将饲料与药品、消毒药、灭鼠药、灭蝇药或其他化学药物堆放在一起。

四是饮水和消毒药的安全使用。肉鹅的饮用水要检测微生物含量和有害物质的含量。

五是加强饲料保管，防止饲料受潮霉变。加药饲料和非加药饲料不可混放，肉鹅生产的末期饲料内不应含药物。因此，各个时期的饲料不可混放在一起，以免误用而造成药物残留。末期饲料至少要在肉鹅宰杀前7天使用。因此，更换末期料时要先彻底消除前期饲料，并清洗料桶、食槽等及其他设备。

经验之十七：阴雨天鹅为什么易发病

阴雨天鹅容易发病的原因，主要是由于气候突变，鹅（尤其是雏鹅）被雨淋湿，外感风寒，造成机体抵抗力下降而发病。同时由于阴雨天气有利于各种细菌、病毒活动，为许多传染病感染创造了条件。雨水的漫流致使多种寄生虫的虫卵、毛蚴、幼虫活动加强，发育加快，蔓延范围扩大，造成寄生虫病的感染率加大。

因此，预防阴雨天鹅的发病，要注意鹅舍的保温、防雨，鹅舍要建设在地势较高的地方，地势平整无坑洼积水的地方，并略有一定坡度，以利于排水，以沙土质为最佳，鹅舍内地面要高于舍外 20 厘米，舍内地面采用水泥或铺红砖，保持地面干燥，垫草要经常更换，网床养鹅的，粪便要经常清除，阴雨天禁止用水冲洗地面。简易鹅舍要有遮风挡雨的设施，保证鹅不受风吹雨淋。

加强饲养管理，阴雨天不放牧。放牧过程中遇到下雨要采取避雨措施，如将鹅赶到树下或用塑料布搭建临时避雨棚，一旦被雨淋，要采取慢赶鹅运动，要等鹅身上的羽毛干了以后才能让鹅休息，或将鹅群赶到温暖的鹅舍内，更换干燥的垫草等。

饲料或饮水中添加一些预防感冒及助消化、抗炎症类、抗寄生虫药物等。

经验之十八：鹅喂大蒜可防病

大蒜素是近年来应用比较普遍的一种饲料添加剂，由于其安全、廉价、绿色、无毒无残留，深受广大养殖业主的青睐，在日粮中添加适量的大蒜素对鹅生长有不可估量的作用。大蒜素中含有天然的大蒜油，具有浓烈的大蒜气味。大蒜素油主要由二烯丙基二硫醚和二烯丙基三硫醚组成，总含量大于或等于 80%，抑菌力强，对痢疾杆菌、伤寒杆菌等引起的下痢、腹泻，巴氏杆菌引起的肺炎、支气管炎有显著效果。

在饲料中添加大蒜素的方法简便易行，只要将大蒜浸泡去皮、切片、烘干（或晒干），然后粉碎即可。大蒜素中的挥发性含硫化合物，可以驱赶蚊蝇虫对饲料和粪便的叮吸。

据《农村科学实验》杂志介绍，黑龙江省宝清县五九七农场农林公司原种厂养鹅户万芳，饲养 200 只种鹅，他用大蒜代替部分抗生素药物喂鹅，防病效果很好。

其方法是：每天在日粮中按每只鹅 3～5 只的用量，把大蒜去皮捣烂，和饲料拌匀，现配现喂。此法不但能促进鹅的生长发育，而且可使公鹅性欲旺盛，精液品质好，母鹅产蛋受精率明显提高，由不喂大蒜时的 78.4%提高到 93.1%。

给鹅喂大蒜，可以使鹅减少生病，成活率可由过去的 72%提高到 83.3%。用大蒜代替部分抗生素药物喂鹅，每年每只鹅可节省医药费 4.8 元。

经验之十九：肉鹅要严格执行休药期

休药期系指畜禽最后一次用药到该畜禽许可屠宰或其产品（乳、蛋）许可上市的间隔时间。

当前食品动物禁用的兽药在肉鹅饲养过程中仍然存在非法使用、大量滥用和不遵守休药期的现象，导致药物残留事件屡有发生，给人民群众的身体健康造成了重大危害。为了减少或避免供人食用的动物组织或产品中药物或其他外源性化学物残留对人的健康造成不利影响，保证鹅肉内的药物残留不超过食品卫生标准，农业部对兽药肉鹅药物添加剂的使用制定了相关的规定和规范。明确规定凡供食品动物应用的药物或其他化学物均需规定和执行休药期。制定休药期的根据是药物或化学物从动物体内消除的速率和残留量。

兽药的休药期范围由中华人民共和国农业部公告第 278 号（2003 年 5 月 22 日发布）规定。

经验之二十：禽流感的防治措施

鹅禽流感是由 A 型流感病毒引起的一种烈性传染病，其中高致病性禽流感病毒对鸡、鸭、鹅均具有高度致病性，不同日龄的鹅均可感染，一年四季均可发生，以冬、春季最常见。雏鹅发病率和死亡率高达 95%以上，其他日龄鹅为 80%以上。由于禽流感病毒可能感染人类，对人产生极大的威胁，应引起广大养殖户的高度重视。

鹅对低致病性禽流感有一定的抵抗力，但1月龄以内的雏鹅较易感。低致病性禽流感多发生于产蛋鹅群，高致病性禽流感可引起各种日龄的鹅发病。易感鹅主要通过与病鹅直接接触或接触受污染的物品而感染发病，也可经空气传播而感染发病。在鹅群附近发生禽流感的鸡、鸭群，也是重要的传染源。本病常发生于冬、春两季，湿度较大、饲养管理不当时发病率较高。

典型症状为鹅常突然发病，有明显的呼吸道症状，咳嗽，流鼻涕，呼吸困难并摇头，头、颜面部水肿，体温升高，食欲减少，腹泻，消瘦，头颈和腿部麻痹、抽搐，腿部鳞片发紫或出血。少数鹅出现点头、缩颈等神经症状。非典型症状多发生于250日龄左右的鹅，采食量下降，部分鹅腹泻，有轻微哮喘声，死亡率低。发病的种鹅产蛋率、受精率均急剧下降，畸形蛋增多。

本病在诊断上要注意与小鹅瘟和鹅副黏病毒病相区别。本病在各种年龄的鹅中均可方发生，以全身器官出血为主要特征；而小鹅瘟1月龄以内鹅较易感，1周龄内雏鹅感染死亡率可达100%，以小肠中后段形成“香肠”样栓子为特征；鹅副黏病毒病主要是脾脏肿大，可见大小不一的灰白色坏死灶，肠道见散在黄色或灰白色纤维素性结痂病灶。

防治措施如下。

(1) 禁止从疫区引种，从源头上控制本病的发生。正常的引种要做好隔离检疫工作，最好对引进的种鹅群抽血，做血清学检查，淘汰阳性个体；无条件的也要对引进的种鹅隔离观察5～7天，淘汰盲眼、红眼、精神不振、步态不正常、排绿色粪便的个体。

(2) 鹅群不要与其他家禽混养。避免鹅、鸭、鸡混养和串栏。因禽流感有种间传播的可能性，应引起注意。散养鹅或放牧鹅要限制活动范围，避免与易感禽、病死家禽、野鸟及其分泌物、排泄物接触。

(3) 严格执行卫生消毒制度。栏舍、场地、水上运动场、用具、孵化设备要定期消毒，保持清洁卫生。水上运动场以流动水最好。水塘、场地可用生石灰消毒，平时隔15天消毒1次，有疫情时隔7天消毒1次；用具、孵化设备可用福尔马林熏蒸消毒或百毒杀喷雾消毒；产蛋房的垫料要常换、消毒。

（4）种鹅群和肉鹅群分开饲养。场地、水上运动场、用具都应相对独立使用。肉鹅饲养实行全进全出制度，出栏后空栏要消毒和净化15天以上。

（5）搞好免疫预防。本病免疫为国家强制免疫项目，其免疫方案按农业部标准执行：雏鹅14～21日龄时，应用H5N1亚型禽流感灭活疫苗进行初免，间隔3～4周加强免疫1次；肉鹅7～10日龄时，用H5N1亚型禽流感灭活疫苗进行初免，3～4周后，加强免疫1次。

（6）一旦受到疫情威胁或发现可疑病例立刻采取有效措施防止扩散，立即将鹅场封锁，并上报有关部门进行诊断或处理，并注意自身安全防护。

经验之二十一：小鹅瘟病的防治体会

小鹅瘟是由小鹅瘟病毒引起的雏鹅的一种高度接触性传染病。主要特征是小肠黏膜渗出性炎症，小肠中后段黏膜坏死和脱落，凝固物形成腊肠样栓状物堵塞肠管。本病是严重危害养鹅业的一种传染病。

本病主要侵害3～20日龄雏鹅，日龄越小损失越大，3～15日龄为高发日龄，发病率和死亡率随时日龄增大而降低；15日龄以上的雏鹅，症状较缓和，部分可自愈；25日龄以上的很少发病；成年鹅感染后不显症状，成为带毒者。

本病潜伏期为4～5天。日龄较小（7日龄内）的病雏鹅，感染后常为最急性，常不呈现任何症状，在1天内突然死亡。日龄较大（7～15日龄）的病雏鹅，病程较长（2～3天），首先表现精神沉郁、缩颈、不愿活动、步行艰难，羽毛松乱，常离群独处。继而食欲废绝，严重腹泻，排出黄白色或绿色水样混有气泡的稀粪。喙前端色泽变深，鼻液增多。病鹅摇头，口角有液体甩出，临死前常出现颈部扭转，全身抽搐或瘫痪等神经症状。病鹅通常在出现症状后12～48小时死亡；15日龄以上雏鹅多为恶急性，在疫病流行的后期或是日龄较大的病鹅，症状比较轻微，以食欲不振和腹泻为主，病程也较长，常可延长到1周以上，少数病鹅可自然康复。

本病目前尚无有效药物治疗。由于本病主要传染源是病雏鹅和带毒成年鹅，病鹅的排泄物污染饲料、饮水、用具及场地，健康鹅饮食经消化道传染，带毒的种蛋用于孵化更易传染。因此，防治本病应从加强免疫和饲养管理入手。

一、预防接种

采取预防措施能有效控制本病的发生和流行，应加强对种鹅和雏鹅的预防接种工作。

（一）种鹅的免疫程序

由于小鹅瘟发病率和死亡率的高低与种鹅的免疫直接相关，因此应特别重视和加强种鹅的免疫接种工作。种鹅应于开产前1个月进行首免，用灭菌生理盐水将疫苗做20倍稀释，每只鹅皮下或肌内注射1.0毫升。种鹅免疫时间超过4～6个月，所产的蛋孵出的雏鹅的保护率有所下降，种母鹅应进行再次免疫。如有条件应定期对种鹅群进行免疫监测，以便及时了解掌握其抗体水平的消长状况。

（二）雏鹅的免疫程序

如果种鹅小鹅瘟防的好，种鹅抗体水平比较高的话，小鹅出壳后不要打小鹅瘟活疫苗，因为这时小鹅有母源抗体的保护，可以抵抗小鹅瘟的感染，并且母源抗体能中和活疫苗中的病毒，使活疫苗不能产生足够的免疫力而导致免疫失败。到一周龄时再打一次小鹅瘟血清可有效控制小鹅瘟的发生。

如果种鹅没防小鹅瘟或种鹅小鹅瘟免疫时间已超出150天，可采取两种方法有效预防小鹅瘟：一是在小鹅出壳后1～2天内注射小鹅瘟疫苗，注射后7天内应严格管理，防止未产生免疫力之前因野外强毒感染而引起发病，7天后免疫雏鹅产生免疫力，基本可抵抗小鹅瘟病毒感染；二是在小鹅出壳后注射小鹅瘟血清，5～7日龄时再打小鹅瘟疫苗或再打一次小鹅瘟血清，如果是疫区最好连打两次小鹅瘟血清，鹅群基本可以控制小鹅瘟的发生。

二、饲养管理

本病的预防主要是不从疫区引进鹅苗和种蛋，实行自繁自养。如果确实需要从外地购进鹅苗和种蛋时，必须了解供应鹅苗和种蛋的鹅场（地区）有无小鹅瘟流行，以往输出雏鹅有无发病，母鹅群是否接种过小鹅瘟疫苗等，以便采取相应预防措施。新生雏鹅严禁与新购进的种蛋接触。

环境要经常清扫消毒，严格消毒对预防小鹅瘟发生、流行具有重大作用，用于孵化的种蛋必须用甲醛熏蒸消毒，孵化机具及其设备也必须及时消毒。

三、发病治疗

对已发病的鹅场应采取严格的封锁和隔离措施，把疫病控制在最小范围内，防止疫情的扩大蔓延。对无治愈希望的病雏，应集中淘汰，尸体应焚烧或深埋，不准到处乱丢。对发病的和暂无临床表现但与病雏接触过的假定健康雏，应逐只注射小鹅瘟高免血清或干扰素，同时采取对症治疗措施，可取得较好的防治效果。

经验之二十二：鹅鸭瘟病的防治体会

鹅鸭瘟病又称鹅病毒性溃疡性肠炎，是由鸭瘟病毒引起的一种急性、热性、败血性传染病。症状以高热、流泪、头颈肿大、泄殖腔溃烂、排绿色稀便和两腿发软为特征。本病在过去只有少数病例与报道，但近年来在广东、广西和海南已逐渐发展为地方性流行。

不同年龄、品种、性别的鹅均可发病，但以15～50日龄的鹅易感性高，死亡率达80%左右；成鹅发病率和死亡率随环境条件而定，一般10%左右，但在疫区可高达90%～100%。

病初体温升高到42～43℃，精神萎靡，食欲废绝，两脚发软，伏地不起，翅膀下垂。特征性症状是眼睑水肿、流泪，眼周围羽毛湿润。眼结膜充血、出血。另特征性症状是头颈肿大，鼻孔流出多量浆液、黏液性分泌物，呼吸困难，常仰头、咳嗽，腹泻，排黄绿、灰绿或黄白色稀便，粪中带血，肛门水肿，泄殖腔黏膜充血、肿胀，严重者泄殖腔外翻。患病公鹅的阴茎不能收回。将病鹅倒提时，可从口中流出绿色发臭黏稠液体。一般2～5天死亡，有的病程可延长。成年鹅多表现流泪、腹泻、跛行和产蛋率下降。

鸭瘟病毒存在于病鹅的排泄物、分泌物、各内脏器官、血液、骨髓及肌肉中，以肝和脾含毒量最高。病鹅主要通过消化道、呼吸道感染，也可通过眼结膜、吸血昆虫叮咬感染。自然情况下，都是有与发病鸭密切接触的情况下感染发病，先鸭群发生，后鹅群感染。病鸭、病鹅及其带毒者是本病的传染源。直接接触和间接接触是本病的传播途径，被污染的水体以及饲料、饮水、用具等均是本病的传播媒介。

鹅鸭瘟病无特效治疗药物，预防和控制本病主要靠平时的综合防疫措施。因此，应从控制传染源、切断传播途径、保护易感鹅群三方面入手。

（1）加强消毒。对鹅舍、运动场、水池等定期消毒。本病毒对热和普通消毒药都敏感，56℃ 10 分钟、80℃ 5 分钟死亡，1%～3%氢氧化钠溶液、10%～20%漂白粉溶液和 5%甲醛溶液均能较快杀灭该病毒，75%酒精 5～10 分钟、0.5%漂白粉 30 分钟和 5%生石灰 30 分钟都能减弱病毒的毒力或杀灭病毒。

（2）不从鸭瘟疫区引鹅，鹅与鸭分群饲养，避免同饮一池水。

（3）接种疫苗。受威胁区、疫区的鹅，应用鸭瘟弱毒苗预防接种，方法是：15 日龄以下雏鹅用鸭的 15 倍剂量；15～30 日龄雏鹅用鸭的 20 倍剂量；30 日龄以上鹅用鸭的 25～30 倍剂量；后备种鹅于产蛋前用鸭的 30 倍量肌内注射。免疫后 3～4 天产生免疫力，免疫期可达 6 个月，种鹅每隔半免疫一次，肉鹅免疫两次即可。

（4）发病时的控制措施。发生鸭瘟的鹅群，及早进行治疗有一定的效果，可减少损失。

① 使用鸭瘟高免血清，小鹅 0.5 毫升，成鹅 1 毫升，体形较大的鹅 2～3 毫升，肌内注射。

② 同时或单独使用鹅专用干扰素肌内注射，剂量按瓶签说明。

经验之二十三：鹅副黏病毒病的防治体会

鹅副黏病毒病又称鹅类新城疫，是由鹅副黏病毒Ⅰ型引起的各种年龄鹅均可感染的一种急性病毒性传染病，其主要症状是精神沉郁，食欲减退，体重迅速减轻，拉水样稀粪，并出现扭颈、转圈等神经症状。病理变化特征是脾脏和胰腺呈现灰白色坏死灶。消化道黏膜有坏死、溃疡。是养鹅业的大敌。

鹅副黏病毒病的潜伏期为 3～5 天，人工感染雏鹅和青年鹅 2～3

天发病，病程1～4天。各种年龄的鹅都易感染，但主要发生于15～60日龄的雏鹅。鹅龄越小发病率和死亡率越高，随着日龄增长，发病率和死亡率降低。15日龄以内的雏鹅发病率和死亡率高达90%。产蛋种鹅除发病死亡外，产蛋率明显下降。

本病的流行没有明显的季节性，一年四季都可发生，各种品种的鹅均可感染，鹅群发病之后2～3天，邻近的鸡群也可受到感染而发病，死亡率可达80%。

病鹅精神委顿，缩头垂翅，食欲不振或拒食，饮水量增加，行动缓慢，不愿下水，下水后浮在水面随水流漂游。病鹅拉黄白色稀粪便或水样便，有时带血呈暗红色。成年鹅将头插于翅下，严重者常见口腔流出水样液体，并有扭颈、转圈、仰头等神经症状，特别是饮水后病鹅有甩头、咳嗽、呼吸困难等现象。成年鹅病程稍长，产蛋量下降，康复鹅生长发育受阻。病死鹅机体脱水，眼球下陷，脚蹼干燥，皮肤淤血，皮下干燥；肝脏肿大、淤血，有芝麻或绿豆大的坏死灶；胰腺肿大，有灰白色坏死灶；心肌变性；下段食道黏膜有散在的灰白色或淡黄色芝麻大小溃疡结痂，剥离后留有斑痕及溃疡面；腺胃和肌胃黏膜充血，有出血斑点；肠道黏膜有不同程度的出血，空肠和回肠黏膜上常有散在的淡黄色豆大小坏死性假膜，剥离后呈溃疡面；盲肠扁桃体肿大，出血。有的病死鹅脑充血、淤血。

（1）鹅群与鸡群实行隔离。鹅副黏病毒属于禽副黏病毒Ⅰ型，该毒株对鸡和鹅均有致病力，因此，鸡群必须与鹅群严格分开饲养，避免疫病相互传播。

（2）坚持自繁自养，如需引进种鹅，引进之后要隔离饲养观察一段时间，健康无病者方可入群。

（3）加强卫生和消毒。本病经消化道和呼吸道传染，若引进了病鹅群，病鹅的唾液、鼻液及粪便污染的饲料、饮水、垫料、用具和孵化器等均可成为本病的传染来源。病死鹅尸体、内脏、下脚料及羽毛是重要的传染来源。本病毒抵抗力不强，干燥、日光及腐败容易死亡。在室温或较高的温度下，存活时间较短。存在于病死鹅体内的病毒，在土地壤中能存活1个月。常用消毒药物如2%氢氧化钠溶液、3%石炭酸溶液和1%来苏尔等，3分钟内均能将本病毒杀灭。因此，养鹅场要严格执行卫生防疫制度，加强消毒工作。控制好饲养密度，注意搞好环境卫生，定期消毒鹅舍和用具。定期清除鹅舍粪便，在离鹅舍稍远一些地点堆积进行生物热发酵。对病死鹅要作深埋处理。

(4) 做好疫苗接种。应坚持预防为主的方针，搞好鹅群免疫接种工作。使用鹅副黏病毒油乳剂灭活苗，无论对雏鹅或种鹅，均安全可靠，无不良反应。对新购进的雏鹅立即注射鹅副黏病毒高免血清或卵黄抗体，免疫种鹅产蛋所孵出的雏鹅具有一定的母源抗体，初次免疫在7～10日龄，用鹅副黏病毒油乳剂灭活苗，接种剂量为颈部皮下0.5毫升/只，若种鹅未经免疫接种所产的蛋孵出的雏鹅，则无母源抗体，首免应在2～7日龄，2个月后再免疫1次。留种的鹅群在7～10日龄时进行首免，2个月时进行二免，产蛋前2周进行三免。

(5) 发病治疗。该病在治疗上目前尚无特效药，对已发病的鹅群，使用疫苗紧急接种，病鹅可用血清治疗，同时全群喂服多种维生素和抗菌药物，以提高机体抵抗力，防止继发感染。用鹅专用干扰素对已发病的鹅群进行控制，连用3天，效果很好。防止继发细菌混合感染，可应用氟苯尼考。

经验之二十四：雏鹅新型病毒性肠炎的防治体会

雏鹅新型病毒性肠炎又称雏鹅腺病毒性肠炎，是由腺病毒引起的3～30日龄以内雏鹅的一种急性传染病，其主要特征是发病急、死亡率高及卡他性和小肠呈现出血性、纤维素性、渗出性和坏死性肠炎。给养鹅业带来了重大经济损失。

该病的发生有明显的年龄特征，即主要发生于3～30日龄以内的雏鹅。3日龄雏鹅开始发病，5日龄开始死亡，10～18日龄达到高峰期，30日龄以后的雏鹅基本不发生死亡。死亡率在25%～75%，甚至可达100%，成年鹅不发病。本病经消化道传播，粪便、分泌物、病死鹅均为传染源。

本病潜伏期2～3天，少数4～5天，自然病例可分为最急性、急性和慢性3种类型。

最急性型：多发生在3～7日龄雏鹅。常无前期症状，突然呈现极度衰竭，昏睡而死，或突然倒地，两腿乱划，很快死亡，病程仅数小时至1天。

急性型：多发生在8～15日龄雏鹅，可见病雏精神沉郁，食欲减退，常啄食后又将其丢弃。随病程发展，病鹅行动迟缓，掉群，嗜睡，不食，但饮水仍不减少。病鹅排黄绿色或灰白色蛋清样稀便，常混有气泡，粪便恶臭。病雏呼吸困难，自鼻孔流出少量浆液样分泌物。喙端及边缘的色泽变暗。死前两腿麻痹，不能站立，以喙触地，昏睡或抽搐而死。病程3～5天。

慢性型：15日龄以上的雏鹅发病时常取慢性型经过。病雏精神萎靡，消瘦，呈间隙性腹泻，终因营养不良衰竭而死。耐过者也常生长发育不良。

本病其他临床和病理变化与小鹅瘟类似，但用抗小鹅瘟血清进行治疗无效。诊断时需要加以区别。

本病尚无特效治疗药物。搞好本病的预防工作可有效降低损失。

(1) 预防本病关键是控制从疫区或疫区附近引进种鹅、雏鹅及种蛋，对引进后的鹅可用药物和疫苗进行预防，同时还要做好饲养管理、消毒工作。

(2) 免疫接种

① 对出壳1日龄的雏鹅，用雏鹅新型病毒性肠炎弱毒苗经口服免疫，3日后即有85%雏鹅获得免疫，第五天时，雏鹅可获得免疫力，免疫期可达30天。

② 种鹅产蛋于前注射雏鹅新型病毒性肠炎/小鹅瘟二联弱毒苗，能使其后代雏鹅获得良好的免疫力，保护期长达5～6个月，是预防雏鹅新型病毒性肠炎的最有效方法。

③ 注射高免血清：对新引进的雏鹅每只皮下注射高免血清0.5～1毫升，可有效地防止该病的发生。对已发病的雏鹅，每只皮下接种1～2毫升高免血清，治愈率可达60%～95%以上。由于本病常与小鹅瘟同时并发，因此，在治疗或预防时，使用抗小鹅瘟/雏鹅腺病毒性肠炎二联高免血清，效果更理想，为了保证治疗效果，在本病严重流行的地区，可隔3～4天再注射一次二联高免血清。

(3) 饲料中添加抗生素和维生素C、维生素K，可降低损失，其配比为维生素C针剂、维生素K_3、维生素K_4针剂、庆大霉素各1支，用冷水1000毫升稀释，让鹅自由饮水，连饮3天。

（4）干扰素治疗：对已发病的雏鹅群，除可使用雏鹅新型病毒性肠炎高免血清或雏鹅新型病毒性肠炎/小鹅瘟二联高免血清进行治疗外，使用鹅专用干扰素也可使该病得到有效控制。

（5）使用广谱抗生素，防止继发感染。

经验之二十五：禽霍乱的防治体会

禽霍乱又称禽出血性败血病、禽巴氏杆菌病、摇头瘟等。是一种由禽型多杀性巴氏杆菌引起的急性败血性传染病，各种年龄鹅都能感染，雏鹅、仔鹅最易感染，一年四季均可发病，尤以9～11月最流行，发病率与死亡率都很高。是危害养鹅业的一种传染病，严重影响养鹅业发展。

该病潜伏期为3～5天。因流行期、鹅体抵抗力及病菌致病力强弱不同等原因，临床症状可分为最急性、急性和慢性型三种。

最急性型：多发生于暴发初期，病鹅常无前期症状而突然死亡，也有的倒地扑翅后随即死亡。剖检可见眼结膜充血发绀，浆膜点状出血，肝表面有黄白色坏死灶。

急性型：病程稍长，表现为病鹅精神委顿，羽毛松乱、不愿行动、离群独处，头隐翅下，食欲不振，体温升高至42～43℃，饮欲增加，气喘，频频甩头，故又称为“摇头瘟”。口鼻中流出白色黏液，排出黄色、灰白或淡绿色稀粪，恶臭，发病1～3天虚脱死亡，死亡率可达50%～80%。剖检可见心包液增多，肝、脾肿大，呈土黄色，表面有出血点和坏死灶，肠黏膜充血、发炎。

慢性型：多发生于疫病流行后期，病鹅持续腹泻，消瘦，贫血，跛行，关节炎性肿胀、囊壁增厚，关节腔内有干酪样渗出物，肝脂肪变性或有坏死灶。最后虚脱死亡，少数病鹅也可康复，但无饲养价值。

由于本病的传播途径广泛，可通过污染的饮水、饲料和用具等经消化道或呼吸道以及损伤的皮肤黏膜等传染。因此，应从饲养管理的各个方面做好防治工作。

（1）做好消毒工作。本病的病菌多杀性巴氏杆菌对外界的抵抗力不强，5%石灰水或1%漂白粉溶液都能对其有良好的杀灭作用，60℃ 10分钟即可杀死该菌。但在寒冷季节和在土壤中生存力较强，在病死禽体内可存活2～4个月，埋在土壤中生存力较强。所以，消毒必须彻底，并坚持经常化、制度化。

(2) 因该菌阳光直射和干燥环境中菌体很快死亡，所以，鹅舍内要经常更换垫料，保持垫料的清洁干燥，更换出的垫料如果要继续使用以及新进入的垫料，必须经阳光暴晒后方可使用。

(3) 由于该病菌在病死禽体内可存活2～4个月，埋在土壤中可存活5个月之久。所以，一旦有该病发生，必须实行隔离，对死亡的鹅只，要进行生石灰填埋或焚烧等处理。切勿随意乱丢。

(4) 免疫预防：禽霍乱氢氧化铝甲醛疫苗，2月龄以上每次每羽肌注2毫升，8～10天后再注射1次，免疫期6个月。

(5) 发病治疗：成年鹅每羽肌注链霉素10万单位（200毫克），中鹅3万～5万单位，每日2次，连用3～5天；或者成鹅每只肌内注射青霉素5万～8万单位，每天2～3次，连用4～5天；也可在每千克饲料中拌入土霉素2克（拌匀），连用3～5天。

经验之二十六：鹅大肠杆菌病的防治体会

鹅大肠杆菌病是由致病性大肠杆菌所引起的一种急性传染病，俗称“蛋子瘟”。“蛋”是指产蛋季节产蛋母鹅，“子”宫（卵巢、输卵管）受到侵害，“瘟”是指从而引起的疫病。其特点是专门侵害产蛋期的母、公鹅，往往在产蛋初期或中期开始发病，直至产蛋结束而停止，病鹅治愈后也失去种用价值。从危害种鹅的产蛋率、出雏率这个角度来说，该病是影响鹅业发展的第一大杀手。

临床上常见的有卵黄性腹膜炎、急性败血症、心包炎、脐炎、气囊炎、胚胎病及全眼球炎等类型。随着养鹅数量的增加、密度的增大，该病发生不断增多，已成为危害养鹅业的重要传染病之一。同时该病易与鹅的其他细菌性疾病、病毒性疾病混合感染，给养鹅业带来极大的经济损失。

急性败血型：各种年龄的鹅都可以发生，但以7～45日龄的幼鹅易感。患病鹅精神沉郁，羽毛松乱，怕冷，常挤成一堆，不断尖叫，体温升高，比正常鹅超过1～2℃。粪便稀薄而恶臭，混有血丝、血块和气泡，肛门周围污秽，沾满粪便，食欲废绝，渴欲增加，呼吸困难，最后衰竭窒息死亡，死亡率较高。

母鹅大肠杆菌性生殖器官病：母鹅在开始产蛋后不久，部分产蛋母鹅表现精神不振，食欲减退，不愿走动，喜卧，常在水面漂浮或离群独处。气喘，站立不稳，头向下弯曲，嘴触地，腹部膨大。排黄白色稀便，肛门周围沾有污秽发臭的排泄物，其中混有蛋清、凝固的蛋白或卵黄小块。病鹅眼球下陷，喙、蹼干燥，消瘦，呈现脱水症状，最后因衰竭而死亡。即使有少数鹅能自然康复，但也不能恢复产蛋。

公鹅大肠杆菌性生殖器官病：主要表现阴茎肿大，红肿、溃疡或结节。病情严重者，在阴茎表面布满绿豆粒大小的坏死灶，剥去痂块即露出溃疡灶，阴茎无法收回，丧失交配能力。

本病的病原为致病性大肠埃希氏菌，有多种血清型。大肠杆菌在自然界中广泛分布，也存在于健康鹅和其他禽类的肠道中，在机体抵抗力正常情况下不能致病，当饲养管理不当、天气寒冷、气候骤变、青饲料不足、维生素A缺乏、鹅群过度拥挤、闷热、长途运输、严重寄生虫感染等而使机体抵抗力降低时，即可引起感染发病。可见本病的发生与不良的饲养管理有密切关系。

粪便污染是本病的主要传播方式，种蛋污染也是一种重要的传播途径。雏鹅发病常与种蛋污染有关。种蛋可通过以下方式被大肠杆菌污染：一是带菌母鹅在产蛋时，由大肠杆菌性输卵管炎所引起的卵泡自身的感染；二是蛋通过泄殖腔时，或种蛋在产蛋箱内停留时被含菌粪便污染蛋壳，在孵化期间，大肠杆菌通过蛋壳上的气孔进入卵内而感染。中雏期以后的感染，都是由呼吸道（吸入带菌的尘埃）或消化道感染而发病。公鹅感染后，虽很少会引起死亡，但可通过配种而传播疾病。交配传播也是本病的一个重要的传播途径。

因此，饲养管理上首先要消除不良因素。鹅群中发生大肠杆菌病，往往是在各种不良因素的影响下使机体抵抗力降低而造成的。因此，预防本病应着重于消除各种不良因素。如保持鹅舍的清洁卫生、通风良好、密度适宜、加强青饲料的供给和消毒等。坚持做好消毒工作，本菌对外界的抵抗力不强，50℃ 30 分钟、60℃ 15 分钟即可死亡，一般消毒药能在短时间内将其杀死。公鹅在本病的传播上起到重要作用，所以要在种鹅繁殖配种季节之前，对种公鹅进行逐只检查，凡种公鹅外生殖器上有病变的，阴茎红肿或带有结痂的立即淘汰。母鹅肛门周围潮湿，并带黏稠的粪便也要淘汰，把引发本病的一切潜在因素消灭在萌芽之中，确保种鹅产出健康无菌的优质种蛋。

其次是进行免疫接种。由于大肠杆菌的血清型很多，因此，应使用多价大肠杆菌苗进行预防。母鹅产蛋前15天，每只肌内注射1毫升，然后用其所产的蛋留作种用。雏鹅7～10日龄注射一次，每只0.2毫升。

最后对发病的鹅只进行药物治疗。可用环丙沙星或诺氟沙星进行预防和治疗，但大肠杆菌的耐药性非常强，因此，为了提高治疗和预防效果，最好将当地分离的大肠杆菌请有关部门做药敏试验，然后根据试验结果，选用敏感药物进行治疗或预防。

经验之二十七：鹅副伤寒病的防治体会

鹅的副伤寒是由沙门氏菌引起的一种传染病，又称鹅沙门氏菌病。各年龄鹅都可感染，主要危害雏鹅，尤其是3周龄之内的雏鹅更容易感染。以腹泻、结膜炎、消瘦等症状为主要特征。成年鹅多呈慢性或隐性经过，症状不明显。被该菌污染的种蛋孵出的雏鹅多发病死亡。

30日龄内的生病雏鹅表现食欲废绝、口渴、饮欲增加、嗜睡、呆钝、畏寒、垂头闭眼、两翅下垂、羽毛松乱、颤抖；下痢，病初粪便呈稀粥样，后变为水样，肛门周围有粪便污染，干固后常阻塞肛门，导致排便困难；眼结膜发炎、流泪、眼睑水肿；呼吸困难，常张口呼吸；从鼻腔流出黏液性分泌物；身体衰弱、腿软、不愿走动或行走迟缓，痉挛抽搐，突然倒地，头向后仰，或出现间歇性痉挛，持续数分钟后死亡。多于病后2～5内死亡。成年鹅无明显症状，多呈慢性或隐性经过。

病理变化为食道空虚，肝脏肿大、充血，黏膜充血、出血，气囊膜混浊，盲肠肿胀，内容物呈干酪样。

本病主要通过消化道传染，常因粪便中排出的病原菌污染了周围环境而传染。也可以通过蛋垂直传染。自然条件下多发生于雏鹅，大多数是由带菌的种蛋所引起，1～3周龄雏鹅的易感性最高。常由于饲养管理不当而导致。污染的饲料和饮水、天气和环境剧变，都会促使发病。因此，本病的防治需要采取综合措施。

(1) 做好饲养管理工作。雏鹅和成鹅要分开饲养，避免相互传染。鹅群饲喂全价料，不喂腐败变质的饲料，保持种鹅健康，及时淘汰病鹅。冬季要做好舍内的防寒保暖，夏季要做好通风工作。育雏舍要坚持灭鼠，消灭传染源。

(2) 防止种蛋污染。首先应防止种蛋被污染，种鹅舍要干燥，要放置足够的产蛋箱，产蛋箱内勤垫干草，以保证种蛋的清洁。勤捡蛋，保证种蛋的清洁。蛋库内温度为12℃，相对湿度为75%。孵化器的消毒应在出雏后或入孵前（全进全出）进行；每立方米容积用15克高锰酸钾、30毫升甲醛熏蒸消毒20分钟后，开门进行通风换气。

(3) 加强育雏管理。接运雏鹅用的木箱、纸箱、运雏盘，于使用前后进行消毒，防止污染。接雏后应尽早饮水，在饮水中添加适量的抗菌药物，其用量、用法是每升水中加入氟苯尼考10毫克，并加电解多维0.25克，连用7天；每千克饲料添加强力霉素20毫克，连用7～10天。这是防止雏鹅感染的有效措施。育雏时有条件的尽量用网上育雏，若必须地面平养，一定备足新鲜的、干燥、不发霉的垫料，并要经常更换，保持清洁。

(4) 做好消毒。定期对鹅舍进行消毒，平时每隔2天要带鹅消毒1次，如发病每天消毒1次。并要对饲槽、饮水器、用具彻底消毒。

(5) 发病治疗。

① 彻底消除舍内粪便、垫草，重新更换干燥的、经消毒的垫草；用0.5%的百毒杀消毒，饲槽、饮水器及用具用2%的火碱溶液刷洗，再用清水冲洗后使用。

② 饲料中添加氟苯尼考（氟甲砜霉素），每千克饲料中加入200毫克，连用5天。

③ 用阿莫西林水溶液饮水，浓度为250毫克/升水，连用5天，并在饮水中添加电解多维和维生素C。

经验之二十八：小鹅传染性气囊炎的防治体会

小鹅传染性气囊炎，又称为小鹅流行性感冒、小鹅渗出性败血症，是由败血志贺氏杆菌引起的一种雏鹅急性传染病。主要是20日龄左右的雏鹅，临床特征为呼吸困难、摇头、鼻腔流出大量的分泌物，发病率和死亡率可达90%～100%。本病只鹅易感染，其他禽类不感染。

本病的潜伏期很短，在12小时以内。患鹅体温升高，精神萎靡，食欲不振，羽毛松乱，喜蹲伏，常挤成堆。病雏从鼻孔流出多量浆液性鼻汁，频频摇头，致鼻汁四溅，或将头颈后弯，在身躯前部两侧羽毛上擦拭鼻液，使雏鹅的羽毛湿脏。进而呈现呼吸困难，并发出鼾声，站立不稳，行动摇晃。后期出现腹泻、脚麻痹不能站立。病程2～5天。

病变为全身败血症变化，可见鼻腔、喉、气管和支气管内有多量的浆液或黏液，肺脏、气囊内有纤维素性渗出物。皮下、肌肉、肠黏膜出血。肝、脾、肾肿大瘀血，脾表面有灰白色坏死灶。有的病例心内、外膜有出血点。

本病常发生于冬春寒冷季节，长途运输、气候巨变、饲养管理不良等因素都可促使本病的发生和流行。病鹅和带菌鹅是本病的传染源。传播途径主要是消化道，也可通过呼吸道传播。被污染的饲料、饮水等均是传播媒介。根据以上流行特点，要做好以下几个方面的工作。

（1）搞好环境卫生和消毒，由于本病的病原为败血志贺氏杆菌，为革兰氏染色阴性小杆菌。该菌对热的抵抗力极弱，56℃ 5分钟即可致死。因此，做好消毒至关重要，要做好鹅舍，尤其是育雏舍的环境消毒，同时做好垫草、饲料、料槽、水槽的消毒。及时清除鹅粪，并做无害化处理。

（2）加强雏鹅管理。本病主要是1个月龄内的小鹅发病，其中20日龄左右雏鹅最易感，至后期成鹅也可感染。因此，重点做好雏鹅的运输、饮水和饲喂工作，控制好温度和湿度，做好通风和消毒。

舍饲的供给新鲜的青绿饲料。

（3）药物预防。

① 2%环丙沙星预混剂250克，均匀拌入100千克饲料中饲喂。

② 诺氟沙星：浓度为0.05%～0.1%，拌料混饲，连喂2～4天。

③ 氟苯尼考：1∶40拌料，每天1次，连用3～5天。

④ 复方磺胺嘧啶混悬液，雏鹅每只每千克体重肌内注射25毫克，连用3天。

（4）发病治疗。可选用上述药物进行治疗，用药后应补充微生态制剂和多种维生素。

经验之二十九：鹅曲霉菌病的防治体会

曲霉菌病是一种常见的真菌病，主要发生于雏鹅。病的特征是呼吸道（尤其肺和气囊）发生炎症，因此又称曲霉菌性肺炎。本病多呈急性经过，发病率较高，可造成大批死亡，是鹅的一种重要传染病。

污染的垫草、垫料和发霉的饲料是引起本病流行的主要传染源，其中含有大量的曲霉菌孢子。病菌主要通过呼吸道传播感染。本病多发生于温暖潮湿的梅雨季节，也正是霉菌最适宜增殖的季节，而饲料、垫草、垫料受潮后则成了霉菌生长繁殖的天然培养基。若雏鹅的垫草、垫料不及时更换，或保管不善的饲料继续饲喂，一旦吸入霉菌孢子后，往往就会造成本病的暴发。此外，本病的传播亦可经污染的孵化器或孵坊，幼鹅出雏后一日龄即可患病，出现呼吸道症状。

潜伏期一般为2～10天，急性病例发病后2～3天内死亡，主要发生于一周龄以下的雏鹅，病雏食欲减少或废绝、体温升高、口渴增加、精神不振、眼半闭、缩头垂翅、羽毛松乱无光泽、呼吸急速，常见张口呼吸，鼻腔常流出浆液性分泌物，呼吸时常发出特殊的沙哑声或呼哧声，病雏常出现腹泻，迅速消瘦死亡，如不及时采取特殊措施，则全群覆灭。慢性病例主要呈阵发性喘息，食欲不振、腹泻，逐渐消瘦，衰竭而死，病程大约一周左右。霉菌感染到脑部就会引起霉菌性脑炎，这些病例常出现神经症状。成年鹅患病常见张口呼吸，食欲减退，间续下痢，病程较长，可达10天以上。

曲霉菌病对雏鹅致死率高，切不可掉以轻心，要采取以防为主的综合性防治措施。

(1) 加强饲养环境卫生，做好消毒。不用发霉的垫草、垫料和禁喂发霉的饲料是预防曲霉菌病的主要措施。保持鹅舍的清洁卫生，通风干燥。垫料要经常翻晒，发现发霉时，育雏室应彻底清扫、消毒，然后再换上干净的垫草。霉菌病好发季节的梅雨季节，鹅舍必须每天清扫消毒，保持舍内干燥清洁。

垫草消毒可用2%甲酚皂、1∶2000硫酸铜溶液或1∶1600的百毒杀等喷雾，维持3小时之后晒干备用。其中，以1∶2000硫酸铜溶液为好，高效低毒。室内环境定期消毒可用1∶2000硫酸铜溶液，或用1∶1600的百毒杀喷雾，或用福尔马林熏蒸。

霉敌（有效成分为硫化苯唑）具有消除曲霉菌属霉菌污染的作用，可明显降低孵化器及种蛋上霉菌污染的程度。霉敌为烟熏片剂，每片60克，含硫化苯11.7%。在种蛋孵至第17天时（即转蛋前1天），将片剂放入孵化器内烟熏。如饲养场污染严重，雏鹅中常发生本病时，需在种蛋放入孵化的当天加熏2次。用量为每100立方米空间用药4～8片。烟熏时人、畜不得进入孵化室，以防中毒。

(2) 加强饲料保管和使用。禁止饲喂霉变饲料，加强饲料的保管，尤其是梅雨季节。

(3) 发病的鹅群用制霉菌素防治具有一定的效果，即每只雏鹅服用5000～8000单位，成年鹅按每千克体重2万～4万单位服用，1日2次，连续3～5天，或每100羽雏鹅用1克克霉唑混于饲料中服用，也可用0.05%硫酸铜溶液饮水，也有一定的疗效。

经验之三十：鹅口疮的防治体会

鹅口疮又称念珠菌口炎、霉菌性口炎、念珠菌病、碘霉菌病、酸嗉囊病，是一种酵母状真菌引起的真菌性口炎或念珠菌病，是一种消化道上部的真菌病，各种家禽和动物都能够感染，主要发生在鸡、鹅和火鸡，其特征为上部消化道口腔、喉头、食道嗉、黏膜形成白色假膜和溃疡，有时也可蔓延侵害胃肠黏膜。鹅常呈散发，一旦暴发，可造成巨大经济损失。猪牛和人也可被感染。

本病临床症状不是很典型。常表现生长不良、食欲减少、精神委顿、羽毛松乱、眼睑和口角可见痂皮样病变，腿有皮肤病变，口腔、舌面可见溃疡坏死。由于上部消化道受损害，吞咽困难，嗉囊胀大，触诊松软有痛感，压之有气体或有酸味的内容物排出。常常出现下痢，逐渐消瘦，死前出现痉挛状态。雏禽的易感性、发病率与致死率均比成年禽高，4 周龄以下的家禽感染后迅速大批死亡，3 月龄以上的家禽多数可康复。

病理检查典型症状为嗉囊黏膜增厚，表面见有灰白色、圆形隆起的溃疡、黏膜表面常见有假膜性斑块和易剥落的坏死物。口腔和食道黏膜上的病变常形成黄色、豆渣样的典型“鹅口疮”，腺胃偶然也受感染，黏膜肿胀、出血，表面附有卡他性或坏死性渗出物。

本病发生多与环境有关，饲养管理不好，饲料配合不当，维生素缺乏，导致抵抗力降低，天气湿热都是促使本病发生和流行的因素。本病也可通过鹅卵传染。因此，搞好环境卫生及做好药物预防，可极大地降低发病。

（1）注意饲养管理卫生条件，鹅群饲养密度不要过大，做好鹅舍的保暖和通风换气。种蛋孵化前，要用消毒液浸洗消毒。发现病鹅要立即隔离。

（2）在每千克饲料中添加 220 毫克制霉菌素能够有效地预防白色念珠菌病。

（3）可用制霉菌素、克霉唑等混饲内服。制霉菌素的使用浓度为每千克饲料添 50～100 毫克，并以 0.5%硫酸铜液饮水，连用 1～3 周。克霉唑的使用浓度为每 100 只雏鹅 1 克混料。

（4）病变可用碘甘油、1%～5%克霉唑软膏涂擦，也可向嗉囊内注入 2%硼酸水数毫升。

（5）治疗的同时，要更换新垫料，禽舍与用具以 0.4%过氧乙酸溶液，按每平方米 50 毫升用量计算进行带禽喷雾消毒，每天 1 次，连用 7 天。

经验之三十一：鹅皮下气肿的防治体会

皮下气肿是幼鹅等幼龄家禽的一种常见疾病。多发生于1～2周龄以内的幼鹅，临床上常见于颈部皮下发生气肿，因此又称为气嗉子或气脖子。

患鹅颈部气囊破裂，可见颈部羽毛逆立，轻者气肿局限于颈的基部，严重的病例可延伸到颈的上部，以至于头部并且在口腔的舌系带下部出现鼓气泡。若腹部气囊破裂或由颈部的气体蔓延到胸部皮下，则胸腹围增大，触诊时皮肤紧张，叩诊呈鼓音。如不及时治疗，气肿继续增大，病鹅表现精神沉郁，呆立，呼吸困难，饮欲、食欲废绝，衰竭死亡。

本病的发生，可见于粗暴捕捉，致使颈部气囊或锁骨下气囊及腹部气囊破裂，也可因其他尖锐异物刺破气囊或因肱骨、鸟喙骨和胸骨等有气腔的骨骼发生骨折，均可使气体积聚于皮下，产生病理状态的皮下气肿，此外，呼吸道的先天性缺陷亦可使气体溢于皮下。

(1) 注意避免鹅群拥挤摔伤，捕捉或提拿时切忌粗暴、摔碰，以免损伤气囊。

(2) 发生皮下气肿后，可用注射针头刺破膨胀的皮肤，使气体放出，但不久又可膨胀，故必须多次放气才能奏效。最好用烧红的铁条，在膨胀部烙个破口，将空气放出。因烧烙的伤口暂时不易愈合，所以溢出气体可随时排出，缓解症状，逐渐能痊愈。

经验之三十二：鹅寄生虫病的防治体会

鹅球虫病是危害幼鹅的一种寄生虫病。本病在欧美一些国家常有发生，我国沿江和太湖区域的养鹅地区也时有暴发。主要发生于幼鹅，发病日龄愈小，死亡率愈高，能耐过的病鹅往往发育不良、生长受阻，对养鹅业危害极大。

已报道的鹅球虫有15种，寄生于鹅肾脏的截形艾美耳球虫致病力最强，常呈急性经过，死亡率较高。而其余14种球虫均寄生于鹅的肠道，其中以鹅艾美耳球虫致病性最强，可引起严重发病。国内暴发的鹅球虫病是肠道球虫病。常引起血性肠炎，导致雏鹅大批死亡，多是以鹅艾美耳球虫为主，由数种肠球虫混合感染致病。鹅肾球虫病主要发生于3～12周龄的幼鹅，发病较为严重，寄生于肾小管的球虫，能使肾组织遭受严重损伤，死亡率可高达87%。鹅肠球虫病主要发生于2～11周龄的幼鹅，临床上所见的病鹅最小日龄为6日龄，最大的为73日龄，以3周龄以下的鹅多见。常引起急性暴发，呈地方性流行。发病率90%以上，死亡率为10%～96%。通常是日龄小的发病严重、死亡率高。本病的发生与季节有一定的关系，鹅肠球虫病大多发生在5～8月份的温暖潮湿的多雨季节。不同日龄的鹅均可发生感染，日龄较大的以及成年鹅的感染，常呈慢性或良性经过，成为带虫者和传染源。

患肾球虫病幼鹅，表现为精神不振、极度衰弱、消瘦、反应迟钝、眼球下陷、翅膀下垂、食欲不振或废绝，腹泻，粪便呈稀白色，常衰竭而死。患肠球虫病的幼鹅精神委顿、缩头垂翅、食欲减少或废绝、喜卧、不愿活动、常落群、渴欲增强、饮水后频频甩头，腹泻，排棕色、红色或暗红色带有黏液的稀粪，有的患鹅粪便全为血凝块，肛门周围的羽毛沾污红色或棕色排泄物，常在发病后1～2天内死亡。

(1) 鹅球虫病的防治关键在于搞好环境卫生。鹅粪便做到当天清扫，进行堆积发酵无害化处理。鹅舍保持清洁干净，勤换垫草，及时消毒。

(2) 实行全进全出，幼鹅与成年鹅分开饲养。

(3) 药物预防。流行季节在饲料中应添加抗球虫药防治，常用抗球虫药有氨丙啉，按每千克饲料100～200毫克饲喂；也可用复方磺胺5-甲氧嘧啶（球虫宁），按每千克饲料200毫克混饲；或用地克珠利溶液饮水，按0.5～1毫克/升，均有良好的效果。

(4) 发病治疗。用抗球虫药如磺胺类药物、氯丙林、球虫灵等药物治疗。同时将被污染的垫草彻底清除，更换新草，用5%火碱消毒场所，清洗用具用0.3%百毒杀、0.2%过氧乙酸交替消毒，每天消毒1次，直到病鹅痊愈为止。但要注意抗球虫药物的停药期规定。

经验之三十三：鹅矛形剑带绦虫病的防治体会

剑带绦条虫病是寄生于鹅小肠内的常见寄生虫病。常引起鹅感染发病，尤其对幼鹅危害特别严重，可造成大批死亡，给养鹅业带来巨大的经济损失，是鹅的一种重要寄生虫病。

本病分布广泛，世界各地养鹅地区均有发生，多呈地方性流行。本病有明显的季节性，一般多发生于4～10月份的春末夏秋季节，而在冬季和早春较少发生。发病年龄为20日龄以上的幼鹅。临床上主要以1～3月龄的放养鹅群多见，但临床所见的最早发病日龄为11日龄，可能在出壳后经饮水感染。轻度感染通常不表现临床症状，成年鹅感染后，多呈良性经过成为带虫者。本病除感染家鹅外，也感染鸭、野鹅、鹄以及其他某些野生水禽。

成年鹅感染剑带绦虫后，一般症状较轻，幼鹅感染后可表现明显的全身症状，首先出现消化机能障碍，腹泻，排稀白色粪便，内混有白色的绦虫节片，发病后期，食欲废绝，羽毛松乱无光泽，常离群独居，不愿走动，严重感染者常出现神经症状，走路摇晃、运动失调、失去平衡、向后坐倒、仰卧或突然倒向一侧不能起立，发病后，常引起死亡，病程为1～5天。

本病原为矛形剑带绦虫，属膜壳科，是一种大型虫体，为乳白色。虫体长达13厘米，呈矛形。头节小，上有4个吸盘，顶突上有8个小钩，颈短。链体由20～40个节片组成，前端窄，往后逐渐加宽，最后的节片宽5～18毫米，颈短，成熟的节片上有三个睾丸，睾丸呈椭圆形，横列于内方生殖孔的一侧。卵巢和卵巢腺则在睾丸的外侧。生殖孔位于节片上角的侧缘。虫卵为椭圆形，无卵袋包裹。

剑带绦虫寄生于鹅、鸭及某些野生水禽的小肠内，孕卵节片或虫卵虫随患禽的粪便排出，虫卵落入水中，被中间宿主剑水蚤吞食，经6周发育为成熟的似囊尾蚴。鹅等水禽类吞食了含有似囊尾蚴的剑水蚤，剑水蚤被消化，似囊尾蚴进入小肠，并翻出头节，吸附在肠壁上，经 19 天发育为成虫。

(1) 本病重在预防，主要办法是成鹅和幼鹅分开饲养和放牧，经常保持圈舍干燥与卫生，及时清理粪便，饲喂的水草要清洗。

(2) 定期检查幼鹅粪便，发现虫卵和体节，立即驱虫。

(3) 对青年鹅、成年鹅群应实施定期驱虫，一年至少进行二次，通常在春秋两季，以减少环境的污染和病原的扩散。常用药物有吡喹酮按每千克体重 10～15 毫克内服，或用丙硫咪唑按每千克体重 50～100 毫克服用，也可用硫双二氯酚按每千克体重 150～200 毫克服用。为确保疗效，上述药品最好逐只投服。

经验之三十四：鹅虱的防治体会

鹅虱是寄生于鹅体羽毛内的寄生虫。虫体小，形状像牛身上的虱子。鹅虱的全部生活都离不开鹅体。鹅虱吸食血液及羽毛、皮屑，还会伤皮肤，造成鹅体发痒不安，羽毛脱落，食欲不振，导致鹅生长发育缓慢、消瘦，成年鹅产蛋量下降。

鹅羽虱体长 0.5～1.0 毫米，体形扁而宽短，也有细长的。头端钝圆，头部宽度大于胸部。咀嚼式口器，头部有 3～5 节组成的触角。胸部分前胸、中胸和后胸，中、后胸有不同程度的愈合，每一胸节上长着 1 对足，足粗，爪不甚发达，胸部由 11 节组成，最后数节常变成生殖器。鹅羽虱的生活史都在鹅体表完成。羽虱交配后产卵，卵常结合成团，粘在羽毛的基部，依靠鹅的体温孵化，经 5～8 天变成幼虱，2～3 周内经几次蜕皮而发育为成虫。

鹅羽虱是一种永久性寄生虫，其生活史离不开鹅的体表。主要靠鹅的直接接触而传播，一年四季均可发生，但冬季较严重。特别是圈养鹅，冬季鹅体上的虱会大量繁殖。因此，养殖场要注意做好预防工作。

(1) 对新引进的鹅要加强检疫，先隔离饲养一段时间，如未发现异常，混群饲养。

(2) 鹅舍要经常清扫，垫草常换。鹅舍经常用 0.2%的敌敌畏喷洒消毒。

（3）方向鹅虱的鹅可用0.5%的敌百虫粉剂喷洒羽毛中，并轻轻揉羽毛使药物分布均匀。并用0.03%除虫菊酯和0.3%敌敌畏合剂，对鹅舍、墙壁、栏架、饲槽、饮水器及工具等进行消毒。同时，对整个养殖场进行彻底消毒，以防感染其他鹅群。10天后，对患病鹅群再投药一次，以杀死新孵出来的幼虱。

经验之三十五：鹅裂口线虫病的防治体会

鹅裂口线虫病，是一种裂口线虫寄生于鹅的肌胃中而引起的疾病。不论大小鹅，夏秋高温潮湿季节均易感染此病，主要危害雏鹅，影响其生长发育，严重感染可导致死亡。对成年鹅的危害不大。养殖户应注重防治。

裂口线虫发育无需中间宿主，虫卵内形成幼虫并蜕皮2次，经5～6天的卵内发育，感染性幼虫破壳而出，能在水中游泳，爬到水草上。鹅吞食含有受感染性幼虫的水草或水时而遭受感染。幼虫在鹅体内约3周发育为成虫，其寿命为3个月。

裂口线虫主要对鹅的肌胃造成严重损害，从而表现出消化系统功能的紊乱及随之而来的衰弱等症状。雏鹅对本病特别敏感。严重感染时，可见病鹅食欲减退，甚至废绝，精神不振，发育受阻，羽毛无光泽，有时有下痢。患鹅体弱，消瘦贫血，嗜睡，衰竭，甚至死亡。成年鹅多为轻度感染，不呈现症状。

剖检时，肌胃见有大量红色细小虫体寄生在角质层的较薄部位，部分虫体埋在角质层内，造成角质层的坏死、脱落，变成易碎的棕色硬块。

寄生裂口线虫的病鹅为传播者，虫卵随其粪便排出，在30℃左右的温度和适宜的湿度下，1天内即形成第一期幼虫；再经4天左右，变为感染期幼虫；然后脱离卵壳，进入外界环境或野菜野花水草上，当鹅吞入带有感染期幼虫的菜和草后即染病。被吞入的幼虫5天内停留在腺胃内，以后进入肌胃，经一段时间发育为成虫，危害鹅只。因此，防治本病要从加强环境卫生和消毒及鹅预防性驱虫两方面做好工作。

（1）搞好环境卫生和消毒。预防本病的关键的搞好环境卫生和消毒，消灭感染性虫卵和幼虫。要经常保持鹅舍和运动场清洁干燥，常用开水或烧碱水对食槽和饮水用具进行消毒。定期清除鹅舍粪便并做无害化处理。雏鹅应与成鹅分开放牧和饲养，避免使用同一场地。尽可能把雏鹅舍和放牧地安排在成鹅从未到过的地方，每隔5～6天应更换雏鹅的牧地1次。有条件时应定期对鹅群进行粪便检查，发现虫卵，及时隔离病鹅进行治疗，杜绝病原传播。

（2）预防性药物驱虫。本病流行的地方，每批鹅应进行两次预防性驱虫，通常在20～30日龄、3～4月龄各一次。投药后3天内，彻底清除鹅粪，进行生物发酵处理。常用的驱虫药有左旋咪唑（每千克体重用20毫克，溶于水中，让鹅饮用，疗效显著）、驱虫净（每千克体重用45毫克，口服或皮下注射，每天1次，连用3天）。

（3）治疗可用左旋咪唑25毫克/千克体重，通过饮水给药，驱虫率可达99%。甲苯咪唑以50毫克/千克体重内服，或浓度0.0125%，混饲，每天1次，连用2天，也能获得满意效果。四氯化碳，20～30日龄鹅，每只1毫升；1～2月龄鹅，每只2毫升；2～3月龄鹅，每只3毫升；3～4月龄鹅，每只4毫升；5月龄以上5～10毫升，早晨空腹一次性口服。

经验之三十六：鹅软脚病的防治体会

软脚病是鹅，尤其是雏鹅的常见病，主要是由于鹅饲料中缺乏钙、磷及维生素D导致。其主要症状是：病鹅脚软无力，支撑不住身体，常伏卧地上，长骨骨端增大，特别是跗关节骨质疏松，生长缓慢。

（1）鹅饲料中钙、磷的含量要丰富，且配比要合理。

（2）饲料中必须含有足够的维生素D，因为维生素D有利于鹅对钙、磷的吸收。

（3）让鹅多晒太阳，阳光照射可以促进鹅体内合成维生素D。

（4）鹅发生软脚病后，每天给病鹅滴服2次鱼肝油，每只每次服2～4滴。

经验之三十七：鹅啄癖的原因及防治

啄羽癖，是由多种原因引起的一种代谢紊乱性疾病。主要有以下几种原因。

饲养管理方面：饲养密度过大或过小，育雏舍温度过高或低，易使雏鹅体内的热量散发受阻而使其狂躁不安或使雏鹅遇冷而导致卵黄吸收不良，也影响雏鹅的采食和饮水量；成年鹅运动量小、水源不足、交配、随地产蛋等因素，也易导致相互打架，或饲喂时间间隔过长等，形成啄癖。

通风换气放面：圈舍密封较严、粪便清理不及时、垫料霉变等，使舍内的二氧化碳、二氧化硫、硫化氢、氨气等有害气体不能及时排出，都是鹅形成啄癖的原因。

光照强度：光照过强是引起鹅啄癖的又一重要因素，尤其是饲养于开放舍、在夏季进入产蛋期的鹅群。

营养方面：饲料配合不合理也是鹅发生啄癖的因素。自配饲料不注意营养平衡，不注意微量元素和维生素的添加。外购饲料由于饲料原料价格猛涨，导致个别厂家生产的饲料营养不均衡，蛋白质和维生素缺乏；青绿色饲料补充不足，缺乏矿物质（钙、钾、锌、铁、锰、硒等），氨基酸不平衡，也易导致鹅啄癖。

疾病方面：当鹅发生球虫病、拉痢或其他疾病时常由于肛门上粘有异物而引起鹅群间的相互啄斗。发生体表及体内寄生虫病时，常引起鹅结膜炎，而使眼睛水肿、流泪、发炎，严重的出现采食困难，引起打斗。母鹅病源性或生理性脱肛、皮肤外伤等因素都可诱发啄癖的发生。即将开产时母鹅血液中所含的雌激素和孕酮、公鹅雄激素的增长，都是促使啄癖倾向增强的因素。

（1）加强饲养管理，控制光照强度，保证饲料营养均衡，多补充青绿饲料。做好消毒防疫工作，预防疾病发生。加强通风换气，保持鹅舍内空气清新。

（2）鹅发生体表及体内寄生虫病，可用溴氰菊酯喷杀，用伊虫净拌料驱虫。

（3）一旦发生啄癖，可采取下列措施：立即将被啄坏的鹅只隔离，单独进行治疗和饲养，受伤局部进行消毒处理，对啄伤部位可涂紫药水、碘酊等。

（4）用1%～2%的石膏粉配合阿莫西林混饲7天全群拌料饲喂，用于防治啄羽、啄肛。也可选用咬啄停、啄羽灵等药物进行拌料饲喂。

经验之三十八：雏鹅糊肛症的防治体会

雏鹅发生糊肛症主要是由于雏鹅出壳后，初次饮水以及开食不及时或开食后饲料中蛋白质含量过高，育雏舍温度过低等，或感染了某些细菌，如大肠杆菌、沙门氏菌等引起的一种疾病。雏鹅发生糊肛症后一般以肛门被粪便污染的羽毛黏住为典型特征，导致雏鹅生长缓慢，成活率低，有的甚至排不出粪便。

雏鹅糊肛一般多发生在出壳后的3～5天，如果能做好出壳后鹅的饲养管理工作可有效预防雏鹅糊肛症的发生。

（1）尽早饮水，雏鹅一般在出壳后的12～24小时内第一次饮水，可在饮水中添加0.02%的环丙沙星（左旋氧氟沙星）以及5%～8%的葡萄糖或电解多维等以增强机体抵抗力，预防细菌感染。

（2）提前喂料，一般在出壳后24～36小时内进行喂食，主要用开水泡透的小米或碎米进行开食，少喂勤添；第二天将切碎的青菜、嫩草等混合在小米中投喂；第三天即可投喂适合雏鹅该生长阶段的配合饲料，另外也可投喂一些青饲料。

（3）保持适宜的温度以及良好的饲养环境，一般雏鹅早期的适宜生长温度为28～30℃，饲养密度每平方米不超过25只，随着鹅的成长其饲养密度应逐渐减小。

（4）雏鹅发生糊肛症后应及时治疗，首先将堵塞肛门的羽毛用温淡盐水洗净，难以洗净的羽毛用剪刀剪去，帮助雏鹅顺利排便，可在饲料中添加0.1%土霉素和0.02%强力霉素进行治疗，还可在饲料中添加0.2%～0.3%的酵母片等提高雏鹅的消化能力。另外，在饮水中添加多种维生增强雏鹅抵抗力，促进雏鹅恢复健康。

经验之三十九：鹅有机磷农药中毒的解救

有机磷农药，如乐果、敌敌畏、敌百虫、对硫磷、甲胺磷和马拉硫磷等。是农业上广泛应用的一种毒性很强的杀虫剂。鹅会因误食了施用过有机磷农药的蔬菜、谷物和牧草，或被这类农药污染的饮水而发生中毒。此外，也会因使用这类农药驱除体外寄生虫不当而发生中毒。还有人为故意投毒，常发生于放牧鹅。

发生有机磷中毒最急性中毒的病鹅往往见不到任何症状而突然死亡。多数中毒鹅表现为停食，精神不安，运动失调，流泪，大量流涎，频频摇头并做吞咽动作，肌肉震颤，泄殖腔急剧收缩，有时伴有下痢，瞳孔明显缩小，呼吸困难，循环障碍，黏膜发绀，体温下降，足肢麻痹，最后抽搐、昏迷而死亡。

本病的特征性病理变化为胃内容物散发出大蒜臭味。剖检可见口腔积有黏液，食道黏膜脱落，气囊内充满白色泡沫；肺充血、肿胀，心肿大、充血，血液呈酱油色；肝脾肿胀、肝质脆；肾弥漫性出血；胃肠黏膜肿胀、出血，黏膜层极易脱落，肌胃严重山血，黏膜完全剥脱。

对于本病，应以预防为主，积极做好预防工作，农药的保管、贮存和使用必须注意安全。

（1）严禁用含有有机磷农药的饲料和饮水喂鹅。放牧地如喷洒过农药或被污染，有效期内不能放牧。一般不要用敌百虫作鹅的内服驱虫药，但可用其消除体表寄生虫，用时注意浓度不要超过0.5%。

（2）治疗中毒初期，可用手术法切开皮肤，钝性分离食道膨大部，纵向切开2～3厘米，将其中毒性内容物掏出或挤出，用生理盐水冲洗后缝合。然后静脉注射或肌内注射解磷定，成鹅每只0.2～0.5毫升，并配合使用阿托品，成鹅每只每次1～2毫升，20分钟后再注射1毫升，以后每30分钟服阿托品1片，连服2～3次，并给充足饮水。如是雏鹅，则依体重情况适当减量，体重0.5～1.0千克的小鹅，内服阿托品1片，15分钟后再服1片，以后每30分钟服半片，连服1～3次。针对以上治疗方法，同时配合采取50%

葡萄糖溶液20毫升腹腔注射、维生素C 0.2克肌内注射，每天1次，连续7天。待症状减轻后，针对腹泻不止，在饮水中，按25毫克/千克体重投入复方敌菌剂，连续1天，以防脱水。若对硫磷中毒病鹅用0.01%高锰酸钾或2.5%碳酸氢钠溶液灌服，每只鹅3～5毫升。

经验之四十：填饲鹅常见疾病防治

填饲是一种强制性的饲喂手段，如操作不当，就会造成机械性损伤等一系列疾病。其次填饲期间随着脂肪的迅速沉积，鹅的抗病力明显减弱，此时很容易感染疾病。所以要从加强清洁卫生和提高填饲技术着手，加以预防。一旦发生疾病应及时治疗，但不可滥用药物，防止肝脏负担过重和药物在肝中的残留。

一、喙角溃疡

由于填饲管过粗或在填饲时操作不当，动作粗暴，造成喙角损伤，细菌感染而引起炎症，进而发展到喙角溃疡和局部组织坏死。此病在中小型鹅中发生较多，常发生于夏季，特别在B族维生素缺乏的情况下，更易发生。发病时，病鹅两喙的基部破损、肿胀、溃疡，强行张开两喙填饲时，可闻到腐臭味。

防治办法：

（1）中小型鹅应采用较细的填饲管填饲，填饲动作要轻，避免擦破喙角。

（2）在饲料或饮水中加入禽用多维素。可使用消炎药和珍珠粉涂抹喙角破损处，有一定的疗效。

二、咽喉炎

填饲时因将填饲管强行插入，造成机械性损伤引起的咽喉黏膜及其深层组织的炎症。其特征是周围组织充血、肿胀和疼痛。填饲时鹅挣扎不安，且因咽喉肿胀和疼痛，填饲管不易插入。

防治办法：

（1）在填饲前应先检查填饲管是否光滑，管口有无缺口，是否圆钝。

(2) 填饲员指甲要剪光磨平，拉出鹅舌头要轻；插入填饲管时动作要慢，角度正确。

(3) 如鹅挣扎，咽喉部紧张，应暂停插入，不得硬插。

(4) 轻度咽喉炎症可内服土霉素，每只每次 0.125 克，每天 2 次，并局部涂擦磺胺软膏。如咽喉损伤严重，则应淘汰。

三、食道炎

因为食道黏膜受摩擦过度造成损伤所引起的炎症。其特征是食道发炎、肿胀和疼痛，填饲时患鹅表现不安。

防治办法：

(1) 预防与咽喉炎相似。采用 50 厘米的长填饲管填饲，这样填饲管能直接插到食管膨大部，可大大减少食道炎的发病率。

(2) 插管要谨慎，并使鹅的颈与填饲管保持平行。

(3) 注意每次填料要少，否则大量玉米填入食道，使局部食道迅速膨胀，而往下捋时用力过大，玉米粒与食道壁强烈摩擦，致使食道损伤。

(4) 发生食道炎时可用土霉素，每只每次 0.125 克，每天 2 次，连喂数天。炎症初发时，适当减少填饲量和填喂次数。

四、食道破裂

由于填饲管插入时动作粗暴，或者由于填饲管本身存在的金属破口，而造成食道破裂。其症状是填饲后抽出填饲管时，发现管壁沾有血液，继后鹅的颈部肿胀，精神萎靡，在下次填饲前用手触摸颈部，可摸到积蓄在颈部皮下的大量玉米。

预防与食道炎相似。发生本病的鹅应及早淘汰。

五、消化不良和积食

消化机能不良是由于消化机能紊乱，引起以腹泻和排出大量整粒的未消化玉米为主的疾病（非菌痢）。食道积食往往是由于填饲的玉米突然增多，使整个食道及其膨大部的平滑肌松弛，弹力减弱而造成大量玉米积滞在食道和食道膨大部，甚至向下达到腺胃中。

防治办法：

(1) 要有填饲预饲期阶段。在预饲期阶段，让鹅逐渐习惯于摄食整粒的玉米和大量的青绿饲料，使整个食道柔软而富有弹性，为大量填饲打好基础。

（2）供给粗砂粒，让其自由采食，以帮助消化。

（3）填饲量应由少到多，逐步增加。每次填饲前，要触摸食道膨大部，对消化良好的可增加填饲量；对消化不良、食道积滞的玉米粒轻轻捏松，并往下捋，然后少填或停填一顿；也可喂些帮助消化的药物，如多酶片、大蒜等。

（4）如连续3次未填，积食未消化的，则应及时淘汰。

六、跛行与骨折

填饲后期，由于填鹅体重增加80％左右，部分填鹅往往支撑不住体重而跛行，属正常现象。因操作粗暴造成腿部受伤的跛行要精心护理。捉鹅时要轻捉轻放，以免造成翅膀和腿部骨折。骨折的鹅，如基本肥育成熟，应及时屠宰。

七、气管异物

主要是由于填饲操作不小心，使玉米粒通过喉头落入气管所致。症状是填饲结束后鹅拼命摇头，想把气管中的玉米甩出来，开始呼吸急促，继而呼吸困难，以至窒息死亡。

防治办法：

（1）在插填饲管时，应先将遗留在管中容易掉落的玉米粒去掉。

（2）填饲时不要填得过于接近咽喉，拔出填饲管时，动作要轻要快。

（3）发现鹅有气管异物症状，应立即提起，使其双脚倒挂起来，并用手摸捏气管，如玉米粒卡在气管接近咽喉处，可以用手指挤出；如卡的位置很深，只能屠宰。

经验之四十一：鹅舌下垂的防治办法

鹅舌下垂是指鹅的舌头垂入下颌骨之间的空隙内，多见于狮头鹅。其原因是狮头鹅下颌肉垂大又重，肉垂的肌肉、韧带松弛，下颌肉垂下坠，牵引的黏膜下凹形成袋状。采食后舌下残留饲料，发酵变酸，引发舌下黏膜炎症或溃疡，舌陷入袋中，无法动弹。

主要症状为舌头坠入下颌骨间空隙中，不能伸缩，采食困难，无法吞咽，逐渐消瘦衰弱而死。

防治办法：将舌提起，冲洗舌下饲料，用缝线将颌下黏膜中线袋口缝几针，涂以消炎软膏，饲喂易消化饲料或人工助食，数日可愈。

经验之四十二：鹅中暑的防治体会

鹅中暑是鹅在炎热的夏季常发生的一种疾病，可呈大群发生，尤其以雏鹅最为常见。分为日射病和热射病两种。

在气候炎热、湿度大的天气里，鹅群由于长时间放牧暴晒于烈日之下或行走在灼热的地面上，引起脑膜充血和脑实质急性病变，导致中枢神经系统功能发生严重障碍的现象，容易发生日射病。当鹅舍潮湿闷热、通风不良或将鹅群长时间饲养在高温环境中，新陈代谢旺盛，产热多，散热少，体内积热，引起中枢神经功能紊乱的现象，容易发生热射病。天气阴晴变化无常，鹅群在烈日直射下放牧时，被雨水淋湿后，又立即赶进鹅舍，也会引起中暑。

患日射病的鹅以神经症状为主，病时烦躁不安，痉挛，昏迷，体温上升，可视黏膜发红，能够引起大批死亡。鹅患热射病则表现呼吸急促，张口伸颈喘气，翅膀张开下垂，口渴，体温升高，痉挛倒地，昏迷，也可引起大批死亡。

（1）在高温季节，应保持环境的通风良好，降低饲养密度，保证饮水充足。鹅舍温度过高时可使用电风扇扇风，向鹅体羽毛和地面洒水以降温。放牧饲养的，应避开中午并尽可能在有树荫和充足水源的地方放牧，经常让鹅沐冷水浴降温。

（2）夏天放牧鹅群应早出晚归，避免中午放牧，应选择凉爽的牧地放牧。鹅舍要通风良好，鹅群饲养密度不能过大，运动场要有树荫或搭盖的凉棚，并且要供给充足、清洁的饮水。

（3）鹅群发生中暑时，应立即进行急救，将鹅赶入水中降温或赶到阴凉通风的地方进行休息，并供给清凉饮水。还可将病鹅赶到水中浸泡短时间，然后喂服红糖水解暑，很快会恢复正常。

舍饲的应加强舍内通风，地面放冰块或泼深井水降温，并向鹅体表洒水。可给鹅服十滴水（稀释5～10倍，鹅1毫升）或仁丹丸（每只1颗），也可用白头翁50克、绿豆25克、甘草25克、红糖100克煮水喂服或拌料饲喂100雏（成禽加倍）。

第六章 人员与物资管理

经验之一：养鹅场经营者要在关键的时间出现在关键的工作场合

作为养鹅场的经营管理者，要时刻掌握鹅场的一切情况，尤其是生产状况。而鹅场经营者要在关键的时间出现在关键的工作场合就是对经营者最基本的要求。

鹅场的关键时间是指养鹅场在具体饲养管理过程中执行放牧、饲喂、消毒、转群、防疫、配制饲料等工作的时间段。而关键的工作场合就是这些时间段在鹅场内的具体工作时的地点。关键的时间出现在关键的工作场合就是在进行以上工作的时间和地点出现，检查和指导一些关键工作的执行情况，随时发现生产管理中出现的问题并随时加以解决。

养鹅生产的整个流程是一个连续性的、一环扣一环的工作，要求每个环节的工作都要按照饲养标准确实做到位，才能使养鹅生产正常进行。如果其中某一个环节没有到位，而由于养殖的特点决定了问题不是当时做得不好就能马上出现，往往要经过一段时间以后，才能陆续出现，而一旦出现问题将造成无法弥补的损失。比如，育雏鹅阶段在温度控制、湿度控制、通风换气、免疫、饲料配制、饲喂、光照等环节有严格要求，养殖人员要严格落实，不能出现任何大的失误，以达到最高的成活率，如果今天某一方面的一个问题忽视或者没有做好，明天又出现另一个方面的问题没有按照要求做，长期下去，积劳成疾，必然会出现成活率低于92%或者均匀度差的问题，那么鹅的养殖就是失败的。如果是蛋鹅，那么蛋鹅的产蛋率也不能高，同样是失败的。如果经营者能够及早发现及时解决，就不至于出现无法挽回的后果。使本该进入到收获成果的阶段却只能承担失败的后果，浪费了人力、物力。再比如填喂鹅操作，由于鹅的数量多，工作量很大，每次都要逐只填喂，操作上要轻提轻放，插管时动作要合理，不能为了快完成而野蛮操作，否则会造成鹅受伤，淘汰增加。还要经常观察鹅的填喂效果，及时调整饲喂程序。鹅放牧的时候同样需要精心，在哪个地方放牧、放牧多长时间合理，都需要根据当时的情况调整。都需要饲养员做好，养殖经营者检查到位。

经营者要始终明确这样一个道理，完全指望养殖人员自动自觉地做好任何工作是不可能的，也是不现实的，就算你给的是最高的工资，最好的待遇，同样会出现问题。这就要求管理者不能当甩手掌柜的，要亲力亲为，检查到位，指导到位。

在养鹅场日常饲养管理工作中，经营者要经常性地亲自到现场，以指导者的身份去查看养殖人员是否在按照操作规程做，以及做得如何，比如给鹅打防疫针时，疫苗稀释比例是否合理、针头大小是否合适、是否做到一只鹅一只鹅的做、疫苗滴鼻、注射部位、点眼、刺种是否准确、有没有鹅遗漏没被免疫到等等问题，这些要求能否做到位，尤其是对新员工或者工作责任心不强的、工作主动性差的、标准不高的员工更要经常的检查督促，使他们养成良好的习惯。

当然，关键的时间和关键的地点也要辩证地看，不是对所有工作都看，不是所有时间都去。要具体根据养殖人员的工作熟练程度、工作经验、工作态度决定看谁不看谁；根据某项工作的性质确定看还是不看；根据某项工作的持续时间长短决定什么时间去看，去看哪个过程，是看准备情况、还是看中间过程或者看结果；根据某项工作的特点决定什么地点看等。

经验之二：员工管理要“五个到位”

一、培训到位

通常养鹅场的养殖人员流动性较大，文化水平普遍不高，多数人对科学养鹅的知识知之甚少，为了养鹅场能够始终保持工作的连续性，无论是新招进的，还是老饲养员，都要坚持做好养鹅相关知识的培训，内容主要是饲养员应知应会的饲养管理常识，比如如何消毒、如何给鹅喂料、如何清理粪便、如何搅拌饲料、如何调整鹅舍温湿度、如何通风换气等，还有一些管理制度。培训内容要具体到每个养殖环节怎么做，达到什么标准，要手把手地教，通过培训达到饲养员知道应该怎么干。

二、指标到位

指标是衡量目标的方法，预期中打算达到的指数、规格、标准。指标到位就是对饲养管理的每个环节都要制定完成的标准，指标要具体，如成活率、育成率、产蛋率、产蛋量、饲养日年产蛋量、入舍鹅年产蛋量等。指标要合理，制定的指标既要参考常规的生产指标，又要结合本场生产的实际情况，要多征求全体养殖员工的意见和建议，不能过高，也不能过低，避免因为指标不合理，引起员工的抵触，影响养鹅场的正常运行。做到既能调动养殖人员的积极性，又能使本场的效益最大化。

三、责任到位

责任必须要先到位，要明确到具体人头上，做到人人头上有指标、件件工作有着落。责任不到位，导致执行的结果必定会不到位。只有将责任落实到执行的过程中，才会打造出最优秀的执行者，要让每一个员工都知道自己的工作职责，也要知道没有做好自己工作，应承担的不利后果或强制性义务。

四、绩效考核到位

好的、科学的指标需要高质量的考核来保证。绩效考核管理工作是关系养鹅场发展的一项系统工程，是一项长期任务。考核要严肃认真，分出层次，成为好的导向，真正做到干好干坏不一样、干多干少不一样，考核结果要成为奖惩的依据，真正做到公开、公平、公正考核，确保考核过程阳光、考核结果公正，真正考出激情、考出干劲、考出实绩，让大家服气。

五、生活保障到位

鹅场通常都在远离闹市区的郊区或偏远地方，交通不便，加上鹅场生物安全的要求，员工很少外出，生活单调枯燥，绝大部分时间都要生活在厂区内。所以鹅场要在吃、住、娱乐上为员工创造良好的生活条件，创造拴心留人的环境，关心员工的生活，员工家庭有事、员工患病、过生日等都要慰问，使员工安下心来，愿意为鹅场好好工作。

经验之三：聘用什么样的养殖人员

鹅场的管理是通过各类人员实现的。因此，首先从“选人、育人、用人”三方面下功夫。

一、场长

场长人选是关键，鹅场场长要求既要懂管理还要精通鹅饲养技术，是鹅场经营成败的关键人物。对场长人选的素质要求高，很多鹅场的场长要扮演一个经营者的角色。因此，聘用时对人品和技术要有深入的了解，必须有丰富的实践经验，要能踏实肯干的，不要那些口若悬河只说不练的假把式。不要用错人把场子变成一个实验基地，损失惨重，优秀的场长人选可用重金或股权聘用，并且要经过一定的试用期来检验是否称职。

也有的是鹅场自己培养，提拔任用从基层点滴做起来的精英，不用空降兵，这种人才能熟练运作鹅场固有的成熟的管理模式，对公司忠诚，踏实肯干，学历要求不一定高，只要能做出成绩，在员工当中有威信和领导力的人选，在这种体制下每个员工觉得也有提升的空间，鹅场工作显得非常有活力。

二、技术人员

技术人员在鹅场中扮演一个不折不扣的执行者的角色。通常鹅场都愿意从农业院校应届毕业生中招聘，但是这部分毕业生，刚参加工作，对新的工作环境适应得比较慢，鹅场的封闭式管理和枯燥的生活，年轻人比较浮躁，这山望着那山高，使他们一旦碰到点儿难题就选择离开，流失率很大。大多数高学历人才来鹅场的目的是积累经验，而不是做实事。另一个原因是年轻人的恋爱婚姻问题，有的进场前就有男朋友或女朋友了，一般不会两个人同时进一个鹅场当技术员，这样两个人要很长时间见不到面，只有整天电话传情，时间一长，哪有心思安心工作。没有女朋友或男朋友的，呆在鹅场圈子很小，难交上朋友，到一定时候给再高的工资为了考虑自己终身大事也要离职，因此很难遇到合适的人选。

比较好的办法是自己培养技术人员，其实对技术员的学历不要求多高，只要交代的事情能不折不扣完成的，工作扎实努力，肯学习，爱钻研的都能胜任。鹅场管理只要标准化、程序化，一个饲养周期就可以培养一名优秀的技术人员。

三、饲养员

饲养员最好是用家住外地的农村夫妻工，三十至五十岁左右的人选，要求吃苦耐劳，身体健康，最好是孩子已经成家立业的，家庭没有负担的，能适应封闭式管理的人选，一般在农村招聘比较适合。

也有很多大型种鹅场聘任畜牧专业大中专毕业生来养鹅的，因为这些养鹅场养殖条件好，畜牧专业毕业生可以学到更多的知识，施展才华，个人成长也有发展的空间，对鹅场和毕业生本人都是不错的选择。

千万不要到打散工的劳务市场（注意这里说的不是人才市场）去招饲养员。因为劳务市场上的人多数是这样的人，一是多数没有固定住所；二是多数不会什么技术；三是多数吃了上顿没有下顿；四是多数家里日子过得不怎么样的；五是多数是单身的。没有长期打算，实在没钱生活不下去了就去挣点钱，只要兜里有一点钱随时准备去消费，指望这样的人能给你安下心来养好鹅，根本不可能。

经验之四：员工管理的诀窍

鹅场员工的管理主要的思想的管理，让所有的员工能够顺心、愿意、真正投入自己的工作，是鹅场经营者的责任。员工的管理主要是思想的管理和工作的管理。

一、思想的管理

思想的管理重要的是沟通和协调，经营管理者要充分了解每一名员工的思想变化，及时为他们排忧解难，为他们解决工作上、生活上、思想上的困惑和难题，做好他们的工作指导和后勤服务，就能让他们干好工作。

思想管理主要是良好工作氛围的保持和维护。让鹅场的每一个人舒服的工作，是管理者的职责。一旦发现思想偏差，要及时通过单独谈话，进行疏导和协调。

员工犯错误的时候，不能一味地批评，但是也不能怕批评，最重要的是找出错误的原因和解决的办法，以及今后如何避免再犯此类错误。单纯的偶尔失误并不可怕，可怕的是工作的散漫和无序带来的工作氛围的破坏。这样的失误是不可原谅的。

经营管理者要带头执行鹅场的各项制度，不能要求员工好好做，自己却不注意。要及时对鹅场生产目标进行总结，并且和员工进行充分的沟通，减少杂音，最后形成一致的目标，并通过会议的方式进行传达，达到“形成共识，共同奋斗，不达目的不罢休”的效果。

当员工内部出现不和谐的因素或苗头时，要及时进行单独谈话，进行沟通，并对相关信息和大家进行公开的沟通，形成互相理解、互相支持的工作氛围。对工作有不同意见的成员，应该允许他们充分地表达。对员工的建议和意见，要定期召开会议，仔细聆听、合理采纳，对有利于鹅场提高效益的建议要给予物质奖励。不得跟员工发牢骚、抱怨。牢骚、抱怨只会造成内部的不团结，影响工作效率，降低自己在员工心目中的形象及影响力。

二、工作的管理

重要的事情布置给员工的时候，一定要说清楚，说明白，让员工完全明白你的意思，切忌仓促。要及时跟踪进度，防止出现执行偏差，同时要有时间期限，要限时回报，保证执行到位。当进度慢的时候，要及时督促并加以指导，加快进度，确保及时良好完成任务。

养鹅工作过程繁琐、弹性大，养鹅场要注重饲养过程的管理调控，使各饲养工作安排落实到每一天甚至每一小时的每个工作细节，要建立健全各项操作规章制度，完善管理督促机制，将生产环节层层分解，层层落实，事事有人抓，事事有人管，用严格的制度去管理。严格的管理应该体现在方法上、制度上，而不是体现在板面孔训人。

对违反厂规、工作纪律者，视情节轻重给予批评教育、经济处罚，甚至休假、辞退出场等处分，使职工在“有过必挨罚”的心理驱使下，认真遵守一切工作制度，谨慎工作，最大限度地避免减少工作过失。充分运用经济惩罚和行政命令等手段，体现鹅场刚性管理精神是饲养管理工作中必不可少的。

人员合理搭配，可取长补短，收到良好的整体效果，有益于饲养工作的正常开展，这就是1加1大于2的道理。比如若把能力较强、特长相同、性格较急的两个人安排在一起会引起“龙虎斗”局面；若把能力较差、性格柔弱的两个人安排在一起，工作缩手缩脚打不开局面；若把性格相投、志趣相符两个人组织在一起，能相互倾慕，配合默契；年龄大的与年龄小的、男的与女的安排在一起，不仅能相互体谅，而且还能相互促进；智商高的、性格好强的乐于领头，性格随和的乐于跟随。实际生产中，要注重该类问题的处理，在现有的人员基础上通过结构调整，使之达到最佳组合，尽量减少“内耗”。合理的人员搭配往往是良好工作的开端。

经验之五：养鹅场的生产管理

养鹅场的生产管理是鹅场管理的核心内容，是企业经营目标实现的重要途径。涉及鹅场经营管理的各个方面，制定科学合理的管理制度，并严格落实各项管理制度是决定鹅场成败的关键。通常包括岗位责任制、人员定额管理、操作规程、工具管理、饲料兽药采购保管和使用制度等。

一、岗位责任制

岗位责任制是养鹅场工作的特点，在明确各部门工作任务和职责范围的基础上，用行政立法手段，确定每个工作岗位和工作人员应履行的职责、所担负的责任、行使的权限和完成任务的标准，并按规定的内容和标准，对员工进行考核和相应奖惩的一种行政管理制度。建立岗位责任制，有利于提高工作效率和鹅场的经济效益。在制定每项制度时，要交有关人员认真讨论，取得一致认识，提高工作人员执行制度的自觉性。领导要经常检查制度执行情况。为了使岗位责任制切实得到执行，还可适当运用经济手段。

（一）养鹅场场长职责（仅供参考）

（1）负责建立、执行及不断完善各项规章制度，保证养鹅场安全规范正常的运营。

（2）负责整个养鹅场的人员管理和工作绩效考核。

（3）负责监督、落实各项防疫、检疫制度和实施达成情况。

（4）负责鹅苗、全饲料、药品和维修所需的物料采购及成年鹅和鹅苗的销售。

（5）负责处理养鹅场的一切突发事件。

（6）负责统计每月养鹅的开支成本和销售额。

（7）负责养鹅场人员每月工资的发放。

（二）技术员职责（仅供参考）

（1）负责制定全场养鹅技术指导管理手册和标准作业流程。

（2）负责全场鹅群生长过程的整体规划，提高并改良养鹅工艺技术。

（3）负责全场鹅群饲养管理，鹅舍的日常管理、饲料的配比、饲养的方式、种蛋孵化等技术指导和操作管理。

（4）负责养鹅场所有人员饲养技术的培训，技术指导及检查监督操作规范。

（5）协助兽医对鹅群疾病防疫工作的方案制定和技术指导，对鹅群各类统计数据进行分析，提出专业性的指导方案。

（6）协助场长对养鹅人员进行管理。

（7）完成场长临时安排的其他工作。

（三）兽医职责（仅供参考）

（1）负责制定全场鹅群防疫制度和免疫计划，定期开展疫情监测工作。

（2）负责全场鹅群病情诊治处理及疫情的分析调查工作。

（3）负责制定和监督饲养场空舍及饲养期间清理消毒工作流程和作业指导书。

（4）协助技术员加强鹅群的饲养管理、生长性能、健康监测工作。

（5）深入鹅舍，观察鹅群健康状况，监督饲养期间清理消毒工作，提出整改意见，参与病鹅护理。

（6）负责详细填写防疫，消毒、诊治用药的表格记录及药品库存的管理。

（7）熟练掌握出口鹅禁用药名录及允许用药的停药期，确保处方药不出药残。

（8）负责病死鹅的隔离与处置，对鹅粪和污水进行无害化处理。

（9）发现疫情及时上报，配合养鹅负责人临时安排的其他工作。

（四）饲养员职责（仅供参考）

（1）认真学习养鹅理论知识和基本饲养技术，不断提高饲养技能。服从养鹅总负责人和技术员的调遣和管理安排，遵守各项管理制度。

（2）负责每天鹅舍的清扫、冲洗、消毒、饲喂、放牧、下塘、拔羽、鹅蛋的收集。

（3）每天细致巡查网舍，有无漏洞，损坏，谨防鹅走失，及时补救，维修。

（4）负责选定种草品种，确定牧草面积和日常牧草田间管理，搞好种草衔接。

（5）负责所有草饲料的收割、切碎、配比和分发，保证青饲料的正常供给。

（6）负责所有饲料、肥料的仓存管理，收发存记录。

（7）协助技术员做好消毒，防病工作，每天观察鹅群生活，非正常现象及时隔离并上报。

（8）认真填写报表，积累各项指标数据，字迹工整清晰。

（9）完成场长临时安排的其他工作。

（五）孵化员职责（仅供参考）

（1）认真学习养鹅理论知识和种蛋孵化技术，不断提高孵化工艺技能。服从养鹅技术员和总负责人的调遣和管理安排，遵守各项管理制度。

（2）负责制定种蛋孵化技术管理手册和标准工艺作业流程。

（3）负责孵化室的环境调节控制和孵化设备的点检保养维修。

（4）负责所有种蛋的收集、挑选、消毒和仓存管理，收发存记录。

(5) 负责所有鹅苗、成年鹅群的销售出库的记录。

(6) 负责协助饲养员对鹅群进行拔羽，捡蛋等。

(7) 配合养鹅负责人临时安排的其他工作。

二、人员定额管理

在生产经营活动中，根据企业一定时间内的生产条件和技术水平，规定在人力、物力、财力利用方面，应遵守的数量和质量的标准称为定额。在鹅场通常指一个中等劳力在正常条件下，按照规定的质量要求，积极劳动所能完成的工作量，所能管理的肉鹅数量。

制定劳动定额的时候，为了客观、合理地制定劳动定额，应该现场进行工作量测定，以测定结果为依据，经过适当调整后制订出劳动定额。测定时要依据本场的生产管理条件，如放牧、笼养、地面平养还是网上平养，是放牧还是舍饲，温度、通风、湿度的控制是人工还是自动等。要综合考虑，并能根据生产过程中出现的情况随时调整，使之既符合本场实际需要，又科学合理。

三、操作规程管理

(一) 制定操作规程

操作规程是鹅场生产中按照科学原理制定的日常作业的技术规范。鹅群管理中的各项技术措施和操作等均通过技术操作规程加以贯彻。做到三明确，即分工明确、岗位明确、职责明确。使饲养员知道什么时间应该在什么岗位，以及干什么和达到什么标准。要根据不同饲养阶段的鹅群按其生产周期制定不同的技术操作规程。如育雏技术操作规程，包括对饲养任务提出生产指标，使饲养人员有明确的目标，做到人人有事干，事事有人干，人人头上有指标，明确不同饲养阶段鹅群的特点及饲养管理要点，按不同的操作内容提出切实可行的要求。主要的操作规程有：各类鹅、各阶段的饲养管理技术措施、孵化操作规程以及防疫制度与措施等。

(二) 蛋鹅饲养管理的日常操作规程（仅供参考）

1. 早晨(5: 00~8: 00)(视季节不同而改变，冬季迟，夏季早)

(1) 放鹅出门，在水面撒水草，让鹅群在水中洗澡，交配，吃草。

(2) 进鹅舍拣蛋，观察并记录鹅蛋数量，重量及质量情况。

(3) 洗净料盆，水盆，置于运动场上。

(4) 观察鹅粪状态（了解饲料消化情况）。

(5) 拌好饲料，进行第一次喂粮。

2. 上午（8：00～11：00）

(1) 在水面撒水草，喂青饲料。

(2) 打扫鹅舍，铺上干净的垫草或砻糠灰。

(3) 喂一些砂砾、贝壳等（根据饲料条件而定）。

(4) 拌好第二次饲料，将水盆，料盆清洗后移到舍内加好饲料和清水。

(5) 将白天在运动场上的蛋收集起来，运蛋入库。

3. 中午（11：00～13：30）

赶鹅入舍，吃食后午休。

4. 下午（13：00～17：30）

(1) 放鹅出门，在水面撒水草，让鹅群在水中洗澡，交配，吃草。

(2) 将舍内料盆、水盆清洗后置于运动场上。

(3) 拌好饲料，15:00～16:00 喂第三次饲料。

(4) 进鹅舍再铺垫一次干草或砻糠灰。

(5) 将水盆、料盆移进鹅舍内，加好饲料和清水，17:30～18:00 赶鹅入舍（时间随季节变化）。

(6) 开亮舍内电灯。

5. 晚上

晚上 21:00 左右入舍检查一次，并加料加水。晚上 22:00 将电灯关灭。

四、工具管理

工具管理是规范鹅场管理，合理利用鹅场的物力、财力资源，使公司生产持续发展，不断提高企业竞争力的管理措施，也是实施精细化管理的主要内容。

1. 目的

使鹅场生产工具得到有效管理，规范生产工具的申领、使用、保管、报废等，对生产工具实施有效监控和保管，避免工具的流失，提高工具有效利用率。

2. 范围

适用于鹅场内生产使用的所有工具，分为共同使用和个人专用的工具两种。

3. 操作流程及职责要求

(1) 现有工具的清理

① 现有鹅场共同使用和个人专用的工具，由×××科（员）负责统计，建立工具台账，明确责任人，员工专用工具由具体使用人负责。

② 对目前生产外借出去的工具等要重新核对，落实到班组或个人，规范台账。做到日清月结，台账、工具数量相符。

(2) 工具申领、使用及保管程序　工具首次申领使用时，首先填写工具申领单，经班组长同意后，报场长签准，交保管员处领取。保管员应在“生产工具台账”注明用途和保管责任人，台账应注明：领用日期、名称、规格、责任人等。

4. 生产工具使用

(1) 应爱护使用，在使用过程中，发现工具不良或损坏，以旧（坏）换新形式换取新工具，并及时填写工具返修单或工具报废单，以旧（坏）换新领用前，由班组长鉴定工具的好坏并说明原因。如仍可使用，请领用人继续使用；如可修复，可联系相关专业人员进行修复，属人为造成的损坏由相关使用人承担，按工具市价赔偿。

(2) 工具经确认需要报废的，填写工具报废单，经班组长同意报场长，经场长批准后，方可报废，同时在“生产工具台账”注明报废销账。

(3) 原工具丢失或损坏，按市价赔偿后方可再重新领用；如属于工具质量问题，应追究卖场及购货人的责任。

(4) 人员离职或工作调动，应将所使用、保管工具按照生产工具台账所登记的如数退还交接，办理保管移交手续，缺少或损坏的工具市价赔偿，否则不予办理离职或工作调动手续。

5. 工具的借用及归还

(1) 对生产以外部门，如需使用生产工具，可办理临时借用手续，使用完毕应及时归还，借用期间生产工具保管人负责跟踪直至归还。

(2) 生产工具借用必须填写“生产工具借用”，说明借用时间、归还时间、用途、保管责任人等，经部门负责人签字后，方可借用。

五、饲料兽药采购、保管、使用制度（仅供参考）

(1) 饲料、添加剂、兽药等投入品采购应实施质量安全评估，选优汰劣，建立质量可靠、信誉度好、比较稳定供货渠道。定期做好采购计划。

(2) 采购饲料产品应具有有效的证、号。不得采购无生产许可批准的产品。

(3) 采购兽药必须来自具有“兽药生产许可证”和产品批准文号的生产企业，或者具有“进口兽药许可证”的供应商。所用兽药的标签应符合《兽药管理条例》的规定。

(4) 进货入库的饲料、添加剂和兽药应认真核对，数量、含量、品名、规格、生产日期、供货单位、生产单位、包装、标签等与供货协议一致，原料包装完好无损，无受潮、虫蛀，并作详细登记。

(5) 兽药、饲料、添加剂应分库存放。所有投入品根据产品要求保管，定期检查疫苗冷藏设备，确保冷藏性能完好。

(6) 饲料添加剂、预混合饲料和浓缩饲料的使用根据标签用法、用量、使用说明和推荐配方科学使用。铜、锌、硒等微量元素应执行国家规定使用，减少对环境的污染。

(7) 严格执行《中华人民共和国兽药规范》、《药物饲料添加剂使用规范》规定的使用对象、用量、休药期、注意事项，饲料中不直接添加兽药，使用药物饲料添加剂应严格执行休药期制度。严格执行兽医处方用药，不擅自改变用法、用量。

(8) 禁止使用国家规定禁止使用的违禁药物和对人体、动物有害的化学物质。慎重使用经农业部批准的拟肾上腺素药、平喘药、抗(拟) 胆碱药、肾上腺皮质激素类药和解热镇痛药。禁止使用未经农业部批准或已经淘汰的兽药。

（9）禁止使用过期失效、变质和有质量问题的饲料和兽药、疫苗。

（10）建立饲料添加剂、药物的配料和使用记录。保存期2年。

第七章 经营与销售

经验之一：规模养鹅场经营管理注意哪些问题

一是选择合适的经营方式。

商品鹅场一般采用单一经营的方式，种鹅场既可采用综合经营方式，也可采用单一经营方式。有条件的养鹅场可以参加养鹅联合体，实行产业化经营，即将种鹅场、孵化厂、饲料厂、商品肉鹅场（户）、技术服务部和鹅食品加工厂组建成一个养鹅联合体，由联合体实施产前、产中、产后系列化服务。

二是进行可行性建场分析。

开办一个养鹅场，必须进行可行性研究，遵循“分析形势、比较方案和择优决策”的三步决策程序，充分进行市场调研，在对投入、风险和效益等方面进行反复比较分析的基础上，确定好办场方向、鹅场规模、经营方式等。切勿头脑发热，或者看见别人养殖成功，就以为很容易，自己也能行。要知道养殖是个辛苦活，怕脏怕累不适合搞养殖，不细心、没耐心更不适合。

三是养鸭场的计划管理。

养鹅场的计划管理是通过编制计划和执行计划来实现的，其中主要有长期规划、年度计划和阶段计划，三者构成计划体系，相互联系和补充，各自发挥本身作用。长期规划是从总体上规划养鹅场若干年内的发展方向、生产规模、进展速度和指标变化等，以此对生产建设进行长期全面的安排，避免生产的盲目性。年度计划是养鹅场每年编制的最基本的计划，根据新的一年的实际可能性制定的生产和财务计划，反映新的一年里养鹅场生产的全面状况和要求。阶段计划是在年度计划内一定阶段的计划，一般按月编制。把每月的重点工作如进雏、转群工作等预先安排组织好，提前下达，要求安排尽量全面。

计划要及时根据市场变化在符合养鹅场发展总体规划的前提下进行适当调整，以符合市场发展变化的需要。

四是养鹅场的生产管理。

养鹅场的生产管理是通过制定各种规章制度和方案，作为生产过程中管理的纲领或依据，使生产能够达到预定的指标和水平。如制定养鹅场兽医卫生防疫制度、养鹅技术操作规程、岗位责任制等。制定好各项规章制度及操作规程后，就必须严格按照执行。

五是养鹅场的财务管理。

养鹅场的财务管理，首先要把账目记载清楚，做到账账相符。账物相符，日清月结。其次，要深入生产实际了解生产过程，加强成本核算，通过不断的经济活动分析，找出生产及经营中存在的问题，研究并提出解决的方法和途径，做好企业的参谋，以不断提高经营管理水平，从而取得最好的经济效益。

六是养鹅场废弃物的处理和利用。

在环境日益恶化和人们环保意识的增加，迫使畜禽养殖不得不把废弃物处理放在首要位置来考虑。影响养鹅场的主要废弃物是鹅粪和污水，鹅粪可以经过高温堆肥等无害化处理后肥田，也可以经必要的消毒后喂鱼；污水可经过物理方法、化学方法或生物方法等手段处理后直接排放或循环使用。要以自身处理能力和环境承载粪污能力作为养鹅场规模大小的依据。规模养鹅场（户）尽量采用生产沼气的办法消纳粪污，既环保又可提高养殖效益。

经验之二：养鹅成功的六要素

养鹅要取得成功，就要掌握养鹅的关键因素，这些要素是养鹅成败的关键，也是养殖场能否取得良好经济效益的决定性因素，概括来有以下 6 个要素。

要素一：品种要优良。

鹅品种是首先要重视的问题，俗话说：好种出好苗。养鹅也是这样，要根据生产目的的不同，选择适合的优良品种。用于肉用仔鹅生产要选择国内的中型鹅种浙东白鹅、四川白鹅，国外引进的奥拉斯鹅、莱茵鹅，以及这些大型鹅与我国地方品种鹅的杂交品种等；生产鹅蛋目前适宜各地饲养的品种有豁眼鹅、籽鹅、四川白鹅、吉林白鹅、麻阳白鹅等；用于肥肝生产就要选择国外的朗德鹅、图卢兹鹅、奥拉斯鹅等，国内的品种有狮头鹅、溆浦鹅等；用于生产鹅羽绒的有四川白鹅、皖西白鹅、豁眼鹅、吉林白鹅等。

选择适养品种时还要考虑是以养仔鹅为主，还是兼顾仔鹅；是以肉鹅为主还是肉羽兼顾；是短时间暂养，还是又育又养。很多品种同时具有多项优点，可以根据生产需要选择。比如皖西白鹅生长快、肉质好、羽绒质量好，四川白鹅产蛋量高、生长快、羽绒品质优良，豁眼鹅特点是产蛋多、长羽绒较多、含绒量高、肉质好。

要素二：料草营养要全面均衡。

喂鹅的饲料和牧草的营养以及饲料配方对鹅的新陈代谢、生长发育及能否发挥最佳的生产性能都起着至关重要的作用，饲喂已经霉变、腐烂的饲料和草料会致鹅中毒患病和造成伤亡。对饲料牧草的要求应该是营养全面，调配合理，粒度适当，保证供给。

要素三：消毒防疫要到位。

消毒防疫工作是否到位，是关系到养鹅成败的关键。雏鹅、育成鹅、后备鹅和种鹅都要按免疫程序免疫，按时按量注射疫苗，操作时要做到认真、准确、一只不漏。日常的场区、舍内圈外、饲养管理人员、出入场人员的卫生消毒也要经常化、制度化。

要素四：环境条件要适宜。

鹅的生理和生物特征，具有许多与其他禽种不同的特殊性，如食草性、喜水性、合群性、警觉性、敏感性、节律性及喜静惧噪、耐寒怕热、厌拥怕挤、夜卧怕湿等。这些都需要养殖户在圈舍朝向、地势坡度、活动范围、放牧场地、嬉戏水域、饲养密度、周边环境、人员配置等方面尽力创造鹅群相适应的条件，保证其正常的生长、发育和生产性能的发挥。

要素五：管理措施要落实。

各类鹅各个阶段的饲养管理，虽有着不同的特点和要求，但这些阶段都是相互关联、环环相扣的操作程序，其中某一阶段的失误都会对下一个阶段的饲养工作和后期经济效益造成影响。所以说，各个阶段的管理工作要有条不紊、步步落实。

要素六：饲养周期要合理。

合理地掌握和控制各类鹅的饲养周期，是争取最大经济效益的有效手段。商品肉鹅的出栏时机不宜拖延，因商品鹅养到80天后，会出现体重减轻和脱毛掉膘，影响出售价格。种鹅的后备期可采用活拔鹅绒，不但能增加收入，也能提高鹅群产蛋初期的整齐度。种鹅群应以1年龄种鹅占30%、2年龄种鹅占35%、3年龄种鹅占25%、4年龄种鹅占10%的比例配置，以保证鹅群处于最佳的产蛋现状，进而提高经济效益。

经验之三：八招实现养鹅轻松盈利

招数一：力争出售有个好价格。

确定接雏时间，预测送杀时间。市场经济，价格不稳，送杀前广开信息，掌握确切价格，根据鹅群状况和市场价格，确定最佳出栏时间。

招数二：尽量不接高价雏。

全面掌握市场上种蛋、商品肉鹅和商品鹅蛋的需求数量和鹅雏的市场行情，尤其是各大孵化场出雏的时间和数量。确定大体饲养时间后，在保证雏鹅质量的基础上，尽量不接高价雏。

招数三：尽量利用自然资源。

放牧养鹅可减少饲养成本，种草养鹅也是目前切实可行的好方式，可以提高养殖效益，尤其适合蛋鹅和蛋种鹅的养殖。在选择养鹅场地址时就要充分考虑放牧或牧草种植等因素。肉鹅养殖尽管以舍饲饲喂全价配合饲料为主，但为减少成本，因为目前还没有统一的饲养标准，要摸索适合本场的饲料，自己配制饲料。如果外购配合饲料要不购买高价料。对养鹅场（户）来说，不管使用什么品牌饲料，只要料肉比低，鹅群健康，就是好料。这要通过本场实践和其他养殖大户的反应，选择大家普遍使用的、信誉好、用户反映好的饲料。

招数四：提高鹅群成活率。

从接鹅之日起，就要科学管理，来不得半点麻痹和懈怠，要一步一个脚印走完全过程。要知道成活率98%和88%效益是截然相反的。

招数五：做好综合利用。

可以利用种鹅育成期到产蛋之前以及产蛋鹅换羽休产期，实施活体拔毛，既可以使鹅提前产蛋，增加产蛋量，又可将羽绒出售挣钱。

招数六：及时淘汰弱鹅和残鹅。

鹅群里的弱、残鹅，表现生长缓慢，达不到标准体重，不能产蛋或产蛋很少，肉鹅到出售时加工厂都要作为半价处理的。但是在饲养管理上却要投入更多的时间和精力、耗费饲料、人工、药费等，效果却是最差的，因此，宜尽早将弱、残鹅处理掉。

招数七：精细管理。

精细管理体现在饲养管理的各个环节，在鹅未购进来以前应准备各种器具及修筑鹅舍，整理环境，并注意四周之安宁、卫生及水源污染等问题；气候变化对产蛋鹅的产蛋率影响很大，因此在未养鹅前应防备，当气候变化时，如何保护或将影响降低至最低程度，以免遭受损失；开始产蛋后鹅群注意安静，不可有其他音响，小动物扰乱尤其夜间之黑影会使鹅群惊动，影响产蛋率，当鹅群发生惊乱时管理人员应以熟悉的喊鹅声以镇静鹅群；台风或下大雨期间，鹅群要关在鹅舍内，以减少产蛋率之下降；鹅舍内之垫料看情形更换，以保持干燥为原则；鹅虽全有羽，但亦怕受冷，在冬天更要防止贼风，最寒冷时，要使鹅舍温暖；要注意鹅群有无安静，鹅有无睡眠，如果鹅群常有叫声，则应寻找原因，尽量使其睡眠充足，以使多生蛋；产蛋鹅亦常喂青饲料，尤其夏天应多供应，冬季多供应青贮秸秆饲料等。

招数八：优良种鹅应该利用3～4年再淘汰上市。

因为种鹅第一年产蛋少，第二年、第三年产蛋较多，蛋重较大，优良特性遗传率高，优良种鹅利用一个产蛋年就淘汰的作法是不可取的。种鹅停产期较长，停产后应及时活体拔毛1～2次，提高经济效益。

经验之四：鹅饲养多长时间出栏最合适

单独从鹅的生长规律看，据研究，仔鹅从3周龄起生长速度开始加快，6～7 周龄达到生长高峰，8 周龄后生长开始减慢，10 周龄时的生长速度仅与 2 周龄时相当。以四川白鹅的饲料利用率为例，仔鹅 1 周龄时料肉比为 1.89∶1，10 周龄时的料肉比为 4.15∶1。同样增加体重 1 克，但饲料的消耗量 10 周龄比 1 周龄增加 1.2 倍。

实践证明，不论什么品种的鹅，20～60 日龄生长发育比较快，绝对增重高，以后随着饲养日龄的增加而下降，因而耗料与养殖成本却要增加，可见，肉鹅养至 60 日龄出售经济效益最高。

但 60 日龄的肉用仔鹅，羽毛虽然已经基本长齐，此时从经济角度考虑，虽可屠宰食用或上市出售，但毕竟此时的鹅尚未长足，活重偏小，肥度亦不够。为了进一步提高产肉量和改善肉质，对于市场上对肉质有要求的，可再延长 1～2 周的育肥期，通过每天喂给大量的精料，使仔鹅进一步育肥，当鹅后腹下垂、前胸丰满、羽毛光亮贴身、体躯呈矩形、皮下脂肪增厚并有板栗大小既结实又有弹性的脂肪团时，即可停止育肥，出栏上市出售。

所以，一般提倡肉用仔鹅最好在 60～70 日龄时出售，最晚在 90 日龄出售。

从生产季节来看，北方通常在初春开始孵化，待鹅出壳后，青草已经长出来，可以利用。养鹅的饲料基本上以牧草、野菜为主，适当补充精料，经过一个夏天的饲养，如果不是饲养种鹅的，入秋以后陆续出售，落雪（也就是进入冬天）之前全部卖完。这种养殖方式，也是比较经济的做法，主要是充分利用青绿饲料，减少养殖成本。如果冬天来临之前还没有出售完，那么冬天就要全部用精饲料养鹅，成本会很大。

而我国南方习惯在秋后养“头造鹅”，之后至春季养二三造鹅，此时饲草、饲菜丰富。“头造鹅”育成待春节即可宰杀。可见，南方在养殖和出售上可选择的余地比较大，可以按照鹅的生长规律和饲料利用情况安排。

而养殖种鹅的出售时间，要根据种鹅的利用时间来决定。优良种鹅应该利用 3～4 年再淘汰上市，因为种鹅第一年产蛋少，第二年、第三年产蛋较多，蛋重较大，优良特性遗传率高，优良种鹅利用一个产蛋年就淘汰的作法是不可取的。种鹅停产期较长，停产后应及时活体拔毛 1～2 次，提高经济效益。

经验之五：反季节养鹅效益高

鹅具有季节性产蛋、就巢性强、卵泡发育周期长等繁殖特性。一般南北方地区之间，由于自然气候条件的差异，南方鹅的产蛋高峰期和孵化期在每年的12月份至翌年4月份，而北方则在每年的4～7月份，当年鹅出栏的时间相应为4～8月份和9～12月份，均有较强的季节性。这种繁殖性能的季节性变化，导致雏鹅的供应也呈现剧烈的季节性变化，雏鹅的价格也随着季节变化波动很大，夏季的雏鹅价格最高比冬季高出10多倍。同样，出栏肉鹅的价格也呈现集中出栏时低的特点。一般情况下，活鹅销售市场可分为7～9月份为低价期、10～12月份为中价期、1～4月为高价期三个阶段，不同时期的价格差别较大，其效益也差异明显。

为了提高养鹅的经济效益，可通过调控鹅的光照，打破鹅原有的生物节奏，改变鹅的繁殖季节性，使种鹅在正常的非繁殖季节产蛋和孵化雏鹅，即每年的9月下旬开始养鹅到来年4月底连续孵化和饲养3～4批肉仔鹅，鹅雏的价格显著高于正常繁殖季节，饲养出栏的肉鹅价格也高，因此能取得显著的经济效益。所以应提倡反季节养鹅。

经验之六：值得借鉴的养鹅成功例子

这里介绍几个养鹅业成功的例子，有果园养鹅的、有鹅苗孵化的、有利用冬闲稻田种草养鹅的，这些人都懂得养殖经营的成功之道，他们的做法，值得我们搞养殖的人好好学习。

一、无奈养鹅，赚得百万

——果园养鹅的成功例子

据央视CCTV7《致富经》介绍，山东省淄博市周山村的张梅，刚开始搞果树养殖的时候，因为不了解果树害虫的防治办法，造成500多亩、5年多辛苦劳作种植的樱桃在马上就要结出果实，20000多棵速生杨也快能砍伐了的时候，遭受害虫美国白蛾的侵害，一夜之间，树全成了光杆了，叶子全被美国白蛾吃光。在张梅即将拿到丰厚回报的时候，遭受巨大损失。

于是张梅想了很多办法灭杀美国白蛾。为了阻止美国白蛾在自己的林地蔓延，张梅带着工人不停地打药，可是美国白蛾的数量却是有增无减。树叶上到处都是美国白蛾孵化出来的虫卵。原来当初自己为了让树木得到充分的营养，特意花了几十万元引进了滴灌设备。在浇灌果树的同时，杂草也大量吸收了养分，快速地生长，而且她在滴灌里施尿素，使杂草长得更快。由于美国白蛾有一个习性，老虫必须从树上下来，到地下杂草进行交配，经过二十天，交配成功后再继续繁育后代。杂草为美国白蛾繁衍创造了绝佳的环境。

认识到清除杂草使美国白蛾没有了繁殖的合适场所，自然控制住这种害虫的侵害。张梅又聘用了几十名工人专门做起了清除杂草的工作，本以为这不过就是10天完成的事，却一干就是一个多月。一个工人一天锄八亩来地，锄的是不少，可是500亩地，你转一圈，不到锄完的时候，那边又老高了，有一人多高了，那边还没锄到了，那边又长起来了。反反复复不停地锄，不停地长，似乎永无尽头。

人工锄草的方法显然行不通，张梅只能使用化学药剂。但具有破坏杂草根部的药剂，锄草的同时也会破坏树木的根茎。不得已，张梅只能使用去表不去根，促使杂草枯黄的除草剂。可是一场雨下来，杂草就重新冒了出来。张梅只好不停地喷药来控制杂草的生长，几个月的功夫她的积蓄就消耗得干干净净。

张梅在去南京买除草药的路上看到一则养殖草原鹅的广告，张梅琢磨，鹅专门吃草，如果能把鹅请回家，就能节省下锄草的开销。

于是张梅直接跑到种苗场，购买了8000只鹅苗带回了家。一个月的功夫，小鹅也渐渐长大，开始了四处奔跑觅食，周边鲜嫩的杂草自然而然成了它们的美食。一只鹅一天能吃七八斤[1]草，这鹅就像一个割草机，拼命地吃，而且鹅是个直肠子，边吃边拉，吃够了就趴着，杂草连吃带踩，很快鹅舍周围的草就不见了，就吃成平地了。

但是由于张梅只想到了怎么让鹅尽快地吃草，而没有在鹅的饲养

[1] 1斤=500克。

管理方面上下功夫，尤其是放牧时没有进行训练，一场突然到来大雨，8000只鹅损失只剩下了不到两千只。

痛定思痛，张梅又重新买回鹅苗，在育雏的时候她就开始进行放牧训练，拿着青饲料喂雏鹅的同时吹哨，鹅就都来了。经过一段时间的训练，鹅群渐渐形成了条件反射，每天清晨，只要张梅吹起哨子，鹅就会从四面八方围拢过来，排着整齐的长队。在张梅的带领下一个接一个，向远处的杂草丛进发，过起了游牧般的生活。从此，令张梅头疼不已的害虫得到了清除。

她养的鹅被开生态餐厅的王福亮看中，王福亮当场就以50元一只的价格购下了张梅所有的鹅，并签订了一份长期的订购合同，原本只是为了锄草的鹅一下子卖了几十万元，让张梅的眼前一亮，自己种植的樱桃和速生杨都要长期才能见到效益，而养殖只要短短的几个月就能赚到钱，如果两个相互结合起来，就能添补每年种植必须的投入。已经尝到了甜头的张梅决定进行规模养殖来增加效益，慎重起见，订购鹅苗前，张梅跑遍了山东的市场后，特意又跑到了南京考察了10多天。经过考察张梅发现，她在山东当地出售鹅每斤5.5～6元，到了南京就是最低谷的时候，每斤9～9.5元，到了过节的时候家家户户都要腌制鹅的时候，她的鹅价格能卖到12元一斤，利润空间特别大。

南北饮食习惯的不同，造成两地之间差价的空间。掌握了这个信息让张梅放开了胆子，一下就购买了几万只鹅苗。2008年8月，张梅的鹅到了该出栏的时候，她拉着满满一车的鹅，按照第一次在南京看到的招牌，找到了专做草原鹅的经销商凌万奎。而作为南京一级批发商的凌万奎，收购鹅的标准恰好也正是放牧散养。而放牧散养时间长的鹅要长瘤子，长瘤子的老鹅价格就高，一般吃饲料的鹅饲养时间比较短，就是一般没喂到长瘤子，则价格低。放牧的鹅是饲料喂养的鹅双倍的价格。凌万奎看到张梅的鹅质量好，马上就和张梅签订了三年的包销协议。

张梅不但除去了烦人的杂草，还将鹅卖出了高价。当初的无奈之举，如今变成了张梅致富的门路，于是她又租用了一块荒地，把养殖的规模扩大了一倍，一心希望当初这个意外的收获能为自己带来更多的财富。

二、与鹅打交道的农妇越管闲事越赚钱

——孵化鹅苗的经营之道

据央视 CCTV7《致富经》报道，安徽省无为县经营鹅苗孵化场的邓立翠，通过帮助养殖户解决养殖资金问题、自建育雏室育雏鹅承担育雏风险解决雏鹅难养问题、自建交易市场并提供暂时饲养地方等价格高时出售、用真情感动经销商解决压价和卖难问题等养难卖难问题，使购买她鹅雏的养殖户获得了较好收入，她自己的生意也越做越大。是养鹅业经营的典型例子，值得大家借鉴。

（一）帮助养殖户解决养殖资金问题

因为养鹅户缺少养殖资金，养鹅的积极性不高，邓立翠的鹅雏也不好卖。于是她从银行贷款 70 万元，借给养殖户养鹅，贷款利息由她承担。这样，她的鹅雏就销售出去了。解决了当年的鹅苗销售问题，这样她一年 200 多万元的利润就有了保障。

（二）自建育雏室育雏鹅承担育雏风险解决雏鹅难养问题

邓立翠所在的无为县是白鹅养殖大县，年出栏商品鹅 1000 多万只，县里单是孵化鹅苗的场就有 100 多个，邓立翠也干着鹅苗孵化生意。为了应对竞争，2000 年 3 月，她在县城边租下 400 亩地，请来县畜牧站副站长许家玉作技术指导，进行白鹅杂交试验，自己来培育种鹅。开始用自己的种鹅孵化鹅苗。

当时无为县的养鹅户很多都没有专门种草，而是给鹅喂野生草或蔬菜叶，没草时就全喂精饲料。鹅吃的青草不足，肉质不嫩，价格也上不去。为了提高鹅的品质，增加养殖户收入，她要求养殖户种草养鹅，养殖户开始不愿意，养殖户觉得种草需要租地，一亩荒地每年也要 150 元，每亩地能养二三百只鹅，养 2000 只就要 1000 多元承包金，农户们犹豫不决。后来他们向邓立翠提出了一个要求，鹅苗前 10 天里最难养，容易死亡，邓立翠要替他们代养，如果死了还要承担损失。邓立翠左思右想，长远考虑还是把代养的活揽了下来，投资 50 万元建起了育雏室，帮助农户的鹅雏度过前 10 天的危险期。成功代养 10 天后，邓立翠把小鹅还给了农户。看到风险降低了，农户心里踏实多了，纷纷开始种黑牧草。两个多月后，农户的大鹅出售，由于种草养的鹅肉嫩，适合加工板鹅，好吃自然好卖。拿到市场上比以

前的鹅每千克多卖了 0.6 元。村民李加富头一批养了 200 只鹅，一只鹅平均 3.5 千克，这样就多卖 400 多元，他觉得邓立翠这闲事管得太好了。于是李加富后来又定了 1500 只鹅。

（三）自建交易市场并提供暂时饲养地方等价格高时出售

为了方便农户卖鹅，2007 年底，邓立翠投资 50 万元，在孵化场对面建起了一个白鹅交易市场。并提供暂养场地，在市场价格不好时，农户的鹅可以不卖，放到暂养场暂时饲养，等价格高的时候再出售，确保了养殖户的利润，养鹅户就有了积极性。

（四）用真情感动经销商解决压价和卖难问题

不光是管养鹅，销售的事邓立翠也操着心，谁家鹅不好卖一个电话打过来，她就赶紧帮着去联系收购商。在丈夫看来她又在管闲事，而且管得比正事还上心，可邓立翠却有她自已的考虑。

邓立翠说："在我们这里拿了鹅苗回去，他必须要赚钱，第一次养了不赚钱了，第二次又不赚钱了，第三次再不赚钱了，他不就没有信心了，不就不养鹅了。"

2007 年 5 月，邓立翠正忙着孵化，有农户找到她告状来了，说刚卖了 500 只鹅，收购商故意压价，14 元一千克被压到 13 元一千克。一听这话，邓立翠就坐不住了，她来到县里的活禽市场，见到了那位压价的收购商——王启银。

收购商王启银说："做生意的不就是讲利润，熟人来卖就不压价，不认识的人那肯定压价。"

邓立翠没有和王启银理论，反而经常帮他联系货源，有时还请他吃个饭。本来这些事就根本不用她操心，可半个月后，她接着管了一件更不该管的闲事，当时这个收购商王启银突然被人打了。

王启银说："为了市场竞争，吵架以后，被人打了，我也进了医院住院。"

当时正是孵化旺季，每天都要出 7000 只鹅苗，邓立翠忙得像陀螺一样转，可王启银是县里的大收购商，一年收商品鹅 30 万只，邓立翠觉得再忙也要挤时间把这闲事管到底。她出面联系律师，还找到派出所进行协调，回来再加班干孵化场的活。忙到夜里一点，她累得饭都不想吃。经过邓立翠的协调，此事最终和解，对方还向王启银赔礼道歉，这让王启银很感激。王启银非常感谢她，此时她打电话给王启银，说有一批鹅人家必须装货了，王启银马上就带车过去帮她装过来。和收购商成了朋友，压价的事就再也没出现过。在邓立翠这里买的鹅苗能赚到钱，养鹅户自然更多了。到2007年，她一年能孵化鹅苗100多万只，盈利200多万元，比5年前增加了近10倍，不少外地人也慕名而来。

三、种稻养殖两不误，冬闲田里好牧鹅

据央视CCTV7《致富经》报道：浙江丰惠镇农民陈富根，在自家的水稻田里夏天种水稻，水稻成熟收割之后，在冬闲田里种植黑麦草。在种植了黑麦草的稻田里放鹅，还不影响水稻的收成。

因为黑麦草喜欢在比较低的温度下生长，气温只要超过24℃，就会自然死亡，所以在长江以南的地区的冬天都很适合种。一般在水稻临收割之前将黑麦草种子种下去，等到稻子一割，草就会露头了。种子撒下去大概30～40天就可以收割了，收割了就可以给鹅吃。到了春天气温升高，该种水稻的时候黑麦草自然就死掉了。鹅粪和枯死的草自然也就成了水稻的肥料。

用牧草养鹅，养殖户们只需要花草籽钱和鹅苗钱就够了，经过育雏一周的鹅就可以放在稻田里散养。肉鹅在每年11月初即可陆续上市销售。

这样不但给养殖户节约了成本，而且因为鹅放养吃草长大的，所以肌肉多脂肪少。同时因为冬天因为气候冷，北方地区都会减少鹅的饲养量，肉鹅市场本来就处于紧张状态，再加上有元旦、春节两个节日，所以肉鹅的收购价一直都高，效益也比较高。

参 考 文 献

[1] 牛淑玲主编. 高效养鹅及鹅病防治. 第 2 版. 北京：金盾出版社，2013.

[2] 谢庄等. 肉鹅高效益养殖技术. 北京：金盾出版社，2012.

[3] 肖智远，林敏. 养鹅 11 招. 广州：广东科技出版社，2009.

[4] 育雏温度和加热成本. http://www.thepoultrysite.cn/articles/1724/ 英国国际禽网.

[5] 周明宇. 中药防治小鹅瘟的临床试验 [J]. 黑龙江畜牧兽医，2005，(10)：95-96.

[6] 许卯生，沈培庆. 利用中草药防治禽出血性败血病 [J]. 上海农业科技，2002，(1)：54.

[7] 党金鼎. 中西医结合诊治鹅病毒性肝炎并发沙门氏菌病的报告 [J]. 中国家禽，2005，27 (7)：20，22.